EL VIAJE A LA LUNA

Francisco Escartí

El VIAJE A LA LUNA

www.elsecretodelospajaros.net

ISBN-13   9781673923025

(Imagen)

1930, Berlín Hermann Oberth y Wernher Von Braun

ÍNDICE

PRÓLOGO

El viaje a la Luna fue un acontecimiento imprevisto, fortuito, innecesario y grandioso.

Ni siquiera se sabía si el hombre podía viajar al satélite natural de la Tierra hasta que cuatro individuos demostraron la viabilidad científica de semejante aventura. Julio Verne, un escritor imaginativo y con amplios conocimientos, supuso que una bala disparada por un gigantesco cañón podría hacer las veces de nave espacial para viajar a la Luna. No reparó en que la aceleración destrozaría a los astronautas antes que el proyectil saliera por la boca del mortero.

Al hombre no le quedaba otra alternativa, para viajar al espacio, que subirse a una cápsula, impulsada por un cohete que no la acelerase más de lo que un cuerpo humano puede soportar. Además, el cohete debería de partir de la Tierra con suficiente mezcla explosiva para hacer el viaje, de ida y vuelta ¿sería capaz de despegar una nave con ese peso? La respuesta no era evidente.

Hubo cuatro personas que resolvieron la cuestión, de forma independiente, y todos formularon la misma receta para la construcción de una nave capaz de escapar a la atracción gravitatoria de nuestro planeta.

A principios del siglo XX, cuando los científicos ya habían demostrado la posibilidad de abandonar la Tierra con una nave impulsada por un cohete, surgieron grupos de individuos que se entusiasmaron con la idea de la exploración espacial. Se crearon sociedades para impulsar esta actividad con trabajos de investigación y la construcción de cohetes experimentales.

La idea de salir del planeta Tierra y viajar por el universo planteaba cuestiones filosóficas sobre la existencia humana, la creación, un hipotético Dios, la vida y el encuentro de la humanidad con seres inteligentes que habitaran otros lugares del cosmos.

No es de extrañar que algunos jóvenes de aquella época sintieran una atracción irresistible por los viajes espaciales, siempre acompañados de un aura de misterio, ciencia y religiosidad; ni tampoco sorprende que, hubiera mucha gente escéptica sobre estas cuestiones y propensa a ridiculizarlas.

Dos brillantes ingenieros, uno ruso y otro alemán, se sintieron fuertemente atraídos por la conquista del espacio.

En este libro se narra la historia de los cuatro padres de la Astronáutica y los dos ingenieros que hicieron posible el viaje a la Luna. Si bien fue una empresa que llegó a ocupar a centenares de miles de personas, Serguéi Koroliov y Wernher von Braun tuvieron un papel tan importante que, sin ellos es muy probable que todavía no hubiese ido el hombre a la Luna.

El viaje fue imprevisto porque nadie anticipó que unos científicos, a principios del siglo veinte, describieran el único modo técnicamente viable de viajar al espacio exterior; podían haberlo hecho antes o más tarde; y aún menos previsible era que un grupo de jóvenes alemanes se obsesionara con los viajes espaciales; y que uno de ellos, Von Braun, con una extraordinaria capacidad técnica y de liderazgo, se empeñara en llevar a la práctica las ideas de Hermann Oberth, el padre de la Astronáutica a quien reverenciaba.

Fortuito sería que, a los militares alemanes, que no tenían ningún interés en viajar al espacio exterior, les interesara un cohete capaz de disparar una carga explosiva, que superase el alcance del cañón más grande que hasta entonces se había construido: el Cañón de París.

Cuando terminó la II Guerra mundial, el equipo técnico de Von Braun había construido un cohete balístico capaz de transportar una carga explosiva de una tonelada, a más de trescientos kilómetros de distancia. Los artilleros alemanes ya disponían del sustituto del Cañón de París: un arma que tenía poca utilidad porque la aviación la había dejado obsoleta. Durante la guerra, los Aliados no se preocuparon en desarrollar nada parecido; al fin y al cabo, se trataba de un misil demasiado caro y con menos poder de destrucción que los bombarderos.

Después de la guerra, fue Stalin, quien impulsó en la Unión Soviética la fabricación de misiles balísticos intercontinentales; los quería para amenazar a Estados Unidos con ataques nucleares, lanzados desde el corazón de Rusia. Un represaliado en las oscuras cárceles del dictador comunista y entusiasta del espacio, Serguéi Koroliov, asumió el liderazgo de los desarrollos de misiles soviéticos de largo alcance. Y como las bombas atómicas comunistas eran bastante rudimentarias, desde un principio tuvo que diseñar cohetes con un gran empuje.

Nada más terminar la II Guerra Mundial, soviéticos y estadounidenses, continuarían la línea de desarrollo de misiles iniciada por Von Braun en Alemania.

Los misiles balísticos de gran alcance describen una trayectoria parabólica: suben a una altura que está en el límite de lo que ya se considera el espacio exterior, unos cien kilómetros, y luego caen a gran velocidad sobre su objetivo. Los científicos y los ingenieros sabían que con un poco más de velocidad, en vez de caer sobre la superficie de la Tierra se quedarían dando vueltas alrededor del planeta. A partir de ahí, con otro empujón escaparían del campo gravitatorio terrestre para emprender un viaje espacial.

En 1957, Serguéi Koroliov, en la Unión Soviética y Wernher Von Braun, en Estados Unidos, ya habían diseñado y probado, misiles balísticos de largo alcance, capaces de transportar bombas atómicas. Los dos ingenieros soñaron desde pequeños con los viajes interplanetarios y eran conscientes, al igual que muchos de los técnicos y científicos que trabajaban con ellos, de que sus cohetes militares estaban en el umbral de convertir sus quimeras espaciales en realidad.

Pero, durante el tiempo que siguió a la II Guerra Mundial, en el que se desarrollaron los primeros misiles balísticos de gran alcance, de 1945 a 1957, los militares soviéticos y norteamericanos, vigilaron a sus científicos y a sus ingenieros para evitar que se dejaran llevar por sus ensoñaciones espaciales. Eran armas muy caras y las inversiones necesarias para desarrollarlas, solamente las justificaba su capacidad de destrucción. En la Unión Soviética, la sospecha de que un diseñador había alterado la configuración de un cohete para facilitar su aplicación en vuelos espaciales podía llevarlo a la cárcel, o incluso al paredón de fusilamiento. Serguéi Koroliov lo sabía por experiencia.

Las veleidades espaciales estaban mal vistas en los círculos militares y los técnicos que trabajaban en las industrias de cohetes balísticos lo sabían.

A finales de los años 1950 Estados Unidos se planteó poner en órbita un pequeño satélite científico. El ruso, Serguéi Koroliov, estaba al tanto de aquellas intenciones, tenía un cohete capaz de poner en órbita más de quinientos kilogramos de peso, se apresuró a pedir permiso para adelantarse a los norteamericanos y se lo concedieron, con la condición expresa de que el vuelo no retrasara el programa militar soviético de misiles balísticos de largo alcance. El 4 de octubre de 1957, el Sputnik sorprendió al mundo.

Desde hacía meses, Von Braun disponía de un cohete listo para poner en órbita un satélite, pero el Gobierno de Estados Unidos no le había autorizado a hacerlo. Esperaba a que el cohete desarrollado por la Marina estuviese terminado. Eso nunca ocurrió y al final el Gobierno tuvo que dar permiso a Von Braun para que lanzase el Explorer 1. Si Estados Unidos se hubiese adelantado a la Unión Soviética, a nadie se le habría ocurrido mandar astronautas a la Luna ¿cabe pensar en algo más impredecible y fortuito que aquel viaje?

Era difícil de imaginar, salvo quizá para la Agencia Central de Inteligencia estadounidense (CIA), que un pequeño satélite artificial que no hacía más que emitir una señal de radio para anunciar su presencia, pudiera suscitar tanto interés en el público. El mundo entero creyó que el Sputnik anunciaba el principio de una nueva época, la era espacial, que convertiría en realidad los fantásticos viajes espaciales que ya habían anticipado unos pocos visionarios. Pero, realmente lo peor para los políticos estadounidenses, fue que la gente pensó que la ciencia y la tecnología comunista había ganado el desafío al mundo libre. Las editoriales de muchos periódicos de prestigio exageraron hasta el ridículo al respecto.

Después del glamuroso éxito del Sputnik, de 1957 a 1961, Serguéi Koroliov le proporcionó a un pletórico presidente de su país, Nikita Jrushchov, una colección de logros espaciales que sirvieron para echar más sal en la profunda herida abierta en la conciencia ciudadana estadounidense. El lanzamiento al espacio del primer astronauta, el ruso Yuri Gagarin en 1961, fue la gota que colmó el vaso.

La alarma social que causó la ventaja espacial soviética durante estos años carecía de fundamento. Los cohetes de Serguéi Koroliov eran más potentes porque se habían construido para transportar bombas atómicas muy pesadas y rudimentarias, se fabricaban con materiales menos ligeros y el equipamiento electrónico era bastante más primitivo que el de los misiles estadounidenses. Si bien los soviéticos habían empezado a desarrollar antes los misiles balísticos de largo alcance, Estados Unidos también contaba con cohetes y programas, de tecnología más avanzada, superiores desde el punto de vista militar, aunque con menor capacidad para situar en órbita terrestre objetos pesados.

Hasta aquí los acontecimientos habían sido imprevisibles y fortuitos; a partir de este momento es cuando puede decirse que resultarían innecesarios.

La respuesta lógica de Estados Unidos, a la aparente ventaja espacial soviética, hubiera sido un programa para desarrollar cohetes y cápsulas espaciales similares a las soviéticas. En poco tiempo, tal y como ocurrió con el programa Gemini, los norteamericanos recuperaron el liderazgo. Pero, el presidente Kennedy, en 1962, anunció que su país enviaría un hombre a la Luna, antes del final de la década.

A Kennedy lo engañaron los tecnócratas de la NASA y los ejecutivos de las grandes corporaciones y se dejó influir por su vicepresidente, Johnson, abrumado por la opinión pública, cuando todos ellos le recomendaron encarecidamente que tomase aquella decisión.

Para hacernos una idea del gigantesco paso adelante, en materia espacial, que suponía el viaje lunar, basta con comparar el tamaño de los cohetes de mediados de los años 1960, con los que se ponían en órbita cápsulas con dos astronautas, con el cohete que llevó el hombre a la Luna. El programa Gemini (1964-1966) empleó cohetes Titan II GLV, cuyo peso al despegue era de 154 toneladas y medía unos 30 metros de altura. El Apollo 11, que llevó a tres astronautas a la Luna, utilizó el cohete Saturn V, cuyo peso al despegue era de 2970 toneladas y su altura alcanzaba los 110 metros. El Apollo 11, cuando despegó pesaba más que seis aviones Jumbo 747-400 llenos de combustible y pasajeros.

Kennedy planteó a los soviéticos una carrera espacial en la que, de forma deliberada, puso la meta en un punto alejadísimo del que se encontraba en aquel momento el estado de la tecnología. El esfuerzo para llegar allí sería descomunal, tanto desde el punto de vista tecnológico como organizativo y financiero. El mismo Von Braun planteó el desafío en aquellos términos, un reto que ganaría seguro porque estaba fuera del alcance de su competidor y muy cerca de lo que desde niño había soñado siempre hacer.

Pero, ganar aquella carrera ¿de qué serviría? Es muy posible que el propio Kennedy se diera cuenta de que no serviría para nada. Poco después de su anuncio, en un discurso que pronunció en Naciones Unidas, preocupado por las facturas de la NASA, invitaría a los soviéticos a sumarse al proyecto norteamericano para conquistar juntos la Luna. Nadie quiso hacerle caso.

El programa Apollo fue innecesario, porque no hacía falta para demostrar la superioridad tecnológica del mundo libre y grandioso desde todos los puntos de vista: tecnológico, organizativo y económico.

Este gran acontecimiento imprevisto, fortuito, innecesario y grandioso, tuvo sus protagonistas. Unas personas con las que nadie contaba, que vivieron circunstancias inesperadas y se entusiasmaron con sueños y proyectos innecesarios que culminaron en un episodio grandioso. Hay veces que el destino crea a las personas para que las cosas ocurran y otras que los individuos inventan el porvenir. Yo creo que Tsiolkovsky, Oberth, von Braun y Koroliov son de estos últimos. No estoy muy seguro a qué categoría pertenecen Goddard y Esnault-Pelterie. A lo largo de este libro cuento sus historias, llenas de notas sueltas que, juntas, explican cómo del caos surgió el viaje a la Luna.

CAPÍTULO 1

Los cuatro padres de la Astronáutica

Los cuatro padres de la astronáutica

El año en que se publique este libro, la Tierra ya le habrá dado cincuenta vueltas al Sol desde que los seres humanos pusieron sus pies en la Luna. Yo recuerdo haberlo visto en una televisión en blanco y negro, en mi primer campamento de verano de la Milicia Aérea Universitaria en Villafría, Burgos.

En 1969 dos astronautas acababan de llegar a la Luna en un extraño vehículo espacial con patas, cuyas formas eran muy poco aerodinámicas y se parecía a un insecto. La nave se posó en un lugar que se llama *Mare Tranquillitatis* y los astronautas tardaron varias horas en salir por la escotilla. Primero se asomó Neil Armstrong y después Buzz Aldrin. Lo vimos algo así como quinientos millones de personas por televisión desde la Tierra y en directo. Las imágenes eran muy borrosas.

En la escalerilla del vehículo espacial, Neil mostró cierta cautela antes de pisar la Luna:

«Estoy en el pie de la escalera. Las patas del Módulo Lunar están hundidas en la superficie alrededor de una o dos pulgadas, aunque la superficie aparece muy finamente granulada conforme te acercas a ella, es casi como un polvo, la masa del suelo es muy fina. Voy a bajar del Módulo Lunar ahora».

A continuación, pronunció la histórica frase que llevaba aprendida desde la Tierra. Podía haber dicho cualquier otra cosa, quizá lo más sensato hubiese sido despedirse de sus familiares porque, después del difícil alunizaje que acababa de hacer, no estaría convencido de que saliese vivo de allí.

Y es que a lo largo del descenso una alarma había sonado, al menos cinco veces en la cabina. Desde el centro de control de Houston les dijeron que no hiciesen caso, pero a los astronautas tuvo que preocuparles aquella señal de peligro.

Ese año, la ciencia de los viajes espaciales, la Astronáutica, cumplía 66 años. Con esto quiero decir que antes de 1903, nadie tenía la menor idea de si era posible navegar por el espacio exterior y cómo hacerlo.

Fue un ruso, Konstantín Tsiolkovsky, quien en 1903 demostró que partiendo de la superficie terrestre era posible alcanzar con una nave propulsada por cohetes, una velocidad suficiente para escapar de la fuerza de gravedad de nuestro planeta.

A casi nadie le importaba mucho aquel asunto y los científicos no le hicieron caso.

En 1912, Konstantín volvió a publicar en otros documentos las mismas ideas y esta vez sus escritos sí tuvieron cierta acogida, sobre todo en Rusia, pero en 1912 otros tres científicos también habían llegado, de forma independiente, a las mismas conclusiones que Tsiolkovsky. Esa es la razón por la que se suele admitir que la Astronáutica tiene cuatro padres: el ruso, el estadounidense Robert Goddard, el francés Robert Esnault-Pelterie y el rumano Hermann Oberth.

Los cuatro padres de la Astronáutica coincidieron al unísono en la forma de alcanzar la Luna: para abandonar el campo gravitatorio terrestre hacía falta una nave propulsada por cohetes, con varias etapas, dotados de cámaras de combustión en las que se combinara hidrógeno y oxígeno —almacenados en estado líquido en sus depósitos— y provistos de toberas de salida para acelerar los gases.

A principios del siglo XX, ninguno de estos sabios imaginó que, además de quemar unos cuantos millones de litros de propelentes, la primera nave espacial que llevó a un par de hombres a la Luna también necesitaba un pequeño ordenador.

El pequeño ordenador de navegación y guiado del Módulo Lunar hizo sonar la alarma 1202 cuando Armstrong y Aldrin habían iniciado la maniobra de descenso a la Luna, a 35 000 pies de altura, por primera vez. En Houston, los técnicos tardaron muy poco tiempo en darse cuenta de que la alarma la generaba el programa del ordenador de a bordo porque no tenía suficiente tiempo para ejecutar todas las tareas que los distintos sistemas le solicitaban. En esas condiciones, el programa estaba diseñado para llevar a cabo las rutinas más importantes, dejar pendientes el resto hasta que dispusiera de tiempo para atenderlas y hacer sonar la correspondiente alarma. Los expertos decidieron que, por el momento, no había ningún motivo para abortar la misión y desde Houston se lo comunicaron a Neil.

A 8000 pies de altura, Neil contempló el sitio adonde el piloto automático calculaba que se produciría el alunizaje. Armstrong había estudiado con detalle aquella parte de la Luna y la conocía a la perfección. El lugar al que se dirigían estaba lejos del que se había establecido para la misión, por lo que decidió seleccionar otro y confiar en que el ordenador reprogramaría adecuadamente el alunizaje, a pesar de la sobrecarga de trabajo. Pero, conforme se acercaban al nuevo punto de alunizaje, Neil descubrió que estaba lleno de rocas y quedaba demasiado cerca de un cráter. Tomó el control manual de la nave y la dirigió hacia otro lugar. Mientras efectuaba esta maniobra sonaron, primero la alarma de 60 segundos y después la de 30 segundos, que indicaban el tiempo máximo que le quedaba de combustible para alunizar. Aún consumió 9 segundos más antes de que se encendiera la luz verde de contacto y apagara el motor.

Nada más alunizar Neil mandó un mensaje de voz a Houston, previamente acordado, que daba a entender que todo iba bien: «Aquí Base Tranquilidad, el *Eagle* ha aterrizado».

Los astronautas caminaron sobre la Luna dando saltos, como niños, enfundados en sus trajes relucientes con una inmensa mochila a la espalda. Desde la Tierra daba la impresión de que se lo pasaban bien, que les divertía sentirse tan livianos en un astro donde la gravedad dividía por siete su peso terrestre:

«Debo ser muy cuidadoso al pisar. Estos pasos son muy buenos. Cada vez que doy un paso siento algo suave. Es como un campo de fútbol».

El despegue del Módulo Lunar para regresar al Módulo de Mando y Servicios, en órbita lunar, donde los aguardaba Michael Collins, no era una operación sencilla. Los que contemplamos el paseo de los astronautas aquel día no nos enteramos de las dificultades. Al poco de acomodarse dentro de aquella especie de insecto con la intención de volver a la nave que los traería al planeta azul, Neil y Buzz, se dieron cuenta de que el interruptor de encendido el motor para el despegue estaba roto. Casi con toda seguridad, lo habían dañado ellos cuando se pusieron o quitaron las engorrosas mochilas con el equipo de supervivencia que llevaban en la espalda durante la excursión lunar.

Con un bolígrafo se las arreglaron para colocar el interruptor en la posición que les permitió activar los detonantes que liberaron a la nave de la etapa de descenso y encender el motor para despegar de la Luna.

Días después, los que seguíamos con interés la misión lunar, nos enteramos de que los tres astronautas habían regresado felizmente a la Tierra.

Cuando en todo el mundo se celebró aquel insólito viaje, casi nadie se acordó de que fue un humilde profesor de matemáticas que vivía en una pequeña ciudad rusa cerca de Moscú quien, en 1903, ideó el modo de viajar a la Luna.

De los cuatro padres de la Astronáutica, tan solo uno de ellos vivía para contemplar el lanzamiento de la nave Apollo 11 que llevó a los astronautas a la Luna. Hermann Oberth, invitado por la NASA, a los 75 años presenció en Cabo Kennedy el histórico evento. Tsiolkovsky había fallecido en 1935, el estadounidense Robert Goddard en 1945 y el francés Esnault-Pelterie en 1957.

Tsiolkovsky

Entre 1873 y 1875, Konstantín Tsiolkovsky conoció en Moscú a Nikolái Fyodorovich Fyodorov, fundador del *cosmismo* ruso. De acuerdo con esta filosofía, el hombre se ve sometido a la violencia de la naturaleza a causa de su ignorancia sobre las leyes que la gobiernan; el hombre debe alcanzar un conocimiento pleno de estas leyes para acomodar las fuerzas de la naturaleza a su voluntad, lo que le permitirá dominar la muerte. La humanidad forma parte del cosmos y el hombre está obligado a salir del planeta Tierra para controlar el universo. La ciencia y la tecnología, al servicio de los seres humanos, y con el único objetivo de hacer el bien, permitirán a la sociedad vencer la imperfección y el sometimiento a la naturaleza. Tsiolkovsky, al igual que Tolstoi y Dostoievski, abrazó estas ideas y dijo que «la Tierra es la cuna del hombre: el cosmos es su casa». Creía que en el universo existía vida en otros planetas, en los que entes casi perfectos habían alcanzado un elevado nivel de conocimiento acerca de las leyes de la naturaleza. Fueron estas ideas las que estimularon a Tsiolkovsky a concebir el modo práctico que permitiera al hombre desplazarse por el espacio.

En el año 1903, Tsiolkovsky publicó *Investigación del espacio exterior con vehículos a reacción*. La obra del científico ruso no tuvo una gran difusión, pero en ella se establecían, por primera vez, los fundamentos de la navegación espacial y se describía la dinámica y características de los cohetes que años más tarde llevarían al hombre a la Luna. Ese año también nació la Aviación. Fueron dos estadounidenses anónimos —los hermanos Wilbur y Orville Wright— quienes la alumbraron.

En 1903, en una ciudad desconocida de Norteamérica, Dayton, y en otra rusa, Kaluga, personas de extracción humilde, sin carreras universitarias, concibieron las máquinas que a lo largo del siglo XX revolucionarían el transporte y la exploración del universo.

Konstantín Eduardovich Tsiolkovsky había nacido en Izhevskoye —una pequeña población de Riazán en el corazón de Rusia, donde en invierno la temperatura se mantiene siempre por debajo de los cero grados centígrados— el 17 de septiembre de 1857. Su padre se llamaba Eduard y su madre María. Según relata en su autobiografía, Tsiolkovsky, tuvo trece hermanos, pero lo más probable es que tan solo fueran seis y que su escrito contenga un error tipográfico. En 1868 la familia se trasladó a Vyatka, donde transcurrió su vida hasta que su padre lo envió a estudiar a Moscú.

Hijo de un guarda forestal, voluntarioso y decidido, y de una mujer inteligente, con gran sentido del humor, Konstantín disfrutó de una niñez activa y feliz hasta los diez años. Fue un chico despierto que aprendía fácilmente las lecciones, sensible, activo y buen patinador sobre el hielo en invierno. Cuando el tiempo mejoraba se adentraba en los bosques con otros niños para trepar a los árboles, construir cabañas o recoger frutos.

Su infancia se truncó por culpa de unas fiebres que le produjeron la sordera con la que tuvo que convivir durante el resto de su existencia. A los diez años se hizo un profundo silencio a su alrededor, lo que dificultaría sus relaciones con las personas. Su madre se ocupó con absoluta dedicación del muchacho, pero la mujer murió muy joven, a los 38 años, en 1870. Para Tsiolkovsky los años que siguieron hasta que cumplió los catorce fueron los más tristes de su vida. Ya de adulto, era incapaz de recordar ningún episodio de su existencia perteneciente a aquella época.

Poco después de que falleciese su madre, en la biblioteca familiar, a partir de los catorce años, Tsiolkovsky descubrió libros de historia natural y matemáticas que estimularon su inteligencia. Cuando comprobó que era capaz de entender los textos, sin ninguna dificultad, se animó a leer todos los que encontró. Al mismo tiempo que estudiaba, trató de poner en práctica algunas de las teorías que se le ocurrieron mediante la construcción de modelos. Fabricó globos, un torno, un pequeño carro que se desplazaba con la ayuda de una vela capaz de ganar barlovento y otros artilugios que le fascinaban, como los astrolabios:

«Con la ayuda de un astrolabio calculé la distancia entre nuestra casa y la torre de bomberos sin salir a la calle. El cálculo me mostró que la distancia era de 360 metros, entonces medí la distancia con una vara y de esta forma verifiqué mis cálculos. Esto me hizo creer en la teoría».

Konstantín llegó a ser muy hábil en el manejo de las herramientas con las que fabricaba los instrumentos que le servían para constatar la veracidad de sus hipótesis.

Al cumplir los 16 años su padre decidió enviarlo a Moscú para que ingresara en el Instituto Técnico. En la capital, el joven se sintió maltratado porque los moscovitas no ocultaban el desprecio que les inspiraba su indumentaria y modales aldeanos. Perdió las recomendaciones que traía para ingresar en el Instituto Técnico y se alojó en una habitación de una modesta vivienda que ocupaba una anciana. Todos los días madrugaba para estar a las 10:00 horas en la biblioteca Chertkov, justo en el momento de su apertura y allí permanecía hasta que la cerraban, a las 16:00 horas. En 1874 clausuraron esta biblioteca y se llevaron todos sus ejemplares a otra biblioteca próxima, la Ruminatsev, donde trabajaba de librero Nikolái Fyodorov, padre del *cosmismo* ruso. Tsiolkovsky estableció una buena relación con el filósofo, quien gracias a su posición en la biblioteca le permitía leer libros y documentos inaccesibles al público. Fue entonces cuando Konstantín empezó a concebir sus primeras ideas sobre los viajes espaciales.

El muchacho se obsesionó con la posibilidad de viajar al espacio exterior. Una noche la pasó en vela tras la ocurrencia de fabricar un aparato con masas que en su movimiento circular aportaran mayor fuerza centrífuga en la posición más elevada, lo que le suministraría —según pensó en un principio— un empuje ascendente, con el que podría levantarse del suelo. Tras el insomnio de la noche sufrió una profunda decepción a la mañana siguiente, al descubrir la inviabilidad de su ocurrencia.

En Moscú, Tsiolkovsky estudiaba para adquirir los conocimientos necesarios que le permitiesen desarrollar sus inventos, de los que construía modelos o prototipos en su propio y modesto laboratorio, cuando por las tardes regresaba a su cuarto desde la biblioteca. Su dificultad para relacionarse con otras personas le hacía llevar una vida muy solitaria. Se acostumbró a trabajar con el exclusivo apoyo de sus escasos medios. Uno de los ejercicios que solía efectuar, cuando estudiaba algún tema nuevo, consistía en familiarizarse con las conclusiones y tratar de demostrarlas él mismo. El método era laborioso, pero cada vez que lograba aplicarlo con éxito sentía una gran satisfacción y reafirmaba su confianza en su propia persona.

El muchacho gastaba casi todo el dinero que le enviaba su padre en comprar libros y material para realizar experimentos, con lo que su dieta alimenticia se limitaba a unas cuantas barras de pan integral. Tampoco gastaba en ropa ni en peluquería por lo que lucía una larga melena de menesteroso. Su vestimenta y hasta incluso la piel, las tenía salpicadas de manchas que dejaban los productos químicos de los ensayos que realizaba en su habitación. Su salud terminó resintiéndose hasta el punto de que su padre, alarmado, le instó a que volviera a casa.

Tsiolkovsky, después de una estancia de tres años en Moscú, abandonó la capital. Su padre hubiera preferido que su hijo completara los estudios en el Instituto Técnico, pero Konstantín estaba seguro de que sus limitaciones le imposibilitarían atender de forma regular a los cursos y prefirió regresar a Vyatka.

Al poco de llegar a casa empezó a dar clases de física y matemáticas; muy pronto se acreditó como un excelente profesor. Con el dinero que ganaba alquiló una habitación para realizar allí sus experimentos.

De 1869 a 1876 murieron tres de sus hermanos, lo que afectó gravemente a su padre que, sin trabajo y enfermo, decidió mudarse a Riazán. A Konstantín no le pareció bien aquel traslado y se fue a vivir, en la misma ciudad, a una habitación alquilada en donde ubicó su laboratorio. Su intención era la de presentarse a los exámenes, que se convocaban periódicamente, para ejercer como profesor de enseñanza media.

Mientras se preparaba para las pruebas de docente esbozó una carta con la posición de todos los planetas del Sistema Solar, con sus satélites y asteroides. Anotó para cada astro los datos relativos a su superficie, volumen, fuerza gravitatoria, trayectoria, así como los periodos de rotación alrededor del sol o de su planeta (para los satélites) y con respecto a sus propios ejes. Para Tsiolkovsky, aquel conjunto de astros del Sistema Solar representaba el lugar de residencia de la humanidad; su carta era un mapa en el que se mostraba el camino a seguir para desplazarse de un punto a otro.

El estudiante era consciente de que los astronautas se verían obligados a soportar importantes aceleraciones por lo que, además del mapa del Sistema Solar, también efectuó experimentos con centrifugadoras para determinar la resistencia de los seres vivos a la aceleración. Comprobó que una cucaracha soportaba aceleraciones 300 veces superiores a la gravedad (300 g) y un pollo toleraba 10 g sin mayores problemas.

En 1880 obtuvo una plaza para ejercer como profesor de aritmética y geometría en una escuela de Borovsk, en la provincia de Kaluga, cerca de Moscú.

Al año siguiente falleció su padre Eduard.

Konstantín se fue a vivir a Borovsk y alquiló una habitación en la casa de Evgraf Nikolaevich Sokolov, un pastor viudo, del rito antiguo, que tenía una hija: Varvara Sokolovaya.

La mayoría de los residentes de Borovsk eran cristianos ortodoxos y para ellos la ideología del nuevo profesor de matemáticas se acercaba al ateísmo lo que le originaría algunos problemas. Sin embargo, su relación con Evgraf fue buena desde el principio. Con el pastor y su hija, el joven maestro mantenía largas conversaciones mientras tomaban el té. Evgraf era un profundo conocedor del Evangelio. Tsiolkovsky sentía cierta aversión por los aspectos superficiales de la religión, pero respetaba la opinión y hábitos religiosos de cualquier individuo. Iba a la iglesia cuando no le quedaba más remedio. Le gustaban las iglesias como edificios singulares que adornaban todos los pueblos y ciudades rusos y tenía una elevada opinión de Cristo, porque fue un hombre capaz de sacrificar su vida por unos ideales justos. Creía que en algunos planetas vivían entes casi perfectos, hechos del mismo material que ocupaba el cosmos y sujetos a las mismas leyes de la naturaleza del universo. Imaginaba a Jesucristo como uno de aquellos individuos.

Tsiolkovsky decidió pedir la mano de Varvara porque pensó que había llegado en su vida el momento de casarse. Dada su frialdad en materia religiosa, muchos de los familiares de la muchacha no se mostraron favorables al enlace, aunque la dificultad por parte de la novia para aportar una dote al matrimonio y que a Konstantín no le importara, fue un argumento decisivo a favor del novio. En su autobiografía, el profesor de matemáticas dejó escritas algunas reflexiones en relación con su boda:

«Era para mí el momento de casarme y me casé con ella sin amor. Esperaba que una mujer así no interfiriese con la llamada de mi vida, sino que trabajaría a favor. Mi esperanza se realizó por completo. Anduvimos unas tres millas a pie hasta la iglesia para casarnos, sin llevar ningún vestido especial para la ocasión y no dejamos entrar a nadie más en la iglesia. Volvimos y nadie supo que nos habíamos casado.

Nunca conocí a ninguna otra mujer en mi vida, antes del matrimonio y después, que no fuera mi mujer».

La boda se celebró en el mes de agosto de 1880. Cuando regresaban a casa, Konstantín se detuvo para comprar un torno. Los recién casados se instalaron en una habitación alquilada, cerca del colegio donde Tsiolkovsky impartía las clases.

Al año siguiente de la boda nació su primera hija: Lubov.

A los 24 años, Tsiolkovsky escribió su primera obra científica que trataba sobre la teoría cinética de los gases.

Aislado en la pequeña ciudad de Borovsk, donde los periódicos tardaban una semana en llegar, sin bibliotecas ni otros científicos con quienes compartir sus ideas, Tsiolkovsky se vio obligado a realizar por su cuenta gran número de descubrimientos que se habían hecho con anterioridad, sin que fuese consciente de ello. Konstantín envió a la Sociedad de Física y Química de San Petersburgo su obra que no pasó desapercibida, aunque sus hallazgos habían sido publicados ya por otros científicos. Uno de los miembros de la Sociedad era Dimitri Mendeléyev, autor de la tabla periódica de los elementos. La Sociedad remitió una carta a Konstantín en la que se le sugería que se desplazara a Moscú o San Petersburgo, donde tendría acceso a librerías y círculos científicos que le permitirían desarrollar mejor sus investigaciones. Sin embargo, el solitario profesor de matemáticas desechó la idea porque, a su juicio, carecía de suficientes medios económicos para afrontarla.

Las alabanzas y el reconocimiento que generó en la Sociedad de Física y Química el primer trabajo de Tsiolkovsky, a pesar de sus escasas aportaciones a la ciencia, hizo que el científico se animara a enviar otro. El segundo trabajo de Tsiolkovsky —que también remitió al círculo de eminentes científicos de San Petersburgo— fue *La mecánica de un organismo vivo*. Esta obra, tras conseguir la aprobación del renombrado fisiólogo Sechenov, dio pie a que se le admitiera como miembro de la Sociedad.

En 1883, en un escrito en forma de diario, *Espacio libre*, Tsiolkovsky analizó el problema del movimiento de los objetos en ausencia de gravedad y resistencia. En estas condiciones un sistema compuesto por varias masas conserva la cantidad de movimiento y la energía cinética. Para ganar velocidad en el espacio libre, un objeto tiene que ser capaz de desprenderse de masa. El incremento de velocidad del objeto multiplicado por su masa será igual a la velocidad con que abandone la masa que expulsa multiplicada por la masa que libera el objeto. Todas estas consideraciones llevarían al profesor de Borovsk a plantear que el único modo de desplazarse por el espacio libre es mediante una nave dotada de un motor que libere masa, es decir: un cohete.

En 1883 el matrimonio Tsiolkovsky tuvo a su segundo hijo, un varón al que le pusieron el nombre de Ignaty. Dos años más tarde Varvara dio a luz a otro varón: Alexandr.

En Borovsk a Konstantín sus vecinos lo consideraban un excéntrico o un sabio distraído que a veces fabricaba extraños artilugios para divertirlos. Una vez construyó un globo de aire caliente con una abertura en la parte inferior, en el que suspendió con cuerdas, debajo del balón de papel pegado, una sartén con brasas. El globo ascendió, pero saltaron chispas que incendiaron el tejado de una casa y Tsiolkovsky tuvo que hacer frente a una demanda que se resolvió sin mayores consecuencias ya que el fuego se extinguió rápidamente.

A partir de 1885, el científico ruso se centró en el estudio de asuntos aeronáuticos. Concibió un dirigible de cuerpo rígido metálico, cuya envoltura delimitaba un volumen variable.

Tsiolkovsky vivió aislado en una profunda soledad, a causa de su sordera, en la que desarrolló una visión del universo y la ciencia, altruista y espiritual, como contrapunto a la sordidez de su vida diaria, plagada de dificultades para expresar sus sentimientos a las personas de su entorno. Uno de los momentos culminantes en la vida espiritual del ruso ocurrió en 1855, cuando tuvo una extraña visión. Según dejó escrito el propio científico, se le apareció en el cielo la figura de Jesucristo dibujada en unas nubes. Para el ruso, Jesucristo habría adquirido la forma de un ente —casi perfecto gracias a su elevado nivel de conocimiento de las leyes que gobiernan la naturaleza— aunque material.

En 1889 el río Protvka se desbordó y las aguas inundaron la casa de los Tsiolkovsky. No hacía mucho que se habían trasladado a vivir en ella: su residencia anterior se incendió y el fuego había destruido la librería, el laboratorio y gran parte de los documentos de trabajo del científico, aunque afortunadamente las llamas no produjeron daños a ningún miembro de la familia. Después de la inundación, Konstantín se trasladó a otra casa, de piedra, en el centro de la ciudad. Era una vivienda amplia, con tres dormitorios y su hija Lubov la recordaría como «la casa más grande en que vivimos, pero lo más importante es que era de piedra, por lo que no se quemaría, y estaba lejos del río con menos oportunidades de que se inundara». Sin embargo, la casa tenía algunos inconvenientes: el alquiler de seis rublos suponía una cuarta parte de los ingresos de Tsiolkovsky y al estar en el centro de la población era inevitable que acudieran a la vivienda demasiados curiosos que le hacían perder el tiempo.

En octubre de 1891 la Sociedad Imperial Técnica de Rusia le negó una subvención para construir un modelo de su dirigible. Al año siguiente, Tsiolkovsky publicó los resultados de sus investigaciones sobre el dirigible de cuerpo rígido en un documento, *El aerostato dirigible de metal*, que no logró captar la atención de las autoridades de su país ni de los escasos círculos aeronáuticos rusos, ya que apenas vendió una docena de copias del escrito.

En 1893, el científico y su familia se trasladaron a vivir a un apartamento en Kaluga. Los Tsiolkovsky, entonces, ya tenían cinco hijos: una niña y cuatro varones. Los dos últimos habían nacido en los años 1888 (Iván) y 1892 (Leonty).

El año que se mudaron a Kaluga falleció de tosferina Leonty, el más más pequeño de los cuatro varones del matrimonio. Aquella muerte marcó el principio de una serie de desgracias que los acompañaría durante muchos años. El matrimonio vio a lo largo de su vida cómo murieron cinco de sus siete hijos, todos los varones y una de sus hijas. Dos hijos se suicidaron: Ignaty (1902) y Alexandr (1923). Iván falleció en 1919 de malnutrición, durante la Guerra Civil Rusa y una de las hijas murió por causas naturales.

Tsiolkovsky aún tardaría algunos años en formular matemáticamente el movimiento de un cohete que, para desplazarse, expulsa gases a gran velocidad. El profesor escribió la ecuación y dejó anotada una fecha: 10 de mayo de 1897. Dicha ecuación define el incremento de velocidad del cohete en función de la velocidad de escape de los gases y las masas inicial y final. Aunque a veces la expresión se conoce como ecuación de Tsiolkovsky, ya había sido formulada en 1813 por el matemático británico William Moore. Como en otras muchas ocasiones, el científico ruso llegó por sus propios medios a las mismas conclusiones que otros hombres de ciencia habían planteado años antes. La verdadera aportación de Tsiolkovsky, en relación con esta fórmula, es su aplicación a la navegación espacial en un contexto que contemplaba los principales elemento de la nave y el entorno en el que debía moverse. Tsiolkovsky aún tardaría algunos años en proponer estos principios básicos de la Astronáutica.

De 1897 hasta los primeros años del siglo XX, Tsiolkovsky estuvo muy ocupado con asuntos aeronáuticos relacionados con su dirigible y un avión metálico, sin riostras, de ala gruesa, estilizado. Con un túnel de viento muy simple efectuó mediciones de la resistencia de sus modelos, y en 1898 los publicó en *El correo de Física experimental y elementos matemáticos*. Al año siguiente solicitó una subvención a la Academia de Ciencias para realizar mediciones de la resistencia al avance de cuerpos con distintas formas en su túnel de viento. El académico que analizó su solicitud, M. Rykachyov, se dio cuenta de que el científico, con sus escasos medios, había sido capaz de remarcar la importancia de la forma de la parte posterior de cualquier cuerpo para determinar su resistencia al avance en presencia de una corriente de aire. A Tsiolkovsky, la Academia de Ciencias de San Petersburgo le otorgó una ayuda de 470 rublos que empleó en llevar a cabo más experimentos en su túnel de viento perfeccionado, cuyos resultados entregó a finales de 1901.

Con el advenimiento del siglo XX Konstantín Tsiolkovsky, en la plenitud de su vida, era un científico que había alcanzado el reconocimiento de muchos de sus colegas en Rusia, aunque otros seguían cuestionando sus métodos y obcecación por el aislamiento. Sin embargo, todos coincidían en que con medios muy escasos era capaz de obtener resultados valiosos y que su habilidad para deducir por sí mismo principios ya establecidos era extraordinaria.

Durante los últimos años había dedicado muchas horas a efectuar pruebas con su túnel aerodinámico, para determinar la resistencia de un cuerpo que se mueve en un fluido, en régimen laminar o turbulento. Rykachyov se opuso a que muchos de los resultados los publicara la Academia de Ciencias porque el científico no había suministrado información detallada acerca de las condiciones y fechas de los experimentos. Tsiolkovsky se tuvo que enfrentar a una élite de científicos, en San Petersburgo, que desconfiaba de un personaje solitario que carecía de formación universitaria. De otra parte, el científico recibió el apoyo de algunos periódicos críticos con el grupo oficial de sabios rusos y el reconocimiento social en Kaluga, donde le ofrecieron un puesto de profesor de un nivel superior en otra escuela.

Entre el rechazo y la admiración de los hombres de ciencia pertenecientes al círculo de San Petersburgo, el aplauso de la prensa romántica que lo tildó de profeta de la patria y el reconocimiento de la gente de su ciudad, Tsiolkovsky no podía evitar que sus empeños científicos se adentraran en terrenos fronterizos con la especulación imaginativa. Incluso el propio Konstantín había escrito algunas obras de ficción para explicar lo que ocurriría en un viaje espacial.

Julio Verne había inaugurado la literatura de ficción interplanetaria y en Rusia otros escritores le siguieron. La gente era proclive a considerar demenciados a quienes especulaban con los viajes aéreos, más aún si eran espaciales y por supuesto a los que creían en la existencia de alienígenas; una debilidad que siempre rondaría la sombra de Tsiolkovsky.

A principios del nuevo siglo, Konstantín tuvo que enfrentarse a uno de los reveses más importantes de toda su vida:

«En 1902 me sacudió un nuevo golpe del destino: la muerte trágica de mi hijo Ignaty. Otra vez tuve que afrontar un periodo horriblemente desdichado y difícil de mi existencia. Desde la madrugada, o tan pronto como me despertara, me sentía vacío y apenado. Solamente después de 10 años este sentimiento se dispersó. Esta tristeza y la sensación que la acompañaba —el pensamiento de irremediable desesperanza de la gente que había perdido la tierra debajo de sus pies y el deseo de vivir, debido a la pérdida de un niño— me impulsaron a escribir *Ética*, a principio de 1903.

Esta desgracia ablandó mi corazón, amansó al final algo de mi carácter, me orientó hacia el cielo, el futuro, el infinito, y quizá me libró de la posibilidad de hacer algo malo o incorrecto. Si no hubiera sido por esta desgracia, no hubiera escrito *Ética*. La muerte de uno salvó a muchos, y no pienso que su vida fue improductiva ni su muerte inútil».

Ignaty se había suicidado en Moscú. A la vuelta de la capital, sus padres pasaron largas horas por las tardes reflexionando juntos. Una de las decisiones que tomaron fue la de trasladarse del apartamento en el que residían a una vivienda más amplia.

En 1903 Tsiolkovsky publicó *Investigación del espacio exterior con vehículos a reacción*. Su aparición marca el inicio de la Astronáutica. Hasta aquel momento algunos escritores imaginaron viajes espaciales e incluso otros científicos habían descrito la dinámica de un cuerpo que se mueve perdiendo parte de su masa, como los cohetes, pero ninguno lo hizo de un modo coherente y desde un punto de vista científico con la intención de resolver el problema de la navegación espacial.

En esta obra, el científico ruso planteó que para navegar a gran altura no sirven los elementos de transporte que hasta entonces se conocían: los aeróstatos o las cápsulas disparadas desde la tierra por un cañón (este último medio lo había propuesto Julio Verne en su novela *Viaje de la Tierra a la Luna*, en 1865).

A gran altura la densidad atmosférica es muy pequeña (115 veces menor a 30 kilómetros) lo que para mover tripulantes e instrumentos y sistemas de control haría falta globos de un volumen extraordinario, prácticamente imposibles de construir. Tsiolkovsky explicó que, debido a su excepcional tamaño, ni siquiera haciendo su envoltura de papel de fumar serían capaces de soportar su propio peso.

En cuanto a una nave disparada por un cañón, Tsiolkovsky estimó que, puesto que la velocidad de escape en la boca no supera los 1200 metros por segundo, en ausencia de resistencia atmosférica se podría alcanzar, como máximo, una altura de 73 kilómetros. Pero aun en el caso de que fuéramos capaces de dotar al cañón con explosivos de mayor potencia, hasta llegar a una velocidad en la boca de 2450 metros por segundo (la necesaria para subir hasta el límite de la atmósfera: unos 300 kilómetros) nos encontraríamos con el problema de la longitud del cañón. Aun suponiendo que construyéramos un cañón de 300 metros, tan largo como la torre Eiffel, la aceleración en el alma del cañón resultaría insoportable para cualquier ser vivo. Tsiolkovsky calculó que si la cápsula alcanzara en la boca una velocidad de 2450 metros por segundo, sus viajeros estarían sometidos a una aceleración de mil veces la de la gravedad.

Tras descartar globos, dirigibles y balas de cañón, Tsiolkovsky expuso que el único modo de viajar por el espacio era mediante un cohete impulsado por materiales explosivos que se quemaran en una cámara de combustión y salieran a través de una tobera. El cohete se movería de acuerdo con las leyes de la mecánica clásica y, en ausencia de gravedad, la velocidad sería proporcional a la de los gases de escape y al logaritmo neperiano de la relación entre la masa inicial y la masa final. El científico también llegó a la conclusión de que la velocidad de los gases de escape de un explosivo depende de la energía que es capaz de liberar en su combustión. Apuntó que el más energético era una mezcla (propergol) de hidrógeno y oxígeno que al combinarse produce vapor de agua y el gas alcanza una velocidad de 5700 metros por segundo. Estos gases habría que transportarlos a bordo, en estado líquido, dada su baja densidad, sobre todo la del hidrógeno, muy fríos, y deberían circular por la tobera de escape para refrigerarla, antes de pasar a la cámara de combustión.

La nave espacial, tal y como la concibió Tsiolkovsky, alojaría a los tripulantes y sistemas de control del aparato, responsables de mantener el rumbo. Una vez que se ha decidido el material explosivo que se va a utilizar se conoce la velocidad de los gases de escape y, en función de la masa del cuerpo de la nave, instrumentación y tripulantes, se puede determinar la masa necesaria de combustible para alcanzar una velocidad determinada. Dicha velocidad depende de la misión que vaya a realizar la nave espacial.

Tsiolkovsky también estudió el movimiento del cohete sometido al campo gravitatorio, en trayectorias verticales e inclinadas y llegó a la conclusión de que era posible escapar de la atracción terrestre con una nave de estas características.

Aunque, por primera vez en los escritos del científico ruso se planteaban los fundamentos de la navegación espacial, Tsiolkovsky era consciente de los muchos aspectos de la cuestión que necesitaban ser estudiados con mayor detalle y cuya solución práctica no estaba todavía al alcance de la tecnología de la época. Sin embargo, apuntaba con claridad las cuestiones principales que habría que resolver.

El documento de Tsiolkovsky no tuvo ninguna repercusión en los medios científicos rusos ni extranjeros. Para la Academia de Ciencias Rusa, los estudios del profesor de Kaluga pasarían inadvertidos. Inquieto por la ausencia de respuesta a un trabajo que el científico consideraba excepcional se trasladó a Moscú para entrevistarse con el editor, sin que aquella visita le reportara ninguna información relevante.

Tsiolkovsky, amargado, regresó a Kaluga para encerrarse, con sus frustraciones y el dolor de la muerte de su hijo en su apartamento.

Durante aquellos años de profundo aislamiento la sociedad le otorgó un par de reconocimientos de escasa importancia: la Orden de San Estanislao, de tercer grado, por sus contribuciones a la ciencia, en 1906, y la Orden de Santa Ana, de tercer grado, por su labor docente en la escuela de Kaluga.

En 1905 los Tsiolkovsky se trasladaron a las afueras de la ciudad, a una casa de troncos de madera junto a la que el científico montó su laboratorio. Se hallaba un poco más lejos de la escuela donde daba clases, pero al profesor no le importaba hacer el camino con una bicicleta. Allí pasaría el resto de sus días, con sus libros y experimentos.

La reclusión y el olvido de Tsiolkovsky duró hasta 1910, año en que publicó otro documento: *La propulsión a reacción como motor en vuelos en el vacío y la atmósfera*. Al año siguiente, en 1911, fue invitado por Nikolái Egorovich Joukovsky a participar en el Segundo Congreso de Navegación Aérea, aunque decidió no asistir. Joukovsky era profesor de la Escuela Técnica Imperial y en 1904 había fundado en Moscú uno de los primeros institutos de investigación aerodinámica del mundo.

En 1911 también se le concedió a Tsiolkovsky una patente en Estados Unidos relacionada con su diseño de dirigibles de cuerpo rígido.

Al tiempo que Tsiolkovsky volvía a relacionarse con los círculos rusos interesados en el desarrollo de los dirigibles, aeroplanos y cohetes, por primera vez se vio involucrado en cuestiones de carácter político. Su hija Lubov fue arrestada por la policía y su casa registrada. Le confiscaron libros de Marx, Engels y Lenin, junto con cartas y documentos suyos que jamás le fueron devueltos. A su hija la liberaron poco después.

La falta de interés de los científicos rusos por los trabajos de Tsiolkovsky hizo que este se dirigiera abiertamente al público en búsqueda de apoyo para llevar a la práctica sus inventos. Anunció que disponía de un ejemplar único de una nueva versión de su libro *Exploración del espacio exterior con vehículos a reacción,* a la vez que hacía un llamamiento para que los interesados en adquirirlo, por un coste inferior a un rublo, le enviaran su dirección. Su reclamo, que lanzó a través de un periódico moscovita, no tuvo ningún éxito. También trató de captar el interés de la gente por su dirigible de cuerpo rígido. Publicó un panfleto en el que exponía que era propietario de una patente reconocida por varios países y que precisaba de ayuda económica para llevar a cabo su proyecto:

«Si dispusiera de los medios financieros, construiría un modelo de tamaño medio que funcionara y entonces lo vendería. Aun así, si alguien desea comprarme las patentes estaría dispuesto a compartir el 25% de los beneficios con él...».

Tampoco hubo personas interesadas en el negocio de los dirigibles a pesar de la insistencia del profesor:

«Por favor, vengan a mi casa e inspeccionen cualquiera de mis modelos, cualquier día de la semana, a las 6 en punto de la tarde».

Incapaz de reunir fondos para proseguir con sus investigaciones relacionadas con los dirigibles o los cohetes espaciales, Tsiolkovsky propuso al editor de la revista *El mensajero del vuelo aéreo*, B.N. Vorobyev, la edición de un segundo volumen de *Exploración del espacio exterior con vehículos a reacción*, en varias entregas. El editor aceptó con la condición de que el contenido de los textos se presentara más bien como artículos de ciencia ficción que como planes reales para explorar el espacio.

La publicación fue un éxito editorial. En palabras de Vorobyev. «Tuvo una resonancia masiva».

En Rusia, la idea de los viajes espaciales logró suscitar el interés de un nutrido grupo de lectores y muchos escritores se lanzaron a especular con un amplio repertorio de imaginarias excursiones cósmicas, que plagaron las revistas técnicas y de información general.

En mayo de 1912 se volvió a imprimir *Exploración del espacio exterior con vehículos a reacción*, una obra que, esta vez, a Tsiolkovsky le granjeó la simpatía y amistad de personajes como el ingeniero Vladímir Vladimirovich Ruímin, el escritor de ciencia ficción Yakov Isidorovich Perelman y el profesor Nikolái Alekseevich Rienin. En este documento, Tsiolkovsky hizo un resumen de la primera versión de 1903 y añadió otras cuestiones como la alimentación, la respiración y los efectos de la aceleración excesiva y la ausencia de gravedad en el cuerpo humano. Al final del libro se refirió a las ventajas que podrían reportar a la humanidad los viajes espaciales.

Esnault-Pelterie

Si el año 1903 —con la publicación del documento de Tsiolkovsky *Investigación del espacio exterior con vehículos a reacción*— podemos considerar que marca el inicio de la ciencia astronáutica, no es hasta 1912 cuando esta disciplina alcanza cierta divulgación y reconocimiento, en los círculos de expertos y el público en general.

Además de las publicaciones de Tsiolkovsky, un joven francés, Robert Esnault-Pelterie, pronunció un importante discurso sobre los viajes espaciales y los cohetes en la Sociedad de físicos de París, en 1912. Esnault-Pelterie también estuvo en San Petersburgo en febrero de ese mismo año y algunos opinan que se dirigió a los científicos de la Academia de Ciencias para hablarles de cohetes y excursiones por el cosmos, pero es bastante improbable. Al menos, el propio Robert nunca manifestó que a lo largo de ese viaje hubiese tratado del tema con los sabios rusos, ni tampoco se refirió a este asunto en otra conferencia que pronunció en Bruselas el 27 de junio de 1912. El contenido de sus charlas se limitó a la aviación, lo que no excluye que las finalizara con referencias líricas a la conquista del espacio y a los viajes al cielo que nos pudiera deparar el futuro.

El propio Esnault-Pelterie estableció siempre el inicio de su carrera astronáutica en la conferencia de noviembre de 1912 en París. En su alocución, Robert expuso que el único modo de viajar al espacio exterior era con un cohete, también insistió en que los cohetes no necesitaban apoyarse en el aire y funcionaban igualmente en el vacío —algo que se había cuestionado, aunque sin ningún fundamento— y que el motor ideal para los viajes espaciales sería el nuclear. Sin embargo, la idea de un motor nuclear no era del todo original, ya la había sugerido el norteamericano Goddard en 1907, el belga André Bing registró una patente de un cohete propulsado con ese tipo de motor el 10 de junio de 1911, y Tsiolkovsky también se había referido a la posibilidad de utilizar la energía atómica en los viajes espaciales.

Resulta curioso que Esnault-Pelterie no hiciera ninguna mención a Tsiolkovsky durante su discurso sobre astronáutica en noviembre de 1912 en París. En su reciente viaje a Rusia es muy improbable que no hubiera oído hablar del profesor de Kaluga y sus escritos sobre la navegación espacial.

En 1912 Robert Esnault-Pelterie poco tenía que ver con Konstantín Tsiolkovsky. Era un joven perteneciente a una adinerada familia con intereses en la industria textil parisina, negocios automovilísticos y actividades industriales en el campo de la recién nacida aviación. Su interés por el espacio no iba más allá de una simple extrapolación de la navegación en la atmósfera a baja altura, y la exploración del cosmos le parecía inviable a corto plazo. El investigador, muy pronto abandonó la astronáutica y no volvería replanteársela hasta muchos años después. Sin embargo, esta disertación le valdría para que se le reconociera como el primer francés que, de un modo científico, expuso las cuestiones relacionadas con la navegación espacial y figurar en el grupo de pioneros de la nueva ciencia.

Esnault-Pelterie compartía con Tsiolkovsky su empeño en trabajar en solitario y probablemente nada más. Adinerado, seguro de sí mismo, adulado por la sociedad que lo rodeaba, relacionado con todas las personas que en Francia trabajaban en el desarrollo de la aviación, a los 30 años, ya era un hombre famoso en su país y a nivel internacional, en el sector aeronáutico. A Robert Esnault-Pelterie se le conocía en todas partes como REP. El ruso Tsiolkovsky vivía en Kaluga, muy apartado de los círculos aeronáuticos y científicos de la época, mientras que París era el centro neurálgico de la aviación, aunque los inventores del avión fueran dos norteamericanos de Dayton.

El inventor francés había nacido el 8 de noviembre de 1881, en París, en el seno de una acomodada familia dueña de negocios textiles. De niño residió en la capital francesa, en la vivienda de la calle de Milán, situada en el número 11, cerca de la estación Saint-Lazare. En verano, su familia solía trasladarse a Montmorency y de adolescente, Robert a veces pasaba la estación estival en las residencias de sus compañeros de liceo.

La mecánica sería la gran pasión de REP: a los cinco años ya diseñaba locomotoras. A los catorce años, su padre le regaló un apartamento para que instalara su laboratorio. Estudió en colegios privados frecuentados por la burguesía parisina, y empezó a preparar el ingreso a la universidad en el liceo. Para un joven de su clase social, la Escuela Politécnica o la Central hubiera sido el destino más adecuado, pero hubo un cambio de estudios según el cual la geometría y el álgebra se sustituyeron por el análisis combinatorio y el cálculo infinitesimal, que no eran del mismo agrado de Robert, lo que motivó que abandonara el proyecto de ingresar en la Escuela Central. Se decidió por el Instituto Agrícola, aunque al final cambió sus planes y entró en la Sorbona para estudiar Química, Física y Ciencias naturales.

En 1901, REP se graduó en Química y en 1902 en Física. Durante sus estudios universitarios no abandonó su pasión por las máquinas ni sus trabajos en el laboratorio. Empujado por la moda de los inventores de la época, REP dedicó gran parte de sus experimentos a construir una máquina de volar más pesada que el aire. Este fue un asunto que asumió con gran interés un grupo de entusiastas y patrióticos franceses, aglutinados en torno al Aero Club de Francia, la mayoría procedentes de familias adineradas, aficionados a los automóviles, los aeróstatos, el champán y la buena mesa.

Al margen de los trabajos preparatorios para la Universidad y sus estudios en la Sorbona, Robert no abandonaría sus experimentos aeronáuticos.

En 1898 concibió un helicóptero con dos hélices contra rotatorias, justo en el momento en el que los inventores ocupados en el desarrollo del avión se centraron en este tipo de aeronave, pero no consiguió sacarle ningún partido a su diseño que incluso trató de construir años más tarde en el taller de un amigo, Henri Robart, en Amiens.

Esnault-Pelterie realizó varios experimentos para medir la fuerza del aire al incidir sobre superficies con diversas formas. En 1900 construyó una plancha sobre cuatro ruedas, las delanteras orientables, en la que sujetó un mástil y varias velas. Experimentó con ella en la carretera de Luxeil-les-Bains a Faucaugney, durante las vacaciones veraniegas. Ese mismo año, fabricó una cometa de 18 metros cuadrados de superficie a la que le conectó un dinamómetro para medir la fuerza de tensión en la cuerda que lo sujetaba.

Durante el verano siguiente, en la villa del padre de un amigo del liceo, Ladislas Zielinsky, cerca de la playa de Wimereux, construyó otro aparato terrestre con ruedas y mástil con velas que se movía gracias a la fuerza del viento. Poco después, y con la ayuda de tres amigos, ensambló una cometa de bambú que desplegaba una superficie de 24 metros cuadrados. Sin embargo, la dificultad en el manejo de grandes cometas hizo que las abandonara.

A partir de 1902, REP renunció a la idea de construir un helicóptero y llegó a la conclusión de que, para volar, el aparato más adecuado era el aeroplano. Sin embargo, pensó que hacía falta un motor de elevada potencia, sin el que el vuelo sería imposible, y dedujo que necesitaba fabricar un motor distinto al alternativo con pistones, una turbina, pero el proyecto tuvo que aparcarlo para atender a otras obligaciones.

REP hizo el servicio militar en el laboratorio del comandante Gustave Ferrié, padre de la telegrafía sin hilos francesa. Aunque no desaprovechó la estancia en este centro y registró una patente de conmutador, la telegrafía no era un asunto que le interesase demasiado. Cuando se liberó de las obligaciones castrenses, Esnault-Pelterie tomó la decisión de trabajar como investigador autónomo y privado. Una determinación que únicamente pudo adoptar gracias a la generosa ayuda económica de su familia.

Hubo siempre en REP un deseo de trabajar en solitario, al igual que en Tsiolkovsky, aunque en casi todo lo demás fueron individuos muy diferentes.

En 1904, REP abordó la cuestión de los aviones con la idea de fabricar un aparato similar al de los Wright. Recopiló la información que estuvo a su alcance, sobre todo de la revista *l'Aérophile* y compró un motor Lorraine-Dietrich de gasolina, que daba una potencia de 16 caballos, para montarlo en su aeroplano. Nunca llegó a utilizarlo porque el aeroplano acabó estrellándose y el inventor se vio obligado a interrumpir las pruebas con el anuncio público de que las reanudaría en la primavera del año siguiente: en 1905. Quizá la única innovación de aquel prototipo de planeador fallido fueron unas pequeñas aletas (alerones), para controlar los giros, que actuaban de modo asimétrico (cuando una subía, la otra bajaba).

En 1905, a pesar del anuncio que había hecho, REP no retomó sus experimentos aeronáuticos. El interés que tenía por los aviones también lo compartía con la automoción y fabricaba amortiguadores, patentados por él, en una planta ubicada junto a los talleres de su padre en Boulogne-sur-Seine. Ese año, REP acompañado de otros socios se embarcó en el diseño y fabricación de tres vehículos para participar en una de las grandes carreras de automóviles anunciada para 1908.

Los inventores de aviones franceses, con la excepción de REP, continuaron trabajando en 1905 y los primeros resultados los cosecharon en 1906. Un multimillonario brasileño afincado en París, que hasta entonces había ganado muchos premios y se había hecho famoso con sus dirigibles, Roberto Santos Dumont, levantó el vuelo con un avión, por primera vez, en Europa.

El 13 de septiembre de 1906 Santos Dumont convocó a la comisión del Aeroclub de Francia —a la que pertenecía REP junto con Archdeacon, Blériot y otros ilustres aeronautas— para que acudieran a la explanada de Bagatelle, en París, a las siete de la mañana. Ese día el *14 bis*, que así se llamaba el aeroplano del brasileño, tuvo el honor de ser la primera máquina más pesada que el aire que voló en el cielo europeo, aunque fuera un modesto salto de apenas 11 metros.

En 1906, Esnault-Pelterie retomó sus actividades aeronáuticas. Efectuó numerosos cálculos y ensayos y diseñó un avión. Se trataba de un monoplano, lo que rompía con la tradición de la mayoría de los aviones que hasta entonces habían conseguido volar, configurados como biplanos. Después de muchas pruebas, REP logró volar unos metros el 19 de octubre de 1907 y, antes de final de año, dio unos 80 saltos de 150 a 200 metros.

REP no era un buen piloto. El 8 de junio de 1908 sufrió un accidente y a partir de entonces decidió no volver a ponerse a los mandos de ningún aeroplano.

En 1910, el aeroplano *REP D*, con un motor de 60 caballos y un tren de aterrizaje distinto fue capaz de efectuar vuelos importantes. Los éxitos de sus aviones, con un nuevo equipo de pilotos, se prolongaron durante 1911 y acumularon récords de distancia, velocidad y autonomía.

Entonces, Esnault-Pelterie inició una agresiva campaña comercial para vender sus aeroplanos.

El inventor patentaba todas sus innovaciones: hélice con palas orientables, taquímetro basado en un anemómetro, patines de aterrizaje, sistemas de estabilización, hangar flotante para hidroaviones y otras muchas más relacionadas con los aeroplanos y sus motores.

A pesar de todas sus ocupaciones, REP, mantenía una activa agenda social. Fue presidente de la Cámara Sindical de la Industria Aeronáutica, un puesto que le facilitaba el acceso a políticos y altos funcionarios de su país y extranjeros. A Esnault-Pelterie le gustaba dar conferencias en la universidad y se le ofreció la silla aeronáutica de la Facultad de Ciencias de París. En 1911, el inventor fue designado presidente de la Comisión de Aviación del Aeroclub de Francia.

En 1912, la fábrica de aviones de Esnault-Pelterie, sobre una parcela de unos 15 000 metros cuadrados, situada en el número 149 de la calle Silly de Billancourt, se convirtió en un lugar de peregrinaje habitual para los interesados en la aeronáutica.

En febrero de 1912 Esnault-Pelterie visitó San Petersburgo, según la prensa, para organizar una competición aeronáutica entre San Petersburgo, Berlín y París. El Aeroclub de Rusia le ofreció un espléndido banquete, el inventor pronunció una conferencia en la Sociedad rusa de ingenieros y durante su estancia en la capital rusa, REP se entrevistó con muchos oficiales y políticos con la intención de vender sus aviones. Incluso planteó la posibilidad de montar una fábrica en San Petersburgo.

Sin embargo, durante su estancia en Rusia, REP no llegó a enterarse de la existencia de Tsiolkovsky ni tuvo acceso a ninguno de sus trabajos científicos.

El 15 de noviembre de 1912 fue cuando REP, a quien le gustaba mucho dar conferencias, pronunció su famoso discurso *Les considérations sur les résultats d'un allégement indéfini des moteurs* (*Consideraciones sobre los resultados de un aligeramiento indefinido de los motores*) en la Sociedad francesa de físicos de París. El título escondía la verdadera intención de su autor: hablar sobre los viajes espaciales.

Para REP el único modo de transporte espacial era el cohete, aunque después de analizar el valor energético de las mezclas explosivas de pólvoras o de hidrógeno y oxígeno, llegó a la conclusión de que sería preciso recurrir a la energía atómica.

Esnault-Pelterie se mostró muy favorable al empleo de los motores nucleares en la navegación espacial en los que, en vez de acelerarse gases por medios químicos, se acelerarían iones.

Pensaba que, a bordo de una nave espacial, los astronautas no podrían sobrevivir más de un centenar de horas, y además necesitarían que en el habitáculo se creara un ambiente con gravedad artificial. Estas limitaciones biológicas exigirían velocidades extraordinariamente altas para desplazarse y un aporte de energía continuo para crear la fuerza gravitatoria, por eso el recurso a la energía atómica resultaría imprescindible.

REP opinaba que Marte estaba a una distancia que lo hacía prácticamente inalcanzable (más de 56 millones de kilómetros), por lo que Venus (38 millones de kilómetros) le parecía un candidato mejor para figurar como primer planeta en la lista de los destinos espaciales.

Para el joven y brillante inventor francés, en 1912, el espacio estaba aún muy lejos. Entonces, su interés principal era la aviación, pero sus contactos políticos y comerciales, las cuantiosas inversiones en la fábrica de aeroplanos y los esfuerzos por mejorar sus aeronaves, no le estaban dando los resultados que deseaba. Esnault-Pelterie jamás logró remontar la desventaja, con respecto a los demás fabricantes de aviones franceses, que le supuso desviar su atención de la aeronáutica a los automóviles, en 1905.

En la primavera de 1913, el padre de REP que se encontraba enfermo, llamó a su hijo para decirle que ya se había gastado la mitad de su patrimonio y que no estaba dispuesto a seguir perdiendo dinero, entre otras cosas porque también tenía una hija: Madeleine.

La fortuna de los Esnault-Pelterie se dividió entre los hermanos y Madeleine se quedó con las fábricas de productos textiles. La aviación les había hecho perder alrededor de tres millones de francos.

En junio, Robert Esnault-Pelterie cedió su fábrica de aviones a Théo Schneider, fabricante de automóviles.

En la carrera aeronáutica de principios de siglo, REP no consiguió situarse en un puesto relevante entre los aeronautas franceses, pero gracias a su conferencia del 15 de noviembre de 1912, en París, Esnault-Pelterie ingresó en la nómina de los padres de la Astronáutica.

Goddard

Robert Goddard nació en la ciudad de Worcester, Massachusetts, en Estados Unidos, el 5 de octubre de 1882. Su padre, Nahum Goddard, se había asentado en la ciudad con su esposa, Mary Pease Upham, al final de la década de los años 1870, y ocupaba un puesto de administrativo en una fábrica de máquinas cortadoras de la pujante industria de papel y textil. Su madre, Fannie Louise era hija de uno de los dueños de la empresa donde trabajaba su padre.

Nahum, era una persona innovadora y se trasladó con su familia a Roxbury, donde compró una casa. Allí empezó a trabajar también como administrativo de otra empresa que fabricaba máquinas cortadoras. Al cabo de poco tiempo, junto con otro compañero, compró la fábrica donde trabajaba. Nahum inventó una máquina para cortar la piel de los conejos y una soldadora. Fue uno de los primeros habitantes de la ciudad que adquirió una radio, un fonógrafo, y que instaló electricidad en su vivienda. Años más tarde, también sorprendería a sus vecinos al pasearse por las calles con un automóvil.

Nahum inculcó en su hijo Robert el amor a la naturaleza. Los dos se adentraban en los bosques para hacer fotografías, recorrer caminos solitarios o pescar en los ríos. El propio Robert, en su autobiografía, se presenta como un niño muy curioso, con inquietudes científicas. Consiguió que su padre le comprase un microscopio, un telescopio y hasta una suscripción a la revista Scientific American. Al muchacho le gustaba hacer experimentos porque creía que las teorías debían contrastarse en la práctica.

Sin embargo, la salud de Robert no fue buena. A partir de los 12 años, cuando su hermano Richard nació con una deformación en la columna vertebral y murió a causa de ella antes de cumplir un año, sus padres empezaron a preocuparse muy seriamente de la salud del muchacho.

En 1894, a la madre de Robert, Fanny, le diagnosticaron tuberculosis pulmonar y los médicos, tras examinar al muchacho, dictaminaron que no padecía la enfermedad. Sin embargo Robert se encontraba mal con frecuencia y dejó de asistir a la escuela. Los médicos le diagnosticaron que debía tener algún problema en el estómago o en los riñones, aunque para asegurarlo era necesario efectuar una operación quirúrgica exploratoria. Sus padres se negaron a someterlo a esta intervención.

El padre de Robert, Nahum, vendió la casa de Roxbury y su parte del negocio de la fábrica, para regresar a Worcester donde su esposa, Fanny, podía recibir la atención de sus familiares. Allí empezó a trabajar en la antigua fábrica de su suegro. La abuela de Robert, *Gram*, a quien todos llamaban Madame Goddard, empezó, a tomar un gran protagonismo en el cuidado del muchacho y su madre enferma. La enérgica abuela cuidó a su nieto con excesivo celo, demasiado preocupada por sus enfermedades, lo que obligó a Robert a pasar largas temporadas en casa, que entretenía con la lectura de textos de la librería local. *La guerra de los mundos* de H.G. Wells fue una de sus lecturas favoritas. Esta obra se publicó en varios capítulos en un periódico de Boston en 1898 y trataba de la invasión de la Tierra por un ejército de alienígenas procedente de Marte.

Según el propio Robert Goddard, en la tarde del 19 de octubre de 1899, a los diecisiete años, tuvo una visión que cambiaría para siempre su existencia:

«Cuando descendí del árbol era un muchacho distinto al que ascendió ya que mi vida parecía estar, al fin, llena de sentido».

El árbol era un cerezo y encaramado a sus ramas soñó lo hermoso que debería ser despegar del magnífico paisaje que contemplaban sus ojos en un aparato con el que fuera posible viajar a Marte. Aquella visión también trajo a sus pensamientos la idea de construir un dispositivo con un peso giratorio, de tal forma que se moviera más rápido en la parte superior que en la inferior, lo que al ser en esta mayor la fuerza centrífuga haría que el aparato ascendiese. Para Robert Goddard este pasaje marca un hito fundamental en su vida, le confiere sentido y es el comienzo de su carrera científica.

Resulta extraordinario que Konstantín Tsiolkovsky, una noche de insomnio durante el tiempo que estudiaba en Moscú —alrededor de veinte años antes que Goddard se encaramase al famoso cerezo— tuviera exactamente la misma absurda ocurrencia acerca de un dispositivo capaz de elevarse en virtud de una fuerza centrífuga asimétrica. Pocos días después de aquella ocurrencia, Robert tuvo la oportunidad de compartirla con su primo, que estudiaba en Harvard, y el pariente le explicó que su invento no funcionaría, por el principio de acción y reacción que ya había formulado Isaac Newton muchos años antes; el futuro padre de la Astronáutica prefirió no creerle. Fue después de construir algunos modelos de madera de la centrifugadora asimétrica y otros artefactos similares cuando Goddard se vio en la necesidad de darle la razón.

En 1901, Robert comprendió que para resolver los problemas que planteaban sus viajes espaciales tendría que aplicarse en el estudio de la física y las matemáticas. Ese año ingresó en la South High School de Worcester. Durante las vacaciones de Navidad escribió un artículo, *The Navigation of Space*, que envió a la revista *Popular Sciences and News*, pero el editor decidió no publicarlo. Goddard planteaba las dificultades de viajar al espacio ya que no podría hacerse con un proyectil disparado con un cañón ni con una nave acelerada mediante fuerzas electromagnéticas en un túnel. En este sentido coincidía plenamente, sin saberlo, con Oberth. Dos años más tarde se le ocurrió un sistema de propulsión basado en una especie de ametralladora y también pensó que la fuerza de un giróscopo que lo obliga a mantener el plano de rotación podría utilizarse para propulsar una nave espacial.

Al joven Robert Goddard lo seleccionaron para que pronunciara la conferencia de graduación de fin de bachillerato de las tres escuelas de Worcester. *On Taking Things for Granted* fue el título de su disertación del 24 de junio de 1904. Resultaba paradójico que el mejor alumno de la ciudad de aquel curso tuviera veintiún años, tres más que la mayoría de sus compañeros de estudios. El retraso se debía en parte a su salud y sobre todo a la excesiva protección y cuidado que le proporcionó su abuela que lo mantuvo años fuera de las aulas.

Al finalizar el bachillerato, Goddard se había enamorado de la chica más estudiosa de la South High School que también abandonaba la escuela ese año: Miriam Olmstead. Sin embargo, Robert se fue a estudiar al Worcester Polytechnic Institute y Miriam al Smith College, en Northampton. La aventura amorosa duró unos años. Goddard se había acostumbrado a que las mujeres se ocuparan de él, cosa que hacían su madre y su abuela, y Miriam no deseaba entregar su vida por completo a un hombre.

En la universidad, Goddard impresionó a su profesor de Física, A. Wilmer Duff, que lo contrató como auxiliar en el laboratorio para que pudiera así ayudar a su familia a costearle los estudios. Muy pronto fue considerado por sus compañeros como un personaje singular, en 1905 lo eligieron vicepresidente de su clase y al año siguiente, le otorgaron la presidencia. Se graduó, en 1908, con el título de alumno más brillante. Duff le ofreció un puesto remunerado en el Instituto como instructor de Física.

Hasta el mes de enero de 1909, cuando Robert había cumplido ya los 26 años, el recién licenciado no sabía cómo resolver el problema de la propulsión en los viajes espaciales. Entonces se le ocurrió que un cohete tendría posibilidades de transportar una nave al espacio exterior. Efectuó una serie de cálculos y comprobó que el método era viable si se empleaban sustancias que liberasen suficiente energía. En febrero sugirió el empleo de mezclas explosivas de hidrógeno y oxígeno y en junio esbozó el concepto de cámara de combustión en la que ardiera la mezcla de estos elementos en estado líquido. Aunque Robert entonces no lo supiera, no era el primero a quien se le habían ocurrido aquellas ideas.

El mismo año que Robert Goddard comprendió que los viajes espaciales que había soñado en lo alto de un cerezo deberían efectuarse con la ayuda de los cohetes, sin haber tenido noticias de los trabajos de Tsiolkovsky, el inventor aceptó la exclusiva invitación que había recibido para doctorarse en la Universidad Clark.

Al igual que el profesor Duff guio sus pasos en el Worcester Polytechnic Institute, el eminente profesor de Física, Arthur Gordon Webster, tuteló a Goddard en la Universidad Clark. Dos años más tarde obtuvo la calificación *cum laude* en su tesis doctoral. A pesar de su interés por los viajes espaciales, los estudios universitarios de Robert estuvieron centrados en temas relacionados con la conductividad eléctrica.

Tras doctorarse en 1911, Goddard pasó un año sin saber exactamente qué hacer en el futuro. Duff y Webster le ofrecieron trabajos de poca importancia y contactos en las universidades de Missouri y Columbia. A Robert no le convenció ninguna de aquellas ofertas, o bien porque el salario le parecía insuficiente o porque el trabajo no le dejaría tiempo para sus investigaciones y también porque le desagradaba la idea de abandonar su confortable estancia en Worcester.

En septiembre de 1912, Goddard se incorporó al Palmer Physical Laboratory de Princeton. Su director, W.F. Magie le ofreció que investigara sobre cualquier asunto que le interesara. No pudo resistir aquella oferta que también aplaudieron sus maestros, Duff y Webster. Allí, Goddard alquiló dos habitaciones en la misma casa, una para su abuela *Gram* y la otra para él.

A lo largo de 1912, Robert dedicó muchas horas por las tardes, a sus estudios sobre los viajes espaciales. Había llegado a la conclusión de que con pólvora sin humo o con hidrógeno y oxígeno, los cohetes podrían alcanzar un rendimiento del 50% (porcentaje de energía de la combustión que se transforma en energía cinética de la nave).

En Worcester, a su padre Nahum no le iban mal los negocios y había comprado una nueva casa para acomodar a su esposa que además de tuberculosis padecía artritis.

El primer invierno que Robert pasó en Princeton, fue a visitar a sus padres varias veces aquejado de una fuerte tos. Nahum hizo que a Robert lo explorase un médico especialista, quien le diagnosticó que sufría la misma enfermedad pulmonar que su madre. Aun peor, en el mes de marzo de 1913 le anticipó que apenas le quedaba un par de semanas de vida. Al conocer la mala noticia, Goddard llamó a su abuela para que empaquetase sus pertenencias y se las trajera de Princeton y su padre contrató a una enfermera para que cuidase de su hijo en casa.

Robert Goddard reaccionó ante su enfermedad de un modo sorprendente. Decidió aplicarse una terapia de aire seco, envuelto en mantas, en la terraza de su casa. Allí efectuaba ejercicios respiratorios llenando sus pulmones de aire helado. Mejoró notablemente. En mayo ya había retomado el trabajo en su nueva patente: un cohete para transportar naves espaciales. Al cabo de un año su enfermedad parecía haber desaparecido. Los médicos no se explicaron aquel cambio y le recomendarían que adoptara un régimen de vida disciplinado y sin demasiado trabajo. Goddard no haría mucho caso a los doctores, retomó el vicio de fumar espléndidos habanos, con verdadera pasión, y dedicó muchas horas a los estudios y sus investigaciones. Sin embargo, renunció a proseguir sus actividades en Princeton y consiguió un trabajo en la Universidad Clark a partir del otoño de 1914, en el que disponía de una gran libertad de acción.

El inventor también recuperó su sentido del humor. Las personas que trabajaban con él lo consideraban un hombre divertido, tranquilo, aunque ejecutaba las tareas con rapidez siempre que no hiciera mucho calor. Su voz se había resentido, quizá por la enfermedad, surgía de su garganta con dificultad, vocalizaba mal y hablar le suponía un gran esfuerzo.

Las dos patentes sobre cohetes que Goddard perfiló a lo largo de 1913-14 contienen una completa descripción de un cohete con propulsores líquidos, con una cámara de combustión y tobera del tipo De Laval para incrementar la velocidad de salida de los gases de escape. Su autor dijo en 1927:

«Estas dos patentes se merecen especial atención ya que dan una respuesta a la pregunta de qué es un cohete de Goddard».

Los principios de este cohete se exponen en las tres principales invenciones que se reclaman en dichas patentes: la cámara de combustión y la tobera, la aportación continua o discreta de propergoles líquidos o sólidos a la cámara de combustión y el uso de cohetes múltiples que se liberan conforme su combustible y comburente se consumen.

Robert Goddard fue un hombre obsesionado con las patentes y el deseo de atribuirse siempre la propiedad intelectual de una idea, un proceso o el diseño de algún mecanismo de cierta utilidad.

Oberth

En 1912 Hermann Oberth cumplió dieciocho años; a esa edad los cohetes y la navegación espacial, ya se habían convertido en la principal razón de su existencia. De niño, jugaba con un tren con el que soñaba con volar a la Luna.

Hermann había nacido en Sibiu —en Transilvania, Rumania, que entonces pertenecía al imperio Austro Húngaro— el 25 de junio de 1894. Al poco tiempo la familia se mudó a una ciudad próxima, Sighisoara, adonde Julius Oberth, su progenitor, empezó a trabajar como cirujano en el hospital. Tanto Sibiu (Hermannstadt, en alemán), como Sighisoara (Schässburg), pertenecían a una región que durante años disfrutaba de cierta autonomía y sus habitantes hablaban alemán. Pronto aquellas circunstancias cambiarían, lo que a Hermann le causaría muchos trastornos.

Hermann fue un discípulo aventajado, que a partir de los diez años cuando inició el bachillerato (Gymnasium), únicamente pensaba en los viajes espaciales.

Al igual que Tsiolkovsky, el muchacho leyó la novela de Julio Verne *De la Tierra a la Luna*, en la que el autor describió el viaje de tres individuos en una cápsula de aluminio impulsada por un cañón, cuya ánima, horadada bajo tierra, tenía una longitud de 275 metros. La velocidad del proyectil o cápsula espacial en la boca, según el novelista, debía alcanzar unas 12 000 yardas por segundo (11 Km/s) para llegar a la Luna. En cuanto pudo, Oberth hizo muchos cálculos para determinar si con aquella velocidad la nave arribaría a su objetivo. Como desconocía la fórmula exacta supuso que la aceleración de la gravedad era inversamente proporcional al cuadrado de la distancia de un objeto al centro de la Tierra. Dividió en tramos la trayectoria y tomó un valor constante de la aceleración, en cada tramo, para calcular la velocidad de la nave al final de cada segmento. De este modo, llegó a la conclusión de que con aquella velocidad inicial, la cápsula escaparía a la atracción terrestre. Sin embargo, también dedujo que la aceleración en el alma del cañón resultaría insoportable para los astronautas, ya que sería del orden de 23 000 veces la de la gravedad. Para que la aceleración no superase dos o tres veces la gravedad —valores que Oberth estimó que eran capaces de resistir los astronautas— el cañón debería tener una longitud de dos o tres mil kilómetros.

La obsesión del joven Hermann por los vuelos espaciales, lo llevó a estudiar el modo de adquirir la velocidad necesaria para escapar a la atracción terrestre. Cuando recibió clases de electromagnetismo, calculó que una nave impulsada mediante un campo magnético necesitaría un túnel de 11 000 kilómetros para alcanzar la velocidad de escape. Pero esta no fue la única idea que analizó Oberth: al menos estudió otros diez modos diferentes, sin que ninguno de ellos resultara factible a su juicio.

A los 15 años ya había llegado a la conclusión de que la única forma de viajar al espacio exterior era mediante cohetes. En un principio dudó de que el cohete funcionara en el vacío, al no poderse apoyar los gases de escape en el aire. Sin embargo, al saltar de una barca en un lago, comprobó que la barca empezaba a moverse, antes de que él pusiera un pie en tierra. En realidad, la cuestión la había resuelto Newton hacía muchos años, pero algunas personas dudaban de que los cohetes suministraran empuje en el vacío, sin apoyarse en el aire.

De algún modo, Oberth dedujo que la velocidad de impulsión de un cohete era proporcional a la velocidad de escape de los gases y al logaritmo natural del cociente de las masas inicial y final del cohete. Esta fórmula, que hizo pública el ruso Tsiolkovsky en 1903, se había planteado con anterioridad en otros ámbitos y resulta de la aplicación del principio newtoniano de conservación de la cantidad de movimiento, a un elemento que se mueve gracias al impulso de un flujo de masa que lo abandona. Oberth —al igual que otros científicos y técnicos interesados en los cohetes, como

Esnault-Pelterie, Goddard y Zander— también la dedujo de forma independiente.

Además del sistema de propulsión, a Oberth le preocupaba la capacidad del cuerpo humano para soportar aceleraciones y su comportamiento en ausencia de gravedad. En relación con estas dos cuestiones hizo varios experimentos, lanzándose al agua desde varias alturas y dentro de una piscina; concluyó que el hombre podía soportar aceleraciones de dos o tres veces la gravedad, durante algún tiempo, y hasta siete u ocho veces, unos segundos, y que los humanos sobrellevaban razonablemente bien la ausencia de esta fuerza. En 1909, Oberth diseñó su primer cohete, propulsado con nitrocelulosa y con capacidad para transportar varios hombres al espacio. En este proyecto concibió la idea de etapas sucesivas y los depósitos de combustible se liberaban conforme se consumían.

A través del farmacéutico de Schässburg, aficionado a la caza, se enteró que los gases de escape en la boca de una escopeta alcanzaban una velocidad de unos 1000 metros por segundo. Este valor le pareció muy pequeño, por lo que llegó a la conclusión de que ni la nitrocelulosa ni la pólvora suministrarían a un cohete la velocidad necesaria para escapar de la atracción terrestre.

En la novela de Hans Dominik, *El viaje a Marte*, el autor especuló con la idea de utilizar oxígeno e hidrógeno para impulsar una nave espacial. Oberth pensó que la reacción de los propelentes liberaba suficiente calor, como para que la velocidad del gas a la salida fuera muy elevada. Sin embargo, el almacenamiento de estos elementos en botellas, a presión, exigiría llevar a bordo tanques excesivamente pesados. Se le ocurrió que la solución consistiría en transportarlos en estado líquido. Tres años después de diseñar el cohete propulsado con nitrocelulosa, Oberth inventó en 1912, otro cohete impulsado por los gases de la combustión de hidrógeno y oxígeno líquidos, almacenados en depósitos independientes, que salían por una tobera.

A lo largo de los años que estudió el bachillerato, Hermann se obsesionó con la idea de desarrollar un cohete capaz de transportar al hombre al espacio exterior, identificó los problemas principales a resolver para hacer posible el viaje y concibió un diseño de nave espacial muy avanzado.

El joven Oberth estudió con verdadera pasión, todas aquellas materias que servían como instrumento para resolver el único problema que realmente le interesaba. Pasaba horas y horas sumido en sus pensamientos, hasta el punto de evitar la compañía de otros alumnos de su clase para que no lo distrajeran. Sus proyectos los mantuvo en secreto; tan solo los compartiría con un círculo muy estrecho de personas de confianza, por temor a que lo tratasen de enajenado.

CAPÍTULO 2

De la teoría a la práctica

De la teoría a la práctica

En 1912 cuatro hombres de ciencia, que entonces no se conocían, ya habían formulado los principios básicos de la navegación espacial, aunque la tecnología se hallaba aún muy lejos de estar en condiciones de producir naves que operasen de acuerdo con dichos principios. Ni siquiera entonces esta ciencia disponía de un nombre.

Al menos, Tsiolkovsky, Goddard y Oberth, habían hecho sus propios cálculos y sabían que una nave espacial propulsada por motores cohete, alimentados con hidrógeno y oxígeno, en estado líquido, podía escapar a la fuerza de gravedad de la Tierra.

Robert Esnault-Pelterie, no creía que la mezcla de hidrógeno y oxígeno liberase suficiente energía para hacer posibles los viajes espaciales; pensaba que sería necesario recurrir a la energía atómica. Para él, a los 31 años, la exploración interplanetaria formaba parte de un futuro aún lejano y sus intereses inmediatos se movían por otros derroteros. No transcurrieron muchos años para que se diera cuenta de la validez de los propergoles líquidos para volar al espacio, sobre todo por los trabajos de Oberth y Goddard. Entonces inició una serie de experimentos en su laboratorio, pero igual que se había demorado en el desarrollo del avión, y otros le aventajaron en este campo, también correría la misma suerte con los cohetes.

Tsiolkovsky vivía apartado de los círculos científicos de su país, dando clases en una pequeña ciudad rusa, en una sociedad muy pobre al borde del colapso, aislado por su propia sordera, con la mente puesta en su mundo interior repleto de fantasías cósmicas. A los 55 años, para él los viajes espaciales formaban parte de la evolución forzosa que llevaría al hombre a dominar las leyes de la naturaleza. Aunque era una persona con habilidad manual para construir sus propios instrumentos y contaba con un pequeño laboratorio, la experimentación práctica con motores cohete iba más allá de sus posibilidades. El desorden y la violencia de la Revolución que padeció su país estuvo a punto de arrastrarlo, aunque Tsiolkovsky siempre fue un defensor del comunismo soviético. Serían sus ideas, no sus experimentos, las que lo enlazarían con la generación de hombres que en su país lideró el desarrollo de los grandes cohetes espaciales.

Robert Goddard, en Estados Unidos, disfrutaba de un entorno en el que disponía de medios para proseguir con sus investigaciones sobre el asunto que, según él, y después de aquella visión que tuvo subido a las ramas de un cerezo, constituía la principal razón de su existencia: los cohetes. Su familia no era rica, como la de Esnault-Pelterie, pero tenía una posición desahogada. La salud sería el principal problema con el que se peleó a lo largo de casi toda la vida. A los 30 años, Goddard, con una sólida formación universitaria, tenía intención de trabajar en el desarrollo práctico de los cohetes y en primer lugar quería mandar uno a la Luna. Con gran acierto, a Goddard le preocupaba mejorar el rendimiento de las toberas para transformar en velocidad de la nave la mayor cantidad posible de la energía que se liberaba en la cámara de combustión del cohete. Encerrado también, como Tsiolkovsky, en su propio mundo, al estadounidense le costaba compartir sus hallazgos, a diferencia del ruso, por miedo a que lo copiaran. Fue el primero en experimentar con cohetes y lo hizo a lo largo de toda su vida. Quizá, debido a su forma de proceder, un tanto hermética, los trabajos de Goddard no llegaron a tener la continuidad que, en otras circunstancias, hubieran alcanzado.

En 1912, Oberth cumplió 18 años, había desarrollado los principios de la ciencia astronáutica a nivel teórico y también, por esas fechas, poseía un diseñó completo de un cohete. Tenía por delante una larga vida. Su condición de ciudadano del Imperio Austro-Húngaro, que sufriría grandes transformaciones, fue un lastre para Oberth durante muchos años. A pesar de todas las dificultades, el científico rumano refinó sus planteamientos teóricos, realizó experimentos prácticos y fue el impulsor del grupo de entusiastas de los cohetes que durante muchos años lideró el desarrollo de la industria a nivel mundial.

En 1912, ninguno de estos cuatro científicos conocía ni había oído nunca hablar de los otros tres. Con los años sería inevitable que todos ellos se enteraran de la existencia y obra de sus colegas. Goddard nunca pudo soportar a Oberth —aunque no se llevó mal con Esnault-Pelterie— y consideró que sus trabajos eran anteriores a los de Tsiolkovsky. Esnault-Pelterie admiraba a Oberth y este último a Tsiolkovsky, aunque muchos seguidores del ruso tildaron a Oberth y REP de vulgares plagiadores de la obra del profesor de Kaluga. REP nunca tuvo en gran consideración a Tsiolkovsky.

Tsiolkovsky no realizó experimentos prácticos con motores cohete de propergol líquido, pero Goddard, Oberth y Esnault-Pelterie sí lo harían. De 1912 a 1937, estos tres científicos depuraron sus ideas y llegaron a construir prototipos del concepto de cohete que ellos mismos habían inventado y con el que el hombre viajaría a la Luna.

Cohetes de pólvora sin humo
Cuando superó su enfermedad pulmonar, Robert Goddard retomó sus experimentos con cohetes en Worcester a la vez que trabajaba en la Universidad Clark. El investigador empleaba propergoles sólidos de nitrocelulosa y su principal interés consistía en diseñar la cámara de combustión y la tobera de salida de gases, para mejorar la eficiencia de los cohetes.

Goddard debió pensar que muy pronto estaría en condiciones de enviar un cohete a la Luna, porque en 1915 trató de averiguar el alcance visual de una explosión de magnesio. Envió a dos estudiantes a la granja de *Aunt Effie*, que estaba en Auburn a unas dos millas de distancia de la casa de su abuela, para que encendieran varias cargas de pólvora y estimar así la cantidad de explosivo que necesitaba si quería ver un fogonazo en la Luna. Goddard pensó que una forma de demostrar que el cohete había alcanzado el satélite terrestre consistía en dotarlo de una carga explosiva, cuya luminosidad pudiera observarse desde la Tierra.

El 27 de septiembre de 1916 escribió una carta al doctor Charles D. Walcott, eminente paleontólogo y secretario del Instituto Smithsonian, en la que daba cuenta de sus investigaciones con cohetes y solicitaba ayuda económica para proseguir con ellas. Con sus cohetes sería posible investigar las capas de la atmósfera que estaban fuera del alcance de los globos. Además, le advertía de la conveniencia de no hacer público su trabajo. La carta suscitó el interés de Charles G. Abbot, que sustituía a Walcott de forma temporal, porque el secretario se encontraba de viaje en busca de fósiles. Abbot era un astrofísico, investigador de la radiación solar, y la idea de disponer de un instrumento que le permitiese obtener datos atmosféricos a gran altura le pareció extraordinaria. La recomendación de Abbot a su jefe fue muy positiva. El 11 de octubre Walcott respondió a Goddard para que le detallase el coste de sus experimentos.

Gram, la abuela de Goddard con quien el científico mantenía desde siempre una relación muy especial, falleció el 17 de octubre. El mismo día que se celebró su funeral preparó la respuesta para el Smithsonian:

«No creo que el trabajo que he bosquejado pueda hacerse en un tiempo inferior a un año por menos de 5000 dólares».

El 19 de octubre —que para Goddard fue siempre la fecha mágica de su aniversario— no faltó a su cita con el cerezo desde el que había tenido la visión que marcaría el rumbo de su existencia.

Tras un estudio detallado de la documentación que le solicitó al investigador y el informe favorable de un experto independiente, el 5 de enero de 1917, Walcott notificó a Goddard que recibiría una ayuda de 5000 dólares, anuales, del Fondo Hodgkins para que prosiguiese con sus trabajos de investigación, de los que estaba obligado a informar anualmente o con mayor frecuencia, en función de sus progresos. Asimismo, en la misiva, Walcott informó al investigador de que Abbot y Buckingham se encargarían, por parte del Smithsonian, de revisar el trabajo y que podía ponerse en contacto con ellos para cualquier asunto. Junto con la carta, el Smithsonian le remitió un talón de mil dólares como adelanto.

La concesión de aquella generosa ayuda conmocionó a los académicos Duff, del Worcester Polytechnic Institute (WPI) y Webster, de la Universidad Clark, al igual que a la familia de Robert y en su comunidad lo celebraron como un hito muy señalado. El director del WPI le asignó un viejo edificio en el que se habían realizado experimentos de magnetismo, con una torre, y un profesor, C.D. Haigis, para que le ayudase a efectuar sus ensayos.

Muchas de las piezas que necesitaba se construirían en el taller del WPI, porque no disponía en su destartalado laboratorio la maquinaria que hacía falta.

Goddard llevaba sus investigaciones con un secretismo rayano en lo enfermizo. En pocos meses mejoró las instalaciones de su laboratorio y consiguió algunos ayudantes adicionales y maquinaria para efectuar en ellas los trabajos mecánicos.

A final de año sus experimentos no lo conducían a ninguna parte. Como al inventor le parecía muy peligroso y complicado el empleo de oxígeno líquido, se había obsesionado con la idea de construir una máquina que cargaba cartuchos en una cámara de combustión, uno detrás de otro, como una ametralladora, pero ninguno de sus prototipos funcionaba correctamente.

El 6 de abril de 1917 el Gobierno de Estados Unidos involucró al país de forma directa en la I Guerra Mundial, después de mantener la neutralidad durante casi tres años.

Goddard escribió al Smithsonian para darle cuenta de la utilidad militar de sus cohetes, como armas de bombardeo a gran distancia fácilmente transportables. Abbot trató de persuadir a Walcott para que solicitara ayuda económica al Departamento de Guerra, pero el paleontólogo, más práctico, consideró inviable obtener dinero del Ejército si Goddard no era capaz de mostrar resultados. Una máquina de cargar cartuchos en un supuesto cohete, que no funcionaba, no serviría para que el Ejército apoyara el proyecto.

El propio Goddard comprendió que su aparato de cargas múltiples no le reportaría la ayuda económica que buscaba y él mismo escribió al Ejército para ofrecerle un simple cohete dotado de una carga explosiva. Tras una serie de conversaciones con oficiales de West Point, Goddard entendió que si su invento prosperaba el Ejército adquiriría miles de pequeños cohetes que fabricarían las grandes industrias de armamento y él quedaría al margen de la operación. La idea le parecía repulsiva. Pensó que si era capaz de firmar un convenio con una empresa de menor tamaño, como la Rockwood Sprinkler de Worcester, tendría alguna posibilidad de mantener cierto control sobre el negocio. Las conversaciones con esta empresa tampoco llegaron a buen puerto. Los acuerdos sobre licencias, patentes y reparto de beneficios, junto con la imposición del inventor de que el producto se denominara *Cohete Goddard*, se embrollaron de tal modo que el convenio resultó inviable.

Mediante la intervención de Walcott, y gracias a la extraordinaria amistad del paleontólogo con el general jefe del Signal Corps, el proyecto de Goddard recibió ayudas extraordinarias del Ejército, por un importe que llegaría a los 50 000 dólares, pero a través del Smithsonian.

Por motivos de seguridad, el Smithsonian acordó con el Ejército que el laboratorio de Goddard debía emplazarse en otro lugar.

En junio de 1918 se trasladaron a Mount Wilson, Pasadena, California. Allí, el responsable de las instalaciones —el renombrado astrónomo George Hale— puso el taller al servicio de Goddard que decidió concentrarse en la fabricación de cohetes con una sola carga. El primero lo lanzó en Arroyo Seco, un desierto cercano y como llevaba planos de control en la tobera para estabilizar el vuelo, apenas abandonó el suelo giró en redondo y se volvió contra Goddard y su equipo, que tuvieron que salir corriendo en busca de refugio.

Muy pronto, los cohetes de Goddard, con una sola carga y lanzados desde un tubo, se transformaron en un arma eficaz que podía transportar un soldado de infantería. Mientras el inventor conseguía que los militares acudiesen para verificar sus logros, tuvo la idea de continuar con el desarrollo del mecanismo de cargas múltiples; el trabajo se lo pasó a un joven ingeniero de su equipo que había estudiado en la Universidad Clark, C.N. Hickman. El muchacho sabía perfectamente que abordaba una tarea imposible, pero logró montar un artefacto que estuvo listo para las pruebas con el Ejército.

El 6 y el 7 de noviembre de 1918, en el campo de pruebas de Aberdeen, el equipo de Goddard realizó demostraciones, ante un grupo de militares, con dos armas: un cohete que se lanzaba a través de un tubo y otro de recargas múltiples que estalló durante la exhibición. Los militares quedaron impresionados con el cohete de carga única, del que Goddard había fabricado varias unidades con distintos calibres, ya que resultaba un arma práctica y en condiciones de entrar en servicio.

Cuatro días después de las pruebas en Aberdeen, en un vagón de tren en el bosque de Compiègne, la I Guerra Mundial finalizaba, con la firma del armisticio.

Goddard perdió su laboratorio de Pasadena, que en parte se trasladó a Worcester, y la generosa financiación del Ejército, lo que le obligó a regresar a su puesto de profesor de Física en la Universidad Clark.

En algo había cambiado el inventor. Sus viajes de fin de semana por el campo, las excursiones a la isla Catalina o a las playas, reavivaron su interés por la fotografía en la que además de paisajes incluyó figuras de mujeres bonitas. En California, Robert Goddard había tenido tiempo para analizar otros aspectos de la vida.

En febrero de 1919, Goddard fue a Washington en busca de fondos para proseguir sus investigaciones. Visitó a Walcott y Abbot en el Smithsonian, y a otros responsables de importantes organismos oficiales. Todos coincidieron en lo mismo: no tenían dinero.

Agotados los conductos gubernamentales, a Goddard se le ocurrió la idea de ganar apoyo popular que le abriera el camino del Gobierno u otros. Su exposición al público lo haría extraordinariamente famoso.

La fama del científico empezó con un artículo publicado por el *Worcester Evening Gazette*, el 28 de marzo de 1919, en el que se citaba al WPI, la Universidad Clark y el Smithsonian como los inventores de un cohete capaz de elevarse a 70 millas. La historia reapareció en el *Washington Star*, el 30 de marzo, y en el Smithsonian, el Ejército, el WPI y la Universidad Clark cundió el pánico. Webster habló con Goddard y le urgió a que publicara los resultados de sus investigaciones en términos científicos, para situar en su debido lugar el alcance de los descubrimientos.

Abbot consiguió fondos y la necesaria aprobación para que el Smithsonian publicara los trabajos de Goddard. El instituto imprimió un documento con el título de *A Method of Reaching Extreme Altitudes.* En este documento Goddard reclamaba ser el primero en demostrar la posibilidad de escapar a la atracción terrestre mediante cohetes y sus teorías se apoyaban en experimentos y pruebas de laboratorio (entonces, en Estados Unidos nadie había oído hablar de Tsiolkovsky). Todos sus ensayos los había efectuado con propergoles sólidos, pero en el documento también mencionó los cohetes de propergol líquido. En una nota, hizo referencia a cohetes de varias etapas, aunque la mayor parte de su trabajo lo había dedicado a cohetes recargables inspirados en las ametralladoras. Casi todo el escrito lo formaba un denso amasijo de fórmulas y tablas y al final incluyó una sección, en la que se refería a cohetes cuyos impactos en la Luna se podían constatar con señales luminosas, observables desde la Tierra.

En octubre de 1919, Robert Goddard revivió parte de su legado californiano y sintió una especial atracción por una muchacha de 18 años que acudía con cierta regularidad a su casa para pasar a máquina sus escritos: Esther Christine Kisk. La joven, hija de emigrantes suecos, había terminado el bachillerato y ahorraba el dinero que conseguía como mecanógrafa para costear sus estudios universitarios. La chica convenció al investigador de que era saludable tomarse algún descanso durante los fines de semana. Muy pronto, a Robert y Esther se los solía ver juntos en el campo haciendo fotografías, una afición que ambos compartían.

El documento de Goddard se publicó en la *Miscellaneous Collection* del Smithsonian en diciembre de 1919. La colección estaba dirigida a grupos muy reducidos de científicos, pero en este caso no pasó desapercibida para la prensa en general. El *Boston Herald* del 12 de enero de 1920, en primera página, titulaba los experimentos del científico: NUEVO COHETE IDEADO POR EL PROFESOR GODDARD PUEDE IMPACTAR LA CARA DE LA LUNA. Ese mismo día el *New York Times*, el *San Francisco Examiner*, el *Chicago Tribune* y el *Boston American*, entre otros periódicos estadounidenses, hablaban en sus primeras páginas del profesor Goddard y su cohete lunar. La National Geography Society anunció que durante el próximo verano Goddard realizaría sus primeros vuelos de prueba para alcanzar la Luna. Estas noticias desencadenaron una auténtica explosión divulgativa de la figura de Goddard, como el genuino inventor de la navegación espacial en Estados Unidos.

Goddard trató de contener la avalancha informativa, según la cual, sus cohetes llegarían a la Luna en tan corto plazo. El 18 de enero de 1920 envió una nota a la prensa, mediante la que trató de poner freno a las especulaciones excesivas de los reporteros:

«Cualquier cohete diseñado para alcanzar grandes elevaciones debe probarse varias veces, primero, a altitudes moderadas. El conocimiento de la densidad (de la atmósfera) a gran altitud es esencial. Por tanto desde cualquier punto de vista, el trabajo que hay por delante es una investigación de la atmósfera».

Al final de su nota propuso una suscripción pública para reunir entre 50 000 y 100 000 dólares con los que podría continuar con sus desarrollos.

Los esfuerzos de Goddard por evitar que la prensa especulara con sus cohetes de forma desproporcionada, apenas tuvieron éxito. La moderación aniquilaba la noticia. El asunto tenía interés si se trataba de ridiculizar al informante o de comunicar al público la posibilidad real de viajar al espacio en cuestión de meses.

La satisfacción que le produjo a Goddard el alcanzar una notoriedad excepcional se vio ensombrecida por la tristeza que le causó la muerte de su madre Fanny, el 29 de enero de 1920. Enferma de tuberculosis, desde hacía muchos años, estaba al cuidado de una enfermera. Su madre y su abuela habían sido las dos mujeres más importantes de su vida y la ausencia de aquella parte femenina en su existencia lo acercaría un poco más a Esther.

En cuanto a sus proyectos de futuro con los cohetes, Goddard había fracasado en el desarrollo de un sistema de recarga con propergoles sólidos. Llevaba muchos años tratando de diseñar un mecanismo de recarga, de forma que la cámara de combustión se alimentara de una serie de paquetes de propergol, como si fuera una ametralladora. Pero, este tipo de mecanismo era realmente complicado y hasta entonces no había conseguido ningún diseño plenamente satisfactorio. La mayor parte del éxito de su cohete de carga única se debía a la forma de la tobera, con la que consiguió una mejora de rendimiento extraordinaria. Sin embargo, con un cohete de carga única el tubo de acero, que hacía las veces de cámara de combustión, no podía alargarse demasiado debido al peso. Sabía que para conseguir un gran alcance era preciso aumentar la masa del propergol, algo imposible con una carga única de propergol sólido. Consciente de que el camino de sus investigaciones no llevaría a sus cohetes ni a la Luna ni siquiera a una altura mayor que la que ya alcanzaban los globos en la atmósfera, Goddard se planteó en serio el desarrollo de un cohete de propergol líquido. Los propelentes líquidos tenían la ventaja de que, mediante conductos, se podían llevar a la cámara de combustión, cuyo tamaño era independiente de la cantidad de propelentes que se almacenara en los depósitos.

En 1921 Goddard abandonó la idea de los mecanismos de recarga de propergoles sólidos y empezó a estudiar con detalle el uso del oxígeno líquido, como comburente, y el queroseno o gasolina como combustible.

Motores nucleares

Si en 1913 REP había llegado a arruinarse con su negocio de aviación, en 1920, volvía a ser un industrial acaudalado, sobre todo gracias a sus patentes. Tras el fracaso inicial y el reparto del negocio familiar con su hermana Madeleine, REP montó una pequeña fábrica de aviones.

La I Guerra Mundial transformó la aviación en el mundo y en Francia la industria aeronáutica creció de un modo vertiginoso. Arrastrado por la fuerza de esta corriente, la modesta sociedad que poseía REP en 1914, al final del conflicto bélico contaba con unos 2000 empleados, generaba beneficios importantes y había producido centenares de aviones para Francia, Italia y el Reino Unido. Durante esa época también mantuvo el cargo de presidente de la Cámara Sindical de la Industria Aeronáutica cuya actividad, cuando se firmó el armisticio, empleaba a 152 000 personas, en 102 fábricas y facturaba mil ochocientos millones de francos.

Esnault-Pelterie no había olvidado su fracaso aeronáutico de 1913 y tras la I Guerra Mundial liquidó sus negocios industriales para dedicarse a la investigación en su laboratorio de la calle des Abondances, que es lo que realmente le satisfacía. A partir de 1918, REP trabajó hasta el final de su vida como investigador privado.

En 1919 dejó la presidencia de la Cámara y en 1920 desmanteló por completo sus fábricas de aviación.

Una gran parte de su fortuna se la debería a sus patentes. De todas ellas, la que registró el 19 de diciembre de 1906 en la que describía un mecanismo para ejercitar el control longitudinal y transversal del avión, quizá fuera la más rentable. Esta patente se completaría posteriormente con otras en 1907. La palanca, bastón de mando (o de control), fue durante mucho tiempo, el dispositivo de gobierno más utilizado en las aeronaves, sobre todo militares. Esta palanca, montada sobre una junta cardan, se puede mover hacia atrás y adelante y hacia los lados, para hacer que el avión eleve (atrás) o hunda (adelante) el morro, o levante un ala y baje la otra (a los lados).

Por el uso de esta patente hasta el 12 de noviembre de 1918, los tribunales franceses reconocieron una deuda de los fabricantes de aviones galos y el Estado a favor de REP, por un importe de 13 272 000 francos.

Desde 1911 REP liquidó sus impuestos a través de dos contabilidades, una para sus patentes y otra para las actividades industriales. La Hacienda francesa no consideró aceptables sus liquidaciones y REP se vio envuelto en larguísimos pleitos, tanto con la Administración como con quienes, a juicio suyo, infringieron sus patentes.

Su vida estuvo marcada por una intensa actividad en los tribunales a la que le dedicaría mucho tiempo. En 1921 demandó a Anthony Fokker por el uso de la palanca de control del avión monoplano que presentó en el Salón Aeronáutico de París. También demandaría a Alemania por el uso de la palanca de control de los aviones de ese país, al menos durante el tiempo que sobrevolaron durante la I Guerra Mundial los cielos de París. Si en algunas de estas disputas no logró ninguna ganancia, en otras sí obtuvo sustanciosos beneficios. Con el Gobierno de Estados Unidos y algunas firmas norteamericanas (Fairchild Airplane Manufacturing y Chance Vought) mantuvo diversos pleitos. Llegó a un acuerdo con Fairchild, perdió el pleito contra Vought y el asunto con la Administración estadounidense se saldó tras casi 22 años de pleitos con poco más de medio millón de dólares a favor del francés.

Después de la I Guerra Mundial y liberado de sus actividades industriales aeronáuticas, REP volvió a interesarse por el espacio. El 17 de enero de 1920, un periodista del *The New York Herald Tribune* le preguntó por su opinión con respecto al interés de Goddard por alcanzar la Luna a corto plazo, con un cohete. REP le respondió que él seguía pensando lo que ya había expuesto en su disertación de 1912 en París, *Les considérations sur les résultats d'un allégement indéfini des moteurs*, y no creía factible que con la tecnología disponible en aquel momento se pudiera construir un cohete con el porcentaje de propelente necesario para alcanzar la luna.

El 31 de marzo de 1920, REP escribió a Goddard para informarle que había tenido noticia de sus trabajos a través de la prensa y que sabía que los periodistas solían deformar las declaraciones de los científicos. No le ocultaba su opinión de que la única forma de disponer de energía suficiente para que una nave escapara a la atracción terrestre era mediante el uso de energía nuclear. Aquella fue la primera de una veintena de cartas que intercambiaron los dos científicos hasta 1936, entre los que, a pesar de algunas pequeñas reticencias, se desarrolló una relación bastante amistosa.

Goddard le envió su documento, publicado por el Smithsonian, *A Method of Reaching Extreme Altitudes*, y le confirmó la posibilidad de alcanzar las velocidades cósmicas sin necesidad de recurrir a la energía nuclear.

En mayo de 1920, REP propuso a Goddard que viajara a Francia para dar una conferencia en la Sociedad Astronómica Francesa y también le expresó su opinión de que sería más interesante enviar una nave espacial que orbitara alrededor de la

Luna para obtener una foto de su cara oculta, en vez de estrellarla contra su superficie.

Hasta el año 1928, REP y Goddard discreparon con respecto a la fuente energética del motor de una nave espacial. REP creyó durante bastante tiempo en la ineludible necesidad de la energía nuclear, lo que en realidad hacía inviable, al menos a corto plazo, el viaje a la Luna.

REP se relacionó en algunas ocasiones con la Sociedad Astronómica Francesa, pero hasta el año 1927 —convencido de la imposibilidad de los viajes espaciales a corto o medio plazo— se mantuvo al margen de las investigaciones astronáuticas.

El Model B

Cuando Goddard, en Worcester, llegó a la conclusión de que para alcanzar alturas elevadas con sus cohetes no tenía más remedio que desarrollar un motor de propergol líquido, Hermann Oberth, en Alemania, escribía las últimas páginas de su tesis doctoral.

A pesar de su pasión por los viajes interplanetarios y las naves espaciales, que le acompañó durante todo el tiempo que cursó el bachillerato, la influencia de su padre hizo que Oberth decidiera estudiar medicina. Su único consuelo fue que aquella carrera le ayudaría a resolver los problemas médicos relacionados con los viajes por el cosmos.

Inició la carrera de medicina en Múnich y siempre obtuvo buenas calificaciones, aunque la compaginó con clases de ingeniería y física, además de estudiar matemáticas y astronomía por su cuenta.

La I Guerra Mundial le sorprendió en Alemania y como ciudadano del imperio Austro-Húngaro se vio obligado a regresar a su casa para enrolarse en un batallón de infantería. Lo destacaron al frente oriental y en febrero de 1915 fue herido. De allí lo enviaron al hospital de la ciudad en la que residía su familia, Schässburg. Cuando se recuperó, como había cursado estudios de medicina, dejaron que se quedara trabajando en el mismo hospital.

En el centro médico desempeñó diversas tareas, como asistente de los doctores profesionales y hasta una vez se vio en la necesidad de operar, él solo, una apendicitis. El paciente logró sobrevivir tras la intervención quirúrgica, algo que Oberth solía contar sorprendido, a sus amigos.

Durante el tiempo que estuvo en el hospital trató de emular las condiciones de falta de gravedad, para evaluar cómo afectaban al cuerpo humano. Estos ensayos los efectuaba sumergido en el agua y bajo los efectos de la escopolamina. Oberth concluyó que el cerebro de las personas podía soportar durante muchas horas la ingravidez, sin perder su capacidad de raciocinio y control.

Además de realizar estos experimentos, en 1917, Oberth también diseñó un cohete de propergol líquido, con oxígeno como comburente y alcohol como combustible. El invento estaba pensado para transportar una carga explosiva a gran distancia. Después de consultar con su jefe en el hospital, en vez de enviar su diseño al Ejército austro-húngaro, decidió entrevistarse con el cónsul alemán que se comprometió a remitir su propuesta a quien resultara pertinente. Meses más tarde, en 1918, Oberth recibió una curiosa respuesta del Ejército alemán en la que descartaban el proyecto porque los cohetes, según la experiencia, no tenían un alcance superior a 7 kilómetros.

En verano de 1918 Oberth cumplió 24 años y se casó con una joven, Mathilda Hummel, *Tilly*, a quien conocía desde hacía poco tiempo. Después de casarse, en otoño, Oberth fue destacado a Viena para completar un curso que lo transformaría en médico, pero cayó enfermó y tuvo que regresar a Schässburg antes de finalizarlo. El armisticio se firmó cuando Hermann aún estaba convaleciente por lo que ya no se reincorporó al Ejército.

Al terminar la guerra, Hermann decidió abandonar la medicina y proseguir con sus estudios de matemáticas, física, química y meteorología.

En febrero de 1919 se desplazó a la Universidad de Klausenburg, pero en cuanto las fronteras se abrieron decidió continuar los estudios en Múnich. Dada la situación en que se encontraban los distintos modos de transporte, tardó dos semanas en llegar a la ciudad alemana.

En Múnich le resultó imposible encontrar un lugar donde vivir, debido a su condición de extranjero, por lo que después de seis semanas decidió desplazarse a Göttingen. En aquella universidad daban clase, entre otros muchos afamados académicos, Max Born, David Hilbert y Ludwig Prandtl.

A Hermann únicamente le interesaban los cohetes y las naves espaciales, las matemáticas, la física, la astronomía o la medicina, las estudiaba para resolver los problemas que le planteaba su proyecto astronáutico. Por tanto, lo primero que hizo Hermann Oberth fue concebir una nave espacial y conforme de su diseño le surgían dificultades, recurría a las distintas disciplinas académicas para resolverlas. En esas condiciones las relaciones con sus profesores no eran fáciles. En Göttingen mantuvo varias conversaciones con Prandtl quien introdujo correcciones en sus cálculos y le sugirió varios libros para que los consultara a la hora de resolver determinados problemas. El científico le animó a que siguiera adelante con su proyecto.

Oberth también tuvo que abandonar Göttingen, porque si en Múnich no encontró un alojamiento por ser extranjero, allí, a los foráneos no les permitían alquilar apartamentos. Hermann quería vivir con su esposa y en 1921 se trasladó con ella a Heidelberg. Sin embargo, la vida en aquella ciudad era muy cara y otra vez se vio obligado a separarse de Mathilda.

Al quedarse solo, Hermann redobló sus esfuerzos para terminar el diseño de su proyecto. El cohete debía alcanzar una altura de 2000 kilómetros, contaba con dos etapas, en la primera el propergol se formaba con alcohol y oxígeno líquido y en la segunda con hidrógeno y oxígeno líquido. Al cohete le puso un nombre: *Model B*.

Oberth agrupó su trabajo en un tratado con varias secciones en el que se analizaba con detalle el diseño y la viabilidad del *Model B* y con ese documento pretendía obtener un grado académico. El problema con el que se encontró fue que ningún profesor aceptó su diseño del *Model B* como tesis doctoral porque —a pesar de su calidad, que muchos reconocieron— no encajaba en ninguna disciplina específica: astronomía, física, matemáticas, química, aerodinámica o cualquier otra. Los profesores le sugirieron que publicase un libro de carácter científico, pero no encontró a nadie que quisiera editarlo.

En 1922, Hermann Oberth había finalizado su tesis: *El cohete en el espacio interplanetario* y regresó a Schässburg después de enviarla a Hannover, donde un amigo, Paul Requadt, la hizo llegar a unos veinte editores. Casi todos ellos la rechazaron de inmediato, asustados por la proliferación de fórmulas y expresiones matemáticas que contenía el escrito. Requadt la mandó entonces a un editor de Múnich, Rudolf Oldenbourg que, aunque no tenía ningún interés por la ciencia ficción, quedó impresionado por la contundencia con la que Oberth aseveraba que en breve los viajes interplanetarios se convertirían en una realidad. Oldenbourg escribió a Oberth para manifestarle su deseo de publicar la tesis, si el científico asumía los costes de la edición.

Hermann reescribió partes de su trabajo para introducir ideas que pudieran suscitar el interés de lectores con una formación técnica más limitada, y a ingenieros y científicos de otras disciplinas. El libro tuvo el éxito que Oberth esperaba y la primera edición se agotó muy rápidamente.

El manuscrito final no llegaba a las 100 páginas y estaba dividido en tres secciones. En la primera se refirió a la operación y prestaciones de un cohete, en la segunda describió un cohete (*Model B*), de propergol líquido, con alcohol o hidrógeno como combustibles y oxígeno líquido como comburente, y en la tercera parte Oberth incluyó los asuntos que más interesarían a la mayoría de los lectores. En esta última parte, en primer lugar, trató de los efectos físicos de la aceleración y falta de gravedad sobre el cuerpo humano, de los peligros para los astronautas durante el ascenso del cohete y el modo de mitigarlos, de la muy remota probabilidad de chocar con un meteorito durante el viaje espacial, y de que el modo más conveniente de aterrizar era sobre el agua; después, también se refirió a la cabina del piloto, la instrumentación, los visores y otros detalles; al final, Oberth especuló sobre las características de una nave capaz de viajar a la Luna para investigar su cara oculta y también acerca del lanzamiento de estaciones espaciales que orbitaran alrededor de la Tierra y facilitaran las comunicaciones, o fotografiaran regiones poco conocidas de nuestro planeta; incluso sugirió que un desastre como el hundimiento del *Titanic* (1912) podría haberse evitado con estaciones espaciales que se ocuparan de detectar las posiciones de los icebergs y las telegrafiaran a la Tierra; el científico también desarrolló la idea de que la estación espacial en órbita desplegara un gigantesco espejo capaz de concentrar energía solar, a voluntad, sobre algunas partes de la superficie terrestre. La construcción de estos reflectores requeriría que varios cohetes transportaran el material a la estación espacial, pero Oberth calculó el coste de poner en servicio un espejo con una superficie de una hectárea, que según él, permitiría calentar tres hectáreas de superficie polar, hasta el punto de hacerlas cultivables, lo que haría rentable la empresa. Por último, el científico apuntó la posibilidad de almacenar hidrógeno y oxígeno en la estación espacial para que las naves con destinos interplanetarios partieran de allí. Oberth finalizó este apartado con la frase:

«No obstante, no quiero plantear este asunto en este momento»

En un *Addendum* de esta obra, Oberth se refirió al trabajo de Goddard (*A Method of Reaching Extreme Altitudes*), publicado por el Smithsonian en 1919, en el sentido de que había tenido noticia del mismo justo en el momento en que su libro se iba a imprimir:

«El profesor Goddard experimentó con abundantes medios, mientras que yo primariamente he tratado de darle al problema un tratamiento teórico. Por esta razón nuestros trabajos se complementan…Al comparar nuestras publicaciones, uno verá enseguida que yo he procedido con independencia de Goddard. A propósito, puedo probar con testigos que mi trabajo se remonta a 1907. Mi primer plan completo data de 1909».

A Oberth le sorprendió que Goddard hubiera centrado una parte importante de sus estudios en la tobera de escape de los gases para mejorar el rendimiento del cohete y pasar de un 2%, en sus primeros ensayos, a un 65%. También puso de manifiesto que los experimentos del norteamericano los había realizado con pólvoras sin humo, de nitrocelulosa, y que no describía ningún aparato sino que se refería a un mecanismo que era capaz de cargar cartuchos de pólvora en la cámara de combustión, como si se tratara de una ametralladora, pero mucho más rápida; un método que le pareció muy adecuado, aunque Goddard terminaría por abandonarlo de forma definitiva poco después.

Al parecer, Oberth había tenido noticia de la publicación del norteamericano en primavera de 1922 y como no pudo encontrar el escrito en Heidelberg, el 3 de mayo escribió a Goddard pidiéndole una copia. En su carta, Oberth, le explicaba a Goddard que durante muchos años había trabajado en cuestiones relacionadas con los cohetes y que estaba a punto de finalizar un libro, que le enviaría en cuanto estuviera disponible. Oberth se despidió con palabras que sugerían una estrecha colaboración en el futuro:

«Creo que solamente mediante un trabajo común entre los escolares y todas las naciones se podrá resolver este gran problema».

La respuesta del norteamericano no tardaría en llegar, pero el contenido de esta carta se perdió.

Cuando Goddard leyó los comentarios de Oberth a sus trabajos, en el Addendum de su obra, se sintió muy molesto y a partir de entonces las relaciones entre ambos fueron malas. Goddard siempre pensó que Oberth lo había copiado y este último era de la opinión de que el norteamericano no pasaba de ser un constructor de cohetes con escasa visión de la astronáutica en general.

A pesar de que el libro de Oberth tuvo un gran éxito entre el público y recibió muchas cartas de admiradores suyos, los círculos académicos lo ignoraron por completo y la prensa científica y técnica lo criticó con dureza. Aun así consiguió que un banquero, Carl Barthel, se ofreciera a financiar la construcción de su cohete. No obstante, Barthel retiró el apoyo económico al proyecto cuando el profesor Rudolf Franke de la Escuela Técnica de Charlottenburg escribió en el informe, que le había solicitado el banquero, que los cálculos y las hipótesis del científico eran incorrectos.

El divulgador científico Max Valier, que había construido algunos automóviles impulsados por cohetes, le propuso a Oberth la edición de un libro inspirado en *Viaje al espacio interplanetario en cohete*, pero en el que suprimiese las partes más áridas y ampliara las cuestiones de interés para el público en general. De esta forma podría suscitar el apoyo de un número mayor de personas, lo que forzaría a que la comunidad científica se interesase por el asunto. Oberth ayudó a Valier a configurar el libro, con ideas estrambóticas como la de construir un cañón de 900 metros de largo en el interior de una montaña cerca del ecuador, pero antes de que se publicase la obra, el científico abandonó Alemania para dar clases de matemáticas y física en Schässburg, donde se reunió con su familia. Allí permaneció hasta que en Mediasch, una población cercana, le ofrecieron un puesto de trabajo fijo como profesor, en 1924.

En 1925 se imprimió el libro de Valier con el título de *Una raya en el espacio* y se vendió bien. También hubo otro ingeniero en Alemania, el doctor Walter Hohmann, que publicó por esas fechas un pequeño libro, con 83 páginas, en el que trató exclusivamente de los aspectos matemáticos del viaje espacial.

La granja de Aunt Effie

Al mismo tiempo que Oberth publicaba en Alemania *El cohete en el espacio interplanetario*, en 1922, en Estados Unidos, Goddard y Esther hicieron público su compromiso matrimonial.

El científico ya había decidido abandonar la recarga automática y experimentaba con motores de propergol líquido. El 1 de noviembre de 1923 probó el primero de ellos en su laboratorio.

El 21 de junio de 1924 Robert Goddard y Esther Christine Kisk contrajeron matrimonio en Worcester. La boda se celebró en la intimidad. El inventor tenía 41 años, 18 más que la novia. Tras la ceremonia se fueron en coche a las montañas de Nuevo Hampshire, en viaje de luna de miel.

Debido al historial clínico de Goddard, aquejado de tuberculosis pulmonar, la pareja viviría siempre en habitaciones separadas.

A partir de ese momento, Esther abandonó sus trabajos y se dedicó a cuidar de su marido, tanto desde el punto de vista físico como síquico y puso una gran atención al tratamiento que los medios daban a la imagen de su esposo.

Cuando regresaron del viaje de luna de miel, con una impresionante colección de fotografías de valles, árboles y montañas, se instalaron en la que había sido la casa de la abuela de Goddard, Mapple Hill.

Con el matrimonio, Goddard recuperó la protección que siempre le habían otorgado las mujeres en su vida, primero su madre y su abuela y después su esposa. Esther se ocupó de remodelar la vivienda de Mapple Hill, de saber el dinero que tenían en el banco, algo que Robert no controlaba, de animar y estimular al inventor cuando se deprimía, y de atemperar los despistes y amortiguar la timidez y aversión a las relaciones sociales del profesor.

En 1925, sus mentores en Worcester, los profesores Duff y Webster ya no estaban en la Universidad de Clark que, entonces, dirigía Wallace W. Atwood. Goddard era el responsable de los departamentos de matemáticas y física; con Abbot, continuaba manteniendo una excelente amistad y recibía ayudas periódicas del Smithsonian para continuar con sus experimentos.

Goddard trabajaba rodeado de un cierto secreto, hacía jurar a sus colaboradores que respetarían la confidencialidad y evitaba publicar los resultados de sus experimentos en las revistas científicas. Acumuló muchas patentes que, en la mayoría de los casos, carecían de valor comercial. El científico tenía obsesión por aparecer ante la opinión pública como el pionero de todo cuanto se relacionara con la ciencia de los cohetes y a lo largo de los años 1920 desarrolló una fuerte antipatía hacia Oberth a quien consideraba como un intruso y una persona que había plagiado sus conocimientos.

En Worcester, Goddard, después de casarse con Esther, progresó con rapidez en el desarrollo de un cohete de propergol líquido, aunque uno de los problemas más graves era la regularidad en el abastecimiento y el mantenimiento de oxígeno líquido. El oxígeno líquido lo producía la industria como subproducto de algunos procesos químicos, de forma irregular y su conservación a temperaturas del orden de 200 grados centígrados bajo cero era muy complicada. Goddard intentó que la National Geography Society le financiara la construcción de una planta generadora de este elemento en estado líquido, pero no tuvo éxito en sus gestiones.

En 1925 introdujo en el motor cohete el sistema de impulsar el oxígeno y la gasolina, mediante un tanque a presión, con lo que evitaba las bombas que complicaban el diseño.

El 16 de marzo de 1926, Goddard marcó un hito en el desarrollo de la astronáutica al lanzar el primer cohete de propergol líquido de la historia.

Los campos estaban cubiertos de nieve y de hielo. Robert y su ayudante Sachs llegaron al lugar de lanzamiento, la granja de *Aunt Effie* por la mañana para montar el cohete y Esther, junto con Roope, se acercaron por la tarde con un teodolito.

El artefacto tenía un aspecto muy singular, ya que el motor y la tobera estaban ubicados por encima de los depósitos de oxígeno y gasolina que se conectaban con la cámara de combustión a través de tubos separados del cuerpo del motor mediante brazos. Con el centro de gravedad muy por debajo del centro de empuje, el cohete se mantendría con facilidad en posición vertical.

Sachs encendió una antorcha y prendió la mecha de ignición. Tras el encendido el cohete permaneció quieto hasta que se quemó suficiente propergol y el empuje del motor superó el peso del artefacto, momento en el que comenzó a levantarse con lentitud. La esposa de Goddard, Esther, grabó parte del ensayo, durante los primeros siete segundos, porque la película se terminó sin que el cohete llegase a despegar. La cámara se la había regalado su marido en el mes de enero.

El propio Goddard, describió el histórico momento:

«Aunque estaba libre el cohete al principio no se levantó, pero salió la llama y había un estruendo mantenido. Después de algunos segundos se levantó despacio hasta que salió del armazón y entonces a la velocidad de un tren expreso se curvó hacia la izquierda para ir a golpear el hielo y la nieve, todavía a una velocidad rápida».

El cohete voló 56 metros durante 2,5 segundos. Para Goddard aquél primer vuelo de un cohete de propergol líquido tuvo la misma importancia que el primer vuelo de los hermanos Wright en Kitty Hawk con su avión Flyer. Y no sin razón.

Poco antes de que transcurriese un mes de este experimento, el 3 de abril, Goddard volvió a lanzar el cohete después de reducir la longitud de la tobera y aumentar su diámetro y añadir algunos brazos para reforzar la estructura que soportaba los tubos que conducían el oxígeno líquido y la gasolina. El 13 y el 22 de abril, efectuó dos ensayos más, pero en el último la cámara de combustión se perforó.

Goddard tardó dos meses en notificar al Smithsonian los históricos vuelos de sus cohetes de propergol líquido, dotados de unos motores cuya configuración básica era la misma, que los que en 1969 transportarían al hombre a la luna. En el diseño que remitió al Smithsonian, en el mes de mayo, recolocó los depósitos de los propelentes por encima del motor cohete, con lo que se reducía el peso del conjunto al eliminarse el braceado y los tubos. También advirtió en su misiva que no hicieran públicos los vuelos del cohete, hasta que no hubiera completado el siguiente paso. La explicación que dio para justificar esta actitud fue la siguiente:

«Este trabajo con los cohetes, en Alemania se trata como un asunto nacional».

Goddard pudo anunciar en marzo de 1926 que había sido el primero en lograr que un cohete de propergol líquido volara, pero no lo hizo, quizá porque su máquina aun no era, a su juicio, lo suficientemente perfecta. En cualquier caso fue el primero en llevar a la práctica el concepto que sus compadres de la astronáutica, y él mismo, habían postulado como necesario para transportar una nave al espacio exterior.

El premio Esnault-Pelterie Hirsch

En 1925, y en una de las reuniones que Esnault-Pelterie mantuvo con la Sociedad Astronómica Francesa, conoció al banquero André Louis Hirsch. El joven financiero era un apasionado de la astronáutica desde 1913 y mantenía estrechas relaciones de amistad con la familia de Camille Flammarion, fundador de la Sociedad Astronómica Francesa a la que Hirsch también pertenecía. De vez en cuando efectuaba trabajos de traducción de artículos escritos en alemán o inglés para la Sociedad.

Hacia el año 1924, Hirsch descubrió que en Estados Unidos y en Alemania la investigación astronáutica estaba abandonando la fase puramente teórica y se empezaban a realizar experimentos con propergoles químicos, con los que se creía que era posible efectuar viajes espaciales, en contra de lo que opinaba Esnault-Pelterie, en Francia, defensor de que tan solo mediante el uso de la energía nuclear los viajes cósmicos serían factibles.

Hirsch animó a Esnault-Pelterie para que retomara el interés por la astronáutica y el 8 de junio de 1927 el inventor volvió a dirigirse al público francés, en la Sorbona con una conferencia cuyo título fue *Exploración con cohetes de la alta atmósfera y la posibilidad del vuelo interplanetario*. Esnault-Pelterie recalcó la importancia de la velocidad de los gases de escape y la forma de la tobera, así como la relación de las masas inicial y final del cohete, para que alcanzara grandes alturas.

Esnault-Pelterie se dio cuenta de que había dejado pasar el tiempo sin ocuparse a fondo del desarrollo de la astronáutica y que Goddard y Oberth habían llegado más lejos de lo que podría imaginar. A partir de ese instante trataría de recuperar el tiempo perdido.

La conferencia del 8 de junio de 1927 desencadenó algunas protestas de los sabios rusos. El profesor soviético S.L: Tchijewsky reprochó al francés que no se refiriese a la obra de Tsiolkovsky, anterior a sus estudios astronáuticos. Esnault-Pelterie le respondió que él tuvo conocimiento del ruso, por primera vez en 1914. Esnault-Pelterie no se mostró muy entusiasmado con los trabajos del profesor de Kaluga. De sus obras de 1914, 1924, 1926 y 1927 tan solo consideraba que la de 1926 aportaba unos cálculos que se pudieran entender, aunque él había detectado ciertos errores. En ningún momento haría referencia al escrito de Tsiolkovsky de 1903, en el que de forma explícita se evidenciaba su condición de padre de los otros tres padres de la Astronáutica.

Para impulsar el desarrollo de la astronáutica, Hirsch y Esnault-Pelterie concibieron la idea de establecer un premio internacional para compensar, cada año, al autor de los mejores trabajos realizados en esta materia. La Sociedad Astronáutica de Francia decidió asumir el patronazgo del premio y darle al mismo el soporte y brillo académico necesario para acrecentar su prestigio.

El 26 de diciembre de 1927, Alice Hirsch, madre del banquero, recibió en su casa de París a ocho personalidades que discutieron las formalidades del comité organizador del premio. Años después (en 1959), Hirsch testificó en una entrevista:

«Teníamos la suerte de que estuviera entre nosotros el presidente de la Academia Goncourt que se llamaba Rosny aîné…Robert Esnault-Pelterie había propuesto para esta ciencia el nombre que él mismo utilizaba, *sidération*, como paralelismo a la *aviación*. Pero nos pareció el título un poco ridículo y después de proponer el nombre *cosmonautique* Rosny aîné propuso la palabra *astronautique* que se adoptó por unanimidad y que se puede decir que dio la vuelta al mundo».

Por lo que en casa de los Hirsch aquellas Navidades, no solamente se configuró lo que sería el funcionamiento del nuevo premio, sino que se alumbró el nombre de la ciencia que estudia la navegación espacial.

El Premio REP-Hirsch Internacional de Astronáutica, con una dotación de 5000 francos se otorgaría, anualmente, al trabajo científico más original, teórico o experimental que avanzara el estado del arte de los viajes espaciales o cualquier ciencia relacionada directamente con la astronáutica. Los trabajos podían presentarse en francés, inglés, alemán, español, italiano o esperanto.

Hermann Oberth ganó el primer premio REP-Hirsch, en 1928, por la publicación de la segunda edición de su libro, con una dotación que dobló la presupuestada para remarcar así la importancia de su obra.

En verano de 1928, REP se encontraba en Juan-les-Pins, un lugar en el que habitualmente pasaba algunos días todos los años. Allí conoció a la señorita de Quirós, a través de un amigo suyo, Henri Kapferer.

Esnault-Pelterie había cumplido los 47 años y pensaba que era el momento de abandonar su vida de soltero y casarse. Kapferer le dijo que la señorita de Quirós era divertida y alegre, además de muy hermosa, algo de lo que se dio cuenta enseguida. De un modo brusco, un tanto inoportuno y mientras nadaban, el científico le propuso a la joven que se casara con él, a lo que la muchacha respondió que, en aquellas circunstancias, lo único razonable era que le preguntara si le gustaba nadar. A los pocos días los dos regresaron a París.

En octubre, REP tenía que preparar una conferencia que pronunciaría el día 31 en el Aeroclub de Londres, pero no se quitaba de la cabeza a la señorita de Quirós. Llamó a su amigo Kapferer para que le organizara una cita con ella. El 25 de octubre los tres almorzaron juntos a las doce y media. Tras una larga conversación con la señorita de Quirós, REP le dijo:

«Señorita, yo estoy decidido, si vos lo estáis también os digo que, como debo partir obligatoriamente el 7 de noviembre con el *Île-de-France* a Nueva York para asistir a una audiencia en un juicio, el plazo para la publicación de las amonestaciones es tan justo que deberían publicarse mañana mismo en el consistorio del distrito XVI donde se encuentra mi domicilio. De esta manera nos podemos casar civilmente el 6 de noviembre, la víspera de nuestra partida, la boda religiosa tendrá lugar en el barco, *Île-de-France,* que cuenta con una capilla».

Como vio que la señorita de Quirós se sintió muy turbada tras aquella nueva declaración, REP insistió en que las amonestaciones no suponían nada irreversible y que, si ella cambiaba de opinión, él respetaría sus deseos.

La boda entre Robert Esnault-Pelterie y Carmen Bernaldo de Quirós Cabarrús se celebró tal y como había previsto el inventor: a bordo de un trasatlántico, en medio del océano.

Carmen era hija de un aristócrata español, el conde don Antonio Bernaldo de Quirós y Arenas, casado con una francesa, Yvonne Cabarrús. Antes de la boda trabajaba como modelo de la casa de alta costura Irfé que el príncipe ruso Félix Youssoupoff había establecido en París.

En 1930 REP publicó *L'Astronautique*, su gran obra, en la que cubría la práctica totalidad de los asuntos relacionados con los viajes espaciales.

El francés analizó el movimiento del cohete en el aire y en el vacío, la composición del aire en las capas superiores de la atmósfera, el funcionamiento de los motores cohete, los viajes espaciales, las maniobras de aproximación a los planetas, la reentrada en la Tierra y los sistemas de estabilización y navegación de los cohetes. Planteó el uso de distintos propergoles y la velocidad de salida de los gases y consideró como el más adecuado la mezcla de hidrógeno y oxígeno líquidos; aun así y todo consideraría que la propulsión atómica, mediante la aceleración de electrones o iones positivos, era la solución más ventajosa.

Esnault-Pelterie dedicó una gran atención al sistema de estabilización del cohete, suspendido en una junta cardan, y al uso de giróscopos para mantener un determinado rumbo, así como de acelerómetros para determinar en todo momento la velocidad y posición de la nave espacial. El científico daba por supuesto que en un viaje espacial sería necesario efectuar correcciones durante la trayectoria, mediante impulsos que proporcionarían pequeños cohetes controlados por un complejo sistema de navegación.

Entre sus muchas recomendaciones sugería el empleo de oxígeno puro en el interior de la cápsula espacial, con lo que se podría reducir la presión a una décima parte de la atmosférica.

Esnault-Pelterie reconoció que —a pesar de sus opiniones anteriores, gracias a los trabajos de Oberth y sus estudios que presentaba en aquella obra— la mezcla de hidrógeno y oxígeno líquidos, sin superar temperaturas de 2800 grados, podrían resolver el problema de impulsar un cohete a velocidades cósmicas.

En su libro, REP hizo mención, con grandes elogios, al trabajo de Oberth, que ya había ganado el premio Esnault-Pelterie Hirsch, y a los experimentos de Goddard. El francés consideró que con su obra se situaba, con diferencia, en la primera posición como investigador del ranking astronáutico internacional.

La aparición de *L'Astronautique* tuvo una gran repercusión en Francia y la obra se mereció el premio Jansen de la Sociedad Astronómica. La noticia de la publicación la divulgó la prensa internacional.

El 7 de mayo de 1930, el *New York Times* publicó una entrevista con REP en la que el francés decía que el viaje a la Luna podría realizarse en un plazo de quince años. En el mismo periódico, días después declaró que el principal problema para ir a la Luna era el económico.

Para Esnault-Pelterie, los viajes interplanetarios se justificaban por dos motivos: el primero estrictamente científico relacionado con el deseo de ampliar nuestros conocimientos y el segundo para establecer contacto y estudiar las formas de vida extraterrestres, de cuya existencia no tenía la menor duda. Una de sus obsesiones sería la de obtener una foto de la cara oculta de la Luna.

REP contactó con Pierre Montagne para que le hiciese un estudio sobre las características de los propergoles líquidos a utilizar en un motor cohete práctico. Cuando lo finalizó, en noviembre de 1930, el inventor concibió rápidamente cómo era el cohete que pretendía construir. En la primera fase del desarrollo, durante los años 1930 y 1931 estudiaría la alimentación del combustible y comburente y la cámara de combustión.

Frau im mond

En Alemania, en 1926, un escritor de ciencia ficción, Willy Ley, publicó un libro titulado *Viaje en el espacio*, una obra escrita para que cualquier lector, sin la menor formación matemática, pudiera leerla con facilidad. Este libro, junto con los escritos de

Oberth, Valier y Hohmann tuvo un gran efecto en la sociedad alemana hasta el punto de fomentar la creación de un grupo de entusiastas de los viajes espaciales.

El 5 de junio de 1927, Johannes Winkler creó en Breslau la Sociedad para el Viaje Espacial (*Verein für Raumschiffahrt, VfR*) y nada más constituirse sus miembros solicitaron a Hermann Oberth y Robert Esnault-Pelterie que ingresaran en la misma. Ambos, aceptaron. Klaus Riedel, Max Valier y Rynin, además de otros muchos apasionados de la astronáutica también se adhirieron a la Sociedad.

El movimiento popular alemán, a favor del desarrollo de la ciencia de los viajes espaciales, se produjo casi al mismo tiempo que en otros países se formaban organizaciones similares. En Estados Unidos, el editor, relaciones públicas y fanático de los viajes espaciales, G. Edward Pendray junto con David Lasser, Laurence Manning y otros entusiastas crearon, el 4 de abril de 1930, la American Interplanetary Society, que años más tarde se transformó en la American Rocket Society.

La VfR empezó a publicar una revista mensual, *Die Rakete* (*El Cohete*), que fue el primer periódico dedicado a los cohetes. En enero de 1928, la revista de la VfR publicó los trabajos de Tsiolkovsky.

En 1928 la VfR contaba con unos 500 miembros y eligió presidente de la organización a Hermann Oberth que continuaba dando clases en Mediasch (Transilvania), aunque desde allí mantenía contactos con Esnault-Pelterie y Goddard.

Oberth tampoco había abandonado sus experimentos. Con escasos medios, en la escuela efectuó algunas pruebas para medir la velocidad de los gases de escape. Comprobó que con alcohol y oxígeno la velocidad alcanzaba los 3400 metros por segundo, mientras que la combustión del hidrógeno con oxígeno generaba vapor de agua con una velocidad de 4200 metros por segundo.

Oberth trató de conseguir financiación de la Sociedad para la Exploración Espacial, de Viena, pero se la negaron e incluso cuestionaron los resultados que había constatado en su escuela de Transilvania.

En Berlín, Winkler y Valier fueron más afortunados y lograron financiación para construir cohetes del fabricante de aviones Hugo Junkers y de la casa Opel, que producía automóviles.

Además de dar clases, mantener la correspondencia con los círculos de expertos en cohetes, escribir algunos artículos y realizar modestos experimentos en el laboratorio de la escuela, Oberth reescribió su libro para imprimir una tercera edición, en la que aparecería con un título diferente: *Wege zur Raumschiffahrt* (*Viaje espacial*). Esta vez su editor de Múnich, Oldenbourg, insistió en que adaptara el texto de forma que resultara atractivo para un repertorio de lectores lo más amplio posible. La nueva edición de su libro apareció en 1929. El incremento en volumen de la obra, de las 92 páginas de la versión inicial, a las 423 de la tercera edición, se debió al cambio de estilo mucho más explicativo y literario que adoptó Oberth en esta última edición. Pero además incluyó una descripción novelada de la nave espacial, los procedimientos operativos y la experiencia de sus astronautas. También parte de la extensión de la obra se debió a que Oberth incluyó en la misma, algunos de los hallazgos de sus investigaciones durante el periodo de tiempo que iba de 1923 a 1928. Uno de ellos estaba relacionado con la trayectoria óptima, desde el punto de vista de consumo de energía, que tenía que describir una nave espacial después del lanzamiento desde la Tierra. En primer lugar, la nave tendría que ascender de prisa, pero sin alcanzar una gran velocidad, hasta una altura en la que la densidad de la atmósfera, y por tanto la resistencia que ofrece al avance de la nave, fuera pequeña, en ese punto debería adoptar una posición paralela a la Tierra y aumentar y acelerar su velocidad hasta ascender al nivel deseado. Los cohetes cósmicos habría que lanzarlos siempre hacia el este para aprovechar la fuerza inducida por la rotación terrestre. En el momento del lanzamiento, el eje del cohete convendría que formase un pequeño ángulo con la vertical.

En cuanto a la reentrada de la nave espacial en la atmósfera terrestre, Oberth propuso la utilización de paracaídas para frenarla a gran altura.

El científico rumano también se ocupó con gran detalle del sistema de navegación de la nave espacial, que requería el uso de giróscopos y acelerómetros. Para controlar la actitud del cohete, Oberth sugirió el empleo de planos de control que actuasen sobre el flujo de gases a la salida de la tobera.

Incluso se refirió al uso de la energía eléctrica para propulsar partículas ionizadas y obtener así empuje en una nave espacial, y la conversión a bordo de energía solar en energía eléctrica mediante máquinas térmicas.

El premio Esnault-Pelterie, sus libros, las actividades de la VfR, así como el creciente interés del público en Alemania y en casi todo el mundo occidental por los viajes interplanetarios, convirtió a Hermann Oberth en un personaje muy respetado en los círculos interesados por los viajes espaciales.

La popularidad de Oberth hizo que el director de cine, Fritz Lang, solicitase su colaboración como asesor científico de una película, sobre viajes espaciales, que se rodaría en Berlín: *Frau im mond* (*Mujer en la Luna*).

Lang era un famoso director que no hacía mucho había rodado la película *Los Nibelungos*, la cual tuvo una gran aceptación por parte del público. Su esposa, Thea von Harbou, era guionista y escritora y había elaborado un relato que Lang deseaba llevar a las pantallas de cine. Por encima de todo, el director pretendía que la película resultara verosímil y para ello no se le ocurrió nada mejor que solicitar el asesoramiento de Oberth.

Tras meditarlo con su esposa, Oberth aceptó la oferta. No fue una decisión fácil porque le obligaba a desplazarse a Berlín durante unos meses, justo en un momento en el que su mujer estaba esperando al cuarto hijo. Hermann solicitó un permiso para abandonar las clases en Mediasch durante una temporada indefinida y cuando lo obtuvo se trasladó a la capital alemana.

En Berlín, Oberth se vio inmerso en un mundo completamente diferente al que estaba acostumbrado.

Abordó con meticulosidad todo cuanto concernía a la película, el diseño del cohete, la trayectoria que seguiría y el alunizaje mediante la activación de retro cohetes. Discutió con los actores, que se empeñaban en disponer de escaleras para moverse por el interior de la nave sin comprender los efectos de la falta de gravedad. El cohete que diseñó Oberth tenía una altura de unos cuarenta metros.

Si el trabajo de Hermann como asesor era complicado, Willy Ley y un grupo de entusiastas de la VfR tuvieron una idea que complicó aún más, la difícil la existencia de Oberth en Berlín. Según ellos, con menos dinero del que Lang se iba a gastar en publicidad para su película, era posible construir un cohete de propergol líquido y lanzarlo el día de la ceremonia del estreno. Un anuncio como ese tendría un gran efecto publicitario.

Hermann no estaba muy convencido de que el plan fuera viable, porque en su vida no había construido nada, pero habló del asunto con Lang y al director le pareció una idea brillante. Los fondos para la producción de la película los suministraba la compañía UFA y sus directivos no se mostraron tan entusiasmados como el director Fritz Lang. Al final llegaron a un acuerdo, Fritz correría con la mitad de los gastos y la UFA con la otra mitad. En total dotaron al proyecto de construcción de un cohete de propergol líquido con 10 000 marcos. Los mecenas impusieron la concesión de que Oberth debería reconocerles el 50% de los derechos de las invenciones que hiciese durante la construcción del cohete.

Hermann Oberth era un hombre de ciencia teórica que jamás se había embarcado en la construcción de ningún aparato. Se encontró con que en tres meses debía supervisar los escenarios de la película y el ensamblaje de la cabina de la nave espacial, con todos sus instrumentos, y además fabricar un cohete de propergol líquido, real, que ascendiese 50 km.

Inmediatamente puso anuncios en la prensa para buscarse ayuda y contrató a dos personajes con supuesta experiencia: Rudolf Nebel y Aleksander B. Scherschevsky. El primero era un ex piloto que en la guerra había derribado siete aviones enemigos y aunque tenía el título de ingeniero, jamás había trabajado como tal. El segundo era un ruso enviado por el Gobierno de su país a Alemania para estudiar ingeniería, pero que, como no quería regresar a su tierra, llevaba tiempo alargando la estancia en Alemania; Oberth nunca le tuvo ninguna simpatía y más tarde se referiría a él como «el segundo hombre más perezoso que jamás conocí». El único trabajo que hizo para él fue el de traducirle del ruso algunas cartas de Tsiolkovsky.

En un principio, los publicistas de la UFA querían un cohete de 13 metros de altura, pero a Oberth le pareció que como máximo podrían construir uno de 2 metros, que alcanzaría unos 40 km. El lanzamiento se emplazó para el 19 de octubre de 1929, en una isla del mar Báltico.

Hermann no sabía nada de los experimentos de Goddard y que, tres años antes, el norteamericano ya había lanzado un cohete de propergol líquido. Pensaba que era el primero en abordar aquella cuestión.

Oberth diseñó un cohete que consumiría gasolina y oxígeno líquido. Como no tenía ninguna experiencia en el uso de estos propelentes empezó a realizar pruebas de combustión en su laboratorio. En una de ellas se produjo una explosión violenta que dañó sus ojos y perforó uno de sus oídos. Aunque el oído se recuperó, en parte, Oberth perdió la visión de su ojo derecho para siempre.

El científico despidió a Scherschevsky, siguió trabajando con Nebel e incorporó a su equipo a Klaus Riedel. Entre los tres lograron probar el funcionamiento de la cámara de combustión durante algunos segundos

Oberth concibió una extraña cámara de combustión, cónica, con la base del cono junto a la tobera de salida de los gases. El combustible se inyectaba en este punto, en la base del cono. Por este motivo el motor del cohete recibió un curioso nombre, *Kegeldüse* (*Tobera Cónica*), Oberth se sintió muy satisfecho con el diseño y las pruebas de combustión porque el 20 de octubre de 1929 le envió una carta a Tsiolkovsky:

«Quizá esté interesado en saber que por fin he conseguido un sistema de propulsión de gasolina del que me siento completamente satisfecho. Quema de forma excelente y en un espacio de 10 centímetros cúbicos, consume 40 centímetros cúbicos de gasolina y 80-90 centímetros cúbicos de oxígeno por segundo, pero no pesa más de un kilogramo. Hasta ahora los esfuerzos por construir un cohete utilizable no han tenido éxito por la dificultad de construir un motor adecuado. Ahora, el camino que conduce a la exploración del espacio exterior, utilizando un vehículo propulsado por una fuerza de reacción, parece que está abierto».

Pero la construcción del cohete en el tiempo previsto era imposible. Una de las pruebas necesarias para evaluar las características aerodinámicas del cohete se solía efectuar en un túnel de viento con un modelo. Como no disponían del tiempo ni de los recursos económicos para abordar estos ensayos, Oberth decidió que podría obtener una idea aproximada del comportamiento aerodinámico del cohete, si dejaban caer el modelo de madera desde una gran altura. La chimenea de una fábrica sirvió para realizar este experimento. Los publicistas de la UFA tomaron una foto y le dieron la vuelta para mostrar en la prensa, al día siguiente, como se había realizado la primera prueba experimental del lanzamiento del cohete de Oberth.

A pesar de los esfuerzos del pequeño equipo del científico rumano, del éxito de las pruebas que se habían realizado y del intento de Oberth de diseñar un cohete alternativo, mixto, de combustible sólido y oxígeno líquido, la fecha propuesta para el lanzamiento del cohete de la UFA no se podía cumplir. De otra parte, la publicidad y la expectación que todo el proceso de la construcción del cohete había suscitado en el público, parecía garantizar el éxito de la película. Los publicistas de la UFA inventaron que el mal tiempo de otoño obligaba a posponer las pruebas del cohete y que el profesor Oberth, afectado por una explosión, necesitaba tiempo para recuperarse.

El estreno de la película *Mujer en la Luna*, el 5 de octubre de 1929, fue un éxito y la gente disculpó que no llegara a efectuarse el lanzamiento del cohete que con tanto entusiasmo se había publicitado.

La UFA distribuyó su película por todo el mundo y a partir de ese momento ya no necesitaban los servicios de Oberth. El científico acababa de publicar *Viaje espacial* y ya era una autoridad, respetada y reconocida por todos los interesados en la astronáutica.

La VfR, así como Nebel y Riedel personalmente, trataron de buscar financiación para proseguir con la construcción del cohete de la UFA. Oberth continuó trabajando hasta agotar la dotación inicial de 10 000 marcos. La UFA añadió otra pequeña cantidad y se comprometió a incrementarla. Cuando las deudas alcanzaron 30 000 marcos, Oberth decidió no seguir adelante. Contaba con los 10 000 francos del Premio Esnault-Pelterie-Hirsch, pero su sueldo de 200 marcos mensuales no le permitía afrontar aquella deuda. El científico decidió abandonar los trabajos y regresar a Rumanía, aunque antes de hacerlo autorizó a Rudolf Nebel para que actuara en lo concerniente al cohete, en nombre suyo.

La VfR y Nebel lograron que la UFA les cediera los componentes del cohete que se habían construido bajo la dirección de Oberth. A principios de 1930, Nebel consiguió que el Chemisch-Technische Reichanstalt (Instituto Técnico de Química) de Berlín se interesara por el proyecto, si el motor funcionaba correctamente.

En Berlín, el 17 de mayo de 1930, uno de los principales valedores de los cohetes y los viajes interplanetarios, admirador de Oberth, escritor a la vez que autor de varios experimentos, Max Valier, falleció a causa de una explosión cuando realizaba pruebas con cohetes en su laboratorio. Durante 1928 y 1929 Max había colaborado con Fritz von Opel para propulsar automóviles con cohetes de propelentes sólidos. En 1930 empezó a trabajar con cohetes de propergol líquido y en abril condujo un automóvil, el *Valier-Heylandt Rak 7*, con este tipo de propulsor.

A principios de junio de 1930 Oberth se trasladó a Berlín — las vacaciones de verano le permitieron hacerlo sin necesidad de solicitar otro permiso— para trabajar en el Instituto de Química con el grupo de entusiastas de la VfR y estudiantes de la Universidad de Berlín, en la puesta a punto del motor cohete. Uno de los estudiantes se llamaba Wernher von Braun.

A Oberth, Von Braun se lo presentó Willy Ley. El joven estudiante tenía 18 años y había leído el libro de Oberth que no fue capaz de entender y cuando le preguntó a su profesor por el sentido de aquellas fórmulas, este le dijo que para comprenderlas necesitaba profundos conocimientos de física y matemáticas. A partir de aquel momento Von Braun se había aplicado en aquellas disciplinas hasta conseguir las mejores notas. Von Braun también había enviado una carta a Oberth, en 1927, en la que adjuntaba un pequeño trabajo y el científico le respondió desde Mediasch animándole a que siguiera adelante con aquello.

Para Wernher estrechar la mano del maestro, Hermann Oberth, por primera vez, en 1930, le produjo una gran satisfacción y le dijo que estaba dispuesto a dedicar todo su tiempo libre a los cohetes y hacer cualquier cosa por aquella causa.

Aunque Oberth coincidió durante el verano de 1930 con Von Braun, en el Instituto Técnico de Química de Berlín, Wernher pasó la mayor parte del tiempo en una exhibición pública sobre los vuelos espaciales en la que se mostraba la tecnología de los cohetes de Oberth, organizada por la VfR.

Tras una serie de ensayos, el experimento oficial con el motor cohete tuvo lugar el 23 de julio de 1930 y los resultados fueron un éxito. A pesar del excelente informe que elaboró sobre las pruebas el doctor Ritter, Hermann Oberth no consiguió ningún apoyo económico para proseguir con el desarrollo del cohete y regresó a Mediasch.

Rudolf Nebel retomó el liderazgo del grupo de entusiastas de la VfR y estudiantes de la Universidad de Berlín y buscó un lugar apropiado para efectuar ensayos con cohetes.

Desde el accidente que le había costado la vida a Max Valier, las autoridades impusieron ciertas condiciones en cuanto a la ubicación de los laboratorios que manipulasen sustancias explosivas. A las afueras de Berlín, en un antiguo depósito de municiones, abandonado, cerca de Reinickendorf, Nebel encontró un espacio de unos 5 kilómetros cuadrados que alquiló por 10 marcos y el 27 de septiembre de 1930 se abrió oficialmente el *aeropuerto de cohetes* berlinés, adonde trasladaron todo el material desarrollado bajo la dirección de Hermann Oberth.

Nuevo México

Tras el éxito de su primer cohete de propergol líquido de 1926 en la granja *Aunt Effie*, Goddard mejoró el diseño de sus cohetes, redujo el peso y optimizó la forma de la tobera. Abbot quería que el científico obtuviese mejores resultados, es decir, un lanzamiento en el que el cohete alcanzara una altura respetable. Goddard se lamentaba que para eso necesitaba más dinero, pero el Smithsonian no estaba dispuesto a gastar más sino constataba que el inventor lograba elevar sus cohetes a mayor altura.

En 1927, Goddard construyó un cohete que pesaba 150 libras y generaba 200 libras de empuje y en 1928 fabricó otro más pequeño, pero con un diseño modular que permitía intercambiar con facilidad sus componentes y fuera reutilizable. Con este último cohete llevó a cabo dos vuelos en Auburn, Massachusetts, el 26 de diciembre de 1928 y otro el 17 de julio de 1929 en el que el cohete ascendió unos 24 metros y, al caer sobre el terreno, el depósito de combustible estalló. La explosión se oyó a más de dos millas de distancia y los vecinos alertaron a los servicios de socorro. Cuando el equipo de Goddard recogía el material para abandonar el campo de lanzamiento aparecieron, alarmados, dos ambulancias y una decena de automóviles.

El ensayo del 17 de julio de 1929 no pasó desapercibido y muchos periódicos, en las principales ciudades estadounidenses, recogieron la noticia, la mayoría en términos alarmantes y desproporcionados. Los periodistas acudieron masivamente a su casa para solicitar aclaraciones y Goddard se vio forzado a enviar a los medios una nota:

«La prueba de esta tarde fue una de una larga serie de experimentos con cohetes utilizando propelentes completamente nuevos. No había ningún intento por alcanzar la luna, o nada de una naturaleza tan espectacular. El cohete es ruidoso en condiciones normales, posiblemente lo suficiente como para atraer considerable atracción. La prueba fue totalmente satisfactoria; nada explotó en el aire, y no hubo daño excepto el incidente del aterrizaje».

Resulta curioso que Goddard, en esta nota hiciera referencia al uso de «propelentes completamente nuevos», algo que sustituiría en la siguiente versión de la nota: «propelentes líquidos».

Goddard no deseaba que sus experimentos se hicieran públicos y buscó un lugar apartado y discreto desde donde pudiese continuar con ellos. Además, su preocupación por la privacidad coincidió con la prohibición, por parte de los responsables de la lucha contra incendios del distrito, de que efectuara lanzamientos en su campo de vuelos.

La noticia de la explosión del cohete de Goddard recorrió Estados Unidos de parte a parte. Caroline Guggenheim, la segunda esposa de Harry Guggenheim leyó con atención el suceso. Su marido solía recibir en casa a Charles A. Lindbergh, el piloto que por primera vez cruzó en solitario el Atlántico Norte, de Nueva York a París, con su emblemático avión el *Spirit of St Louis.* La gran hazaña aeronáutica había tenido lugar hacía dos años y desde entonces Harry y Charles —Slim, como lo llamaban familiarmente— eran muy amigos. A los pocos días de que Caroline guardara la noticia que tanto le había llamado la atención en la prensa, sobre Goddard y sus cohetes, Lindbergh se presentó en su casa. Harry y el aviador charlaban animadamente del futuro de la aviación. Lindbergh comentaba que a los aviones de hélice no les quedaban muchos años y serían sustituidos por otros con motores a reacción, cuando Carol sacó el periódico y les mostró la noticia de la explosión del cohete de Goddard.

Harry Guggenheim le pidió a Lindbergh que se enterase con más detalle de lo que hacía aquel inventor de Worcester.

A partir de mediados de julio y casi hasta finales de año, Goddard no pudo efectuar pruebas con sus cohetes por lo que tuvo tiempo para ordenar las ideas y escribir informes que no quiso publicitar. En ellos se refirió a los viajes interplanetarios y a la Luna, el uso de pequeños cohetes para corregir las trayectorias de las naves espaciales, la necesidad de corazas protectoras contra el sobrecalentamiento durante la reentrada en la atmósfera terrestre, la ventaja del propergol líquido consistente en la mezcla de oxígeno con hidrógeno, debido a la extraordinaria liberación de energía en la reacción que genera, la importancia de fotografiar la Luna y los planetas, y la necesidad de que las naves llevaran a bordo astronautas para controlar los despegues y aterrizajes. Sus comentarios fueron más allá y sugirió que en las naves tripuladas la aceleración debería limitarse a 4,8 g, la utilización del viento en planetas como Venus, o la producción de hidrógeno y oxígeno, a partir de la energía solar en la Luna y algunos planetas.

En noviembre de 1929 el Ejército le permitió que utilizara, de forma temporal, una zona ubicada en Camp Devens, Massachusetts, al noreste de Worcester, pero allí debido a la proximidad de los bosques y el temor a que se produjera un incendio, Goddard tan solo estaba autorizado a efectuar ensayos los días que llovía o nevaba.

El 23 de noviembre de 1929, Charles A. Lindbergh, fue a visitar las instalaciones de Goddard. Ambos habían concertado la entrevista previamente. El motivo de su visita era informarse acerca de los trabajos del científico a fin de aconsejar a Harry F. Guggenheim sobre la conveniencia de que su fundación se involucrara financieramente en los mismos. Goddard le mostró el laboratorio, películas y le dio algunos detalles sobre sus planes de futuro. Después siguieron la conversación en casa del inventor, donde Esther les ofreció chocolate con leche y pasteles. Lindbergh le preguntó si era posible volar hasta la Luna y Goddard le contestó que la misión costaría un millón de dólares. Y en cuanto a sus necesidades financieras para desarrollar un cohete capaz de alcanzar las capas superiores de la atmósfera, el inventor las estipuló en unos 25 000 dólares al año, durante cuatro años.

Lindbergh regresó entusiasmado de casa de los Goddard. Si era posible viajar hasta la Luna ¿por qué no a los planetas y a las estrellas? A Lindbergh le impresionó la labor de investigación del profesor de Worcester. De aquella primera visita surgiría una amistad que duraría el resto de sus vidas.

Harry F. Guggenheim recibió un informe muy positivo de Lindbergh sobre las actividades de Goddard. Sin embargo, la última palabra la tenía Daniel Guggenheim, padre de Harry y cabeza de la ilustre familia. La tramitación de la ayuda se demoró durante todo el invierno, entre otros motivos porque Daniel Guggenheim estaba de viaje en Cuba, pero en mayo Goddard se enteró de que el propio Lindbergh había convencido a Daniel para que autorizara a la Fundación otorgarle una ayuda de 100 000 dólares. La Fundación Guggenheim liberó en junio de 1930 una ayuda bianual de 50 000 dólares para el profesor de la Universidad

Clark. Se nombró un comité compuesto por nueve personas para supervisar los trabajos, aunque en realidad Charles Lindbergh era el único interlocutor de Goddard con Harry y Daniel Guggenheim.

Goddard decidió solicitar un permiso de dos años en la universidad y, con la generosa dotación de la Fundación Guggenheim, construyó un taller en el rancho Mescalero, en las afueras de Roswell, Nuevo México, para continuar con sus experimentos. Allí, en pleno desierto, el clima era seco y el lugar se hallaba alejado de cualquier actividad humana, lo que le permitiría efectuar las pruebas con discreción y seguridad. Goddard levantó una torre de lanzamiento de 25 metros y el 30 de diciembre del mismo año en que se instaló con su equipo en el nuevo centro de trabajo, despegó de Nuevo México su primer cohete. El artefacto alcanzó una altura de 600 metros, con una velocidad de unos 800 kilómetros por hora. El progreso, con respecto a su primer cohete de 1926 era extraordinario.

A partir de aquel momento a Goddard empezó a preocuparle seriamente el problema del control del cohete, ya que de forma inevitable sus prototipos describían trayectorias zigzagueantes y poco predecibles.

En Roswell, Goddard contaba con un equipo de colaboradores que se había trasladado con él desde Worcester. Henry Sachs, Al Kisk y sus esposas también vivían en el rancho, junto con el soltero Charles Mansur; Larry Mansur y su mujer se acomodaron en la ciudad. Goddard rechazó el ofrecimiento de uno de los miembros del comité de la Fundación Guggenheim que supervisaba sus trabajos, Robert Millikan, del Instituto de Tecnología de California (Caltech), de enviarle algunos estudiantes para que colaborasen con él.

A pesar de su tendencia a mantener en secreto casi todas sus actividades, a Goddard le gustaba que la prensa hablase de él y lo considerara el único experto en cohetes del país y también el más avanzado del mundo. En 1931, tanto la revista *Scientific American* como el periódico *The New York Times,* le dedicaron extensos y laudatorios artículos.

Esther, la mujer de Goddard, se ocupó de reorganizar la casa y proporcionar a Robert cierta vida social, que al final no pasaría de salir a cenar o asistir a alguna sesión de cine. Entre los miembros de su equipo se organizaban partidas de cartas y cenas.

Al cabo de dos años, la Fundación Guggenheim no pudo renovar la ayuda debido a la recesión económica y Goddard se vio obligado a regresar a Worcester y retomar su puesto en la Universidad Clark. Gracias a las pequeñas ayudas que obtuvo del Smithsonian continuó con sus trabajos con los cohetes, aunque a menor escala. En la Universidad de Clark sus alumnos lo apreciaban, pero Goddard no prestaba gran atención al laboratorio de física ni a sus clases, lo que irritaba con frecuencia a sus jefes.

En 1934, Guggenheim volvió a otorgar fondos a Goddard para que continuara con sus experimentos en Roswell. Aunque esta vez las ayudas estaban supeditadas a los resultados y se renovaban anualmente.

El 13 de septiembre de 1934 Goddard y su esposa Esther estaban de vuelta en Roswell. Dos días después, Charles y Anne Lindbergh aterrizaron en la ciudad para visitarlos, lo que causó una gran conmoción en la contornada.

El 28 de marzo de 1935 despegó otro cohete de la torre del rancho Mescalero y se elevó 1440 metros, a una velocidad de 885 kilómetros por hora. El 12 de julio, el cohete de Goddard ascendió a 1980 metros. Esta vez el vuelo siguió una trayectoria recta, gracias al sistema de estabilización giroscópica que introdujo el inventor.

Abbot, entusiasmado al conocer la noticia, le pidió a Goddard que enviase un cohete al Smithsonian. A Lindbergh le pareció una excelente idea. El inventor lo hizo, pero solicitó que, de momento, no se expusiera y el cohete se escondió en el sótano del Smithsonian tras un tabique falso y allí permaneció hasta que, después de la II Guerra Mundial, se mostró al público.

El 16 de marzo de 1936 el Smithsonian publicó el documento de Goddard, *Liquid Propellant Rocket Development*, en el que su autor reclamaba ser el primero en haber lanzado un cohete de propergol líquido y su posición de liderazgo como investigador en este tipo de cohetes. El documento no ofrecía información detallada de carácter científico. El dato que captó la atención de los periodistas fue que, uno de sus cohetes, se había elevado a 2250 metros, a una velocidad de 1126 kilómetros por hora.

En agosto de 1936 Goddard recibió la visita de un estudiante del Caltech que le envió Millikan, Frank Malina. El joven trató de obtener información detallada del investigador, pero le resultó imposible. Malina formaba parte de un grupo de alumnos del profesor Theodore von Kármán del Caltech, que también trabajaba en el desarrollo de un cohete.

A Goddard le resultaba muy difícil compartir sus experiencias con otros investigadores y actuaba como si él fuera titular del monopolio del desarrollo de los cohetes en Estados Unidos y quizá, también en el mundo.

Harry Guggenheim se mostró mucho más crítico con los resultados del programa de trabajo de Goddard que su padre Daniel, acostumbrado a delegar plenamente en Lindbergh. A Harry tampoco le agradó la noticia de que la colaboración de Goddard con el Caltech no se llevase a cabo con mayor fluidez, cuando la Fundación mantenía allí otro importante programa de investigación aeronáutica (Guggenheim Aeronautical Laboratory at the California Institute of Technology, GALCIT).

En 1938, tanto Lindbergh como Harry Guggenheim insistieron en que Goddard registrara algunos récords de altura de manera oficial, lo que implicaba que estuvieran verificados por la National Aeronautic Association (NAA). El 9 de agosto, el equipo de Goddard efectuó un lanzamiento, supervisado por la NAA, en el que la organización constató que el cohete había alcanzado una altura de 2001 metros. Este sería el único récord oficial obtenido por un cohete de Goddard.

Para mejorarlo, el inventor propuso a Guggenheim que necesitaba perfeccionar las bombas de inyección de los propelentes. Lindbergh le sugirió que preparase un plan a largo plazo.

Agotado por la tensión de los últimos ensayos, Goddard y Esther decidieron realizar un largo viaje por Europa en el que visitaron Inglaterra, Francia y Suiza, sin que el inventor se atreviera a entrar en Alemania.

En vísperas de la II Guerra Mundial, Harry Guggenheim tenía otros planes que afectarían de forma directa a Robert Goddard.

La máxima velocidad de un cohete

El 26 de agosto de 1918, Tsiolkovsky fue elegido miembro de la Academia Soviética. La Academia le propuso que se trasladara a Moscú en donde podía trabajar en una granja y todas las bibliotecas de la ciudad estarían a su disposición. Konstantín respondió a los académicos con una negativa porque tenía cuatro hijos y, a sus 61 años, se sentía enfermo y viejo.

La Academia le otorgó una ayuda de 835 rublos pagaderos cada dos semanas. De pronto se sintió lleno de vitalidad y dejó las clases de la escuela de Kaluga para dedicarse al diseño de un dirigible para transportar avituallamiento y tropas del Ejército Rojo en el sur de Rusia. La idea no prosperó y Tsiolkovsky aplicó sus renovadas energías en la elaboración de escritos sobre cómo debía manejar el nuevo Estado la economía, la salud, el matrimonio, la familia y la vida en general.

Algunos científicos de Moscú, poco favorables a Tsiolkovsky, se movilizaron para que la Academia le retirase la ayuda económica y lo consiguieron, con lo que a finales de 1919 el científico regresó a dar clases al mismo colegio que poco antes había abandonado.

Aquel año de 1919 no fue muy bueno para el profesor. Su hijo Iván falleció el 5 de octubre, por exceso de trabajo y malnutrición. Al mes siguiente los bolcheviques arrestaron a Tsiolkovsky, con la acusación de colaboracionista del Ejército Blanco. Aunque en principio lo liberaron, poco después fue la KGB a su casa y lo detuvo para llevárselo a la cárcel de Lubyanka en Moscú, donde permaneció dos semanas.

El motivo del incidente policial fue que un individuo, A.J. Feodorov, de Kiev había mantenido correspondencia con Tsiolkovsky para que construyera dirigibles para el Ejército Blanco. El profesor se negó y Feodorov se presentó en Kaluga, donde Tsiolkovsky no le dio ninguna información y le obligó a marcharse.

En 1921 un grupo de académicos que apreciaban el trabajo del científico, entre los que se encontraba A.A. Rodnick y N.A.

Rienin lograron que la Academia le otorgara, por segunda vez, una pensión, aunque menos generosa, y en noviembre de 1921, a los 64 años, Tsiolkovsky envió una carta a la escuela para notificarle que renunciaba a su puesto de profesor.

En 1924 publicó un artículo, *La nave espacial*, en el que trató la cuestión de la reentrada en la atmósfera y sugirió que la presión de la luz solar podría utilizarse para propulsar una nave espacial. También estudió la posibilidad de emplear algún vehículo intermedio, automóvil, máquina de vapor o avión para impulsar inicialmente una nave espacial, aunque llegó a la conclusión de que ese vehículo también debería propulsarse con otro motor cohete.

En 1924 también publicó un libro, *Trenes de cohetes cósmicos*, en el que planteó el uso de un cohete con dos etapas, en el que la primera llevara a la nave espacial a través de las capas más densas de la atmósfera y la segunda fuese la responsable de alcanzar la velocidad necesaria para cumplir la misión. La primera etapa sería reutilizable ya que se posaría sobre la tierra con la ayuda de paracaídas, tras abandonar la nave espacial.

Durante los años 1925 y 1926, Tsiolkovsky volvió a trabajar en ideas que ya había expuesto con anterioridad, como la propulsión nuclear y el uso de la energía eléctrica en reactores que acelerasen partículas ionizadas.

En 1927 la Asociación de Inventores y Diseñadores de Moscú, decidió organizar un evento especial para conmemorar el 70 aniversario de Tsiolkovsky. El tema de la exhibición que organizaron fue el de los viajes espaciales. Los organizadores invitaron a multitud de interesados por la astronáutica en Rusia y a otros personajes de renombre como Max Valier, Hermann Oberth y Walter Hohmann. La exposición duró una semana y se cerró con la presencia de Tsiolkovsky que recibió un magnífico busto suyo ante un numeroso público que lo aclamó.

Sus excentricidades, y la profunda sordera que aquejaba al científico, contribuyeron a crearle un aura misteriosa que facilitaría el que su fama se extendiera con rapidez.

En 1930 publicó un artículo, *Aviones a reacción*, en el que trató acerca de las ventajas e inconvenientes del uso de reactores frente a hélices en aviones, a distintas alturas. El científico llegó a la conclusión de que «a la era del avión de hélice le sucedería la era de los aviones estratosféricos a reacción».

Una de sus últimas ideas sobre los cohetes la publicó en su artículo *La máxima velocidad de un cohete*, en 1935. Planteó un sistema de varias etapas pero en el que los cohetes se colocaban en paralelo y, durante la primera etapa, todos consumían la mitad del propergol, entonces la mitad de los cohetes pasaba el propergol que le quedaba a la otra mitad y los que se vaciaban se desprendían del cuerpo de la nave para caer a tierra en paracaídas y ser reutilizados, los cohetes que se habían llenado de propergol volvían a encenderse para empujar la nave hasta consumir otra vez la mitad del propergol; el proceso de trasvase de propergol entre cohetes, liberación de la mitad de cohetes con los depósitos vacíos, y encendido de los que volvían a tener sus depósitos de propergol llenos, se repetía, hasta que quedara un solo cohete que era el responsable de que la nave alcanzara la velocidad necesaria. Este sistema de etapas, diferente al de montar un cohete encima de otro para que se activaran de forma secuencial, Tsiolkovsky lo bautizó con el nombre de *escuadrón de cohetes*.

El 15 de septiembre de 1931 se creó en Rusia el Grupo para el Estudio del Movimiento a Reacción (GIRD). Serguéi Koroliov y un pequeño grupo de investigadores iniciaron los trabajos prácticos para desarrollar los cohetes que transportarían la primera nave construida por el hombre al espacio. Tsiolkovsky ya era muy mayor y apenas tuvo la oportunidad de cruzarse algunas cartas con ellos.

El 9 de octubre de 1932, en Leningrado, Konstantín Tsiolkovsky recibió la Orden de la Bandera Roja del Trabajo, la mayor distinción que se le podía otorgar entonces en Rusia a un individuo por sus logros artísticos, científicos o por sus servicios a la patria. Mijaíl Ivánovich Kalinin, presidente del Presidium del Soviet Supremo de la URSS fue quien impuso tan alta condecoración al científico.

El 19 de septiembre de 1935 falleció Tsiolkovsky, de un ataque al corazón, once días después de que le extirparan un tumor en el intestino.

El científico donó al Comité Central del Partido Comunista todos sus libros, escritos, modelos y otros objetos de carácter científico. Poco antes de morir había dictado una carta para el presidente Iósif Stalin:

«Antes de la revolución, mi sueño no se podría haber materializado. Sin embargo, Octubre trajo el reconocimiento de mis esfuerzos. Fue únicamente la autoridad del Soviet y del partido político de Lenin y Stalin lo que mostró una asistencia efectiva. Sentí el amor de nuestra gente nacional y esto me proporcionó la fuerza para continuar el trabajo, aunque estaba entonces enfermo. Lego todos mis esfuerzos relacionados con la aviación, los cohetes y los viajes interplanetarios, al Partido Político Bolchevique y al Gobierno Soviético, como una genuina orientación al progreso de la cultura de la humanidad. Siento con certeza que este gesto concluirá con éxito el trabajo que yo he comenzado.»

Iósif Stalin contestó la carta de Tsiolkovsky:

«Al famoso científico, camarada K.E. Tsiolkovsky:

Acepte mi gratitud por la carta y con toda seguridad la del Partido Bolchevique y el Gobierno Soviético. Le deseo salud y que desarrolle más trabajo productivo en nombre de todos los trabajadores de nuestro país.
Reciba un fuerte apretón de manos
J. Stalin».

Una rama que murió
Los Goddard regresaron de su periplo europeo a Nueva York el 12 de septiembre de 1938 y seis días después Harry Guggenheim se reunió con el inventor en Falaise. Al encuentro acudieron también Theodore von Kármán del GALCIT, Clark Millikan, presidente de Caltech y representantes del National Advisory Committee for Aeronautics (NACA). Guggenheim deseaba que todas las organizaciones allí representadas se involucrasen en la construcción de un cohete ligero y de gran alcance, útil para la defensa del país, que debería completarse en

el plazo de un año. El papel de Goddard en el equipo sería el de diseñar una cámara de combustión para el cohete del Caltech.

A Robert Goddard aquella situación le resultaba especialmente molesta, dado su temperamento de investigador solitario. Al cabo de un mes escribió a Guggenheim para decirle que no veía la posibilidad de ayudar al Caltech porque en su equipo desarrollaban cámaras relativamente pequeñas y muy pesadas. Abbot y Lindbergh apoyaron a Goddard y Harry se dejó convencer por sus asesores.

Goddard continuó realizando experimentos en Roswell con cohetes de propergol líquido hasta que durante la II Guerra Mundial fue trasladado, en 1942, al Naval Engineering Experimental Station en Annapolis.

Allí permaneció hasta su muerte en 1945.

Fue un investigador solitario, que a lo largo de su vida registró 69 patentes, pero no logró crear una escuela que siguiera sus trabajos.

Una de las personas que conoció y mantuvo relaciones profesionales con el inventor sería von Kármán. Theodore von Kármán había nacido en Budapest en 1881 y se doctoró en la Universidad de Göttingen donde trabajó con Ludwig Prandtl en 1908. Dirigió el Instituto Aeronáutico en Aachen y, después de prestar el servicio militar en el Ejército del Imperio Austro-Húngaro durante la I Guerra Mundial, regresó a Aachen. En 1930 se trasladó a Estados Unidos para asumir la dirección del Guggenheim Aeronautical Laboratory (GALCIT). En 1936 formó la Aerojet Corporation con algunos de sus estudiantes, entre los que se encontraba Frank Malina. Bajo su tutela un grupo de ingenieros inició los primeros experimentos con cohetes de propergol líquido, en Arroyo Seco, que más tarde se consolidaría al crearse en 1944 el Jet Propulsion Laboratory (JPL). Von Kármán fue un académico de gran prestigio y renombre internacional, experto en aerodinámica supersónica. En su autobiografía, *The Wind and Beyond*, von Kármán se refirió a Goddard en los siguientes términos:

«Creo que Goddard se amargó en sus últimos años porque sus cohetes no tuvieron un éxito real, mientras Aerojet General Corporation y otras organizaciones estaban creando una industria de cohetes. No hay ninguna línea directa entre Goddard y la industria actual de los cohetes. Él constituye una rama que murió. Era un hombre ingenioso y tenía una buena base científica, pero no fue un creador de ciencia y se tomó a sí mismo con una seriedad excesiva. Si hubiera confiado en otros, creo que habría desarrollado cohetes prácticos capaces de alcanzar gran altitud y sus logros hubieran sido mayores de lo que fueron. Pero no escuchar o comunicarse con otras personas cualificadas, dificultó sus logros».

Sin embargo, la historia siempre nos recordará que el 16 de marzo de 1926, fue Goddard quien, en la granja de *Aunt Effie*, marcó un hito en el desarrollo de la astronáutica al lanzar el primer cohete de propergol líquido construido por el hombre.

El cohete de REP

Cuando el inventor francés, Esnault-Pelterie, llegó a convencerse de que sin un motor nuclear era posible alcanzar velocidades interplanetarias, decidió iniciar los trabajos para construir un cohete de propergol líquido.

A finales de 1930, la American Interplanetary Society (AIS) invitó a que pronunciase un discurso, *Hacia la luna en cohete*. Aunque el presidente de la AIS también intentó que Goddard asistiera al acto, el inventor estadounidense excusó su presencia.

REP llegó a Nueva York el 15 de enero de 1931 y no pudo dar su conferencia, prevista para el 28 del mismo mes, debido a un fuerte catarro. Ni siquiera Edward Pendray, el presidente de la AIS pudo leerla en su ausencia porque estaba redactada en francés. El acto se cerró tumultuosamente y Pendray tuvo que firmar numerosos autógrafos en nombre de Esnault-Pelterie.

La asociación alemana, VfR, invitó a REP, en abril de 1931, para que visitara el centro de lanzamiento de cohetes de Reinickendorf. Como a REP le resultaba imposible desplazarse a Berlín por esas fechas, delegó su representación en André Louis

Hirsch. Hirsch se entrevistó con Riedel, Nebel y Engel, y no vio ni a Oberth ni a Von Braun.

Después de viajar a Estados Unidos, REP escribió un artículo, *¿Quién se interesa en la Luna?*, en el que aseguraba que el viaje espacial era posible y se refirió a los jóvenes alemanes de la VfR y norteamericanos de la AIS que buscaban financiación para el desarrollo de sus cohetes. REP estimó que en cuatro o cinco años se podría disponer de un cohete que alcanzase 100 kilómetros de altura.

En julio de 1931 REP marcó como prioridad para su laboratorio el diseño y fabricación de la bomba de presión, movida por gases de la tobera del cohete, para inyectar en la cámara de combustión los propelentes. A finales de septiembre, el Ejército francés asignó al teniente Jean-Jacques Barré, de la Escuela Politécnica, para trabajar en el desarrollo de su cohete. Fue el primer apoyo que recibía del Gobierno de su país en aquel proyecto.

Pocos días después de la incorporación de Barré, el 9 de octubre de 1931, una violenta explosión, mientras hacía pruebas con tetranitrometano, afectó a Esnault-Pelterie hasta el punto de perder cuatro dedos de la mano izquierda. A Barré le impactó la entereza con la que el inventor sobrellevó el accidente.

En cuanto se repuso, REP retomó los experimentos, reemplazó el tetranitrometano por el peróxido de nitrógeno y efectuó los ensayos al aire libre. Al final decidió que el oxígeno líquido resultaba menos peligroso.

La ayuda del Gobierno, que había solicitado con tanta insistencia, le llegaría antes de que concluyera el año 1931, ascendía a 15 000 francos mensuales y se prorrogaría de forma tácita durante 1932. Además también se le ofreció una instalación, en Satory, para realizar las pruebas de empuje de los motores cohete.

Con la dotación presupuestaria que disponía —que al inventor le parecía del todo insuficiente— REP incrementó su equipo y pasó a disponer de otro ingeniero, Raymond Savalle, un mecánico, el señor Thouvenin, un peón, un delineante y una mecanógrafa.

Pero los trabajos del motor cohete progresaron con gran lentitud, el inventor estimaba que necesitaba doblar sus recursos humanos. Sin embargo, en septiembre de 1932 al teniente Barré el Ejército le asignó otro destino, con lo que REP perdió a su colaborador más valioso.

El inventor compiló datos de los trabajos que se estaban efectuando en Alemania y Estados Unidos, incluso recopiló algunas reseñas de Rusia y envió al mariscal Pétain, inspector de la Defensa Aérea, un informe en el que se explicaba la situación del desarrollo de los cohetes en estos países y la necesidad de que Francia tomara una posición de ventaja.

En junio de 1933 el ministerio de la Guerra decidió elevar la subvención a REP, para el desarrollo del cohete, que pasó de 15 000 a 25 000 francos mensuales.

Pero, incluso con una dotación mucho más generosa el trabajo del inventor progresaba con lentitud. REP dedicaba muchas horas a escribir artículos, pronunciar conferencias, relacionarse con organizaciones astronáuticas internacionales, pelear en los tribunales por sus patentes y tratar de evadir las actuaciones fiscales del ministerio de Hacienda francés. Su intensa actividad profesional y social implicaba que tuviera que efectuar frecuentes viajes.

En cuanto al Ejército francés existían dudas con respecto al interés de los cohetes para reemplazar a la artillería o los aviones de bombardeo. De otra parte, surgió la cuestión de si el propergol líquido era una solución idónea para el estamento militar, que no tenía ningún interés por la navegación espacial.

En julio de 1934 se efectuaron los primeros ensayos del banco de pruebas en Satory para medir el empuje de los motores cohete. Todos los ensayos de los prototipos que efectuó el equipo de REP, durante el resto del año, no dieron ningún resultado.

Ante la presión del ministerio de la Guerra, muy incómodo con el poco éxito de las investigaciones de Esnault-Pelterie, el inventor se comprometió a disponer de una cámara de combustión refrigerada con oxígeno líquido que suministrara un empuje de 200 kilogramos fuerza (kgf), en marzo de 1935. Pero el anuncio no se cumplió, tan solo a finales de 1935 en uno de los experimentos, durante un minuto, el motor cohete desarrolló 130 kgf de empuje, menos de la mitad del objetivo que se había marcado Esnault-Pelterie hacía cinco años.

El año 1936 empezó con malas noticias para el inventor. El 1 de enero la madre de su esposa Carmen, Yvonne Cabarrús, falleció en París. En febrero, la paciencia del ministerio de la Guerra llegó al límite y REP recibió una carta en la que le conminaba a que antes de que finalizara ese mismo año lanzase un cohete, aunque no cumpliera con todos los requisitos que él mismo había establecido. Muy dolido, el inventor amenazó con abandonar los trabajos si el ministerio no se comprometía a mantener sus ayudas hasta finales de 1937, así como la misma libertad de actuación para organizar sus investigaciones que venía disfrutando desde el principio.

Aunque la disputa con el ministerio no se resolvió a favor de ninguna parte, REP empezó a considerar el lanzamiento de un cohete porque buscó el apoyo de un experto en giróscopos para diseñar y construir un sistema de guiado. Sin embargo, el ministerio de Defensa le negó un presupuesto adicional para contratar estos trabajos.

A mediados de año los trabajos de Esnault-Pelterie empezaron a mostrar resultados y en un ensayo consiguió que su motor cohete diera un empuje de 300 kgf, durante 36 segundos, con una tobera refrigerada con agua. REP logró que por Satory desfilaran personajes importantes para asistir a demostraciones de sus motores cohete; uno de ellos fue el mariscal Pétain.

Las visitas, de cara a los militares, le otorgarían un respiro, pero la refrigeración por agua no dio los buenos resultados que prometía en un principio y el inventor estudió la posibilidad de sustituirla por otro sistema en el que se utilizaba como refrigerante oxígeno líquido. Sin embargo, antes de llevar a la práctica esta idea, REP puso un gran empeño en estudiar materiales refractarios, resistentes a muy altas temperaturas.

Al margen de los primeros éxitos, parciales, con sus motores cohete, el año 1936, que había empezado tan mal, le deparó grandes satisfacciones. En junio fue elegido miembro de la Academia de las Ciencias francesa. El nuevo académico ocupaba el puesto que dejó libre, al fallecer el año anterior, Jean Alexandre-Rey que a su vez había heredado de Auguste Rateau. Los dos científicos habían contribuido al estudio del rendimiento de motores térmicos. REP consiguió su puesto en la Academia por un estrecho margen, en una votación en la que le sacó dos votos (29) a Louis Breguet (27).

Desde finales de 1937 hasta 1939, Esnault-Pelterie dedicó sus esfuerzos de investigación al desarrollo de carburos, incluso llegó a concebir un horno especial para obtenerlos. Sus trabajos no avanzaron hasta el punto de construir nada práctico lo que hizo que sus relaciones con el ministerio de Defensa se deteriorasen.

El 28 de junio de 1939, Carmen, la mujer de Esnault-Pelterie dio a luz un hijo, Michel, en Niza. Fue una gran noticia para la pareja, después de que hubieran transcurrido once años de su peculiar boda a bordo del transatlántico *Île-de-France* cuando viajaban hacia Nueva York.

En una de las últimas conversaciones que REP mantuvo con el responsable del proyecto de los cohetes del ministerio, el coronel Desmazières, el militar le dijo que lanzase un cohete, sin importar cómo. Esnault-Pelterie le respondió que él sí sabía lo que iba a pasar: después de describir un arco de círculo de varios kilómetros se estrellaría en alguna parte, en Versalles, o quizá en París y cabía la posibilidad de que se produjeran muchas víctimas.

En julio de 1939, en vísperas de la II Guerra Mundial, los militares le pidieron que desarrollara a toda prisa un cohete capaz de bombardear Berlín. REP le comentó a Montagne:

«Estos imbéciles no saben lo que me piden; harían mejor en ayudarme, después de cuatro años...»

No transcurrió mucho tiempo antes de que REP y sus colaboradores se vieran obligados a destruir los prototipos, materiales y documentación en su laboratorio de París y las instalaciones de Satory para que no cayeran en poder de los alemanes cuando invadieron Francia. El Ejército alemán tomó muestras de los restos que pudo hallar y después de analizarlos concluyó que los trabajos de REP aún se encontraban muy lejos de llegar a algo que tuviera utilidad práctica.

En junio de 1940, pocos días antes de que las fuerzas de ocupación alemana entraran en París, Robert Esnault-Pelterie abandonó la capital y se trasladó a Font Romeu, en los Pirineos Orientales. Su mujer Carmen y su hijo seguían en la Costa Azul donde pasaron toda la guerra.

El nuevo régimen que se estableció en Francia, ocupada de hecho por el Ejército alemán, estaba presidido por el mariscal Pétain y su vicepresidente era Pierre Laval. En verano de 1940 este Gobierno se instaló en la ciudad de Vichy. En julio REP trató de contactar con los nuevos mandatarios y les envió numerosas cartas con ideas acerca de las actuaciones que necesitaba el país en relación con numerosos asuntos. Uno de ellos sería la ley de patentes, que tanto le afectaba, y que consideraba que debía modificarse. También sugirió REP que la aeronáutica francesa se reorganizara de un modo más liberal, similar al de Estados Unidos. Incluso llegó a proponer al Gobierno de Vichy desplazarse a Norteamérica para estudiar con detalle la industria aeronáutica estadounidense. Al margen de algunas respuestas de cortesía, REP no consiguió que tuvieran en cuenta sus planteamientos, entre otras cosas porque la industria aeronáutica francesa no era más que una fábrica al servicio de la Luftwaffe.

De Font Romeu, y después de pasar algunos días en Vichy, REP se desplazó a Lyon donde se sintió enfermo y en noviembre estuvo internado en la clínica Val-Mont en Territet-Montreaux. REP padecía diabetes desde hacía tiempo y en Lyon sufrió una crisis cardíaca. Pasó el mes de diciembre con su familia, en Cannes y regresó a Lyon donde permanecería hasta el mes de marzo que se trasladó al hotel La Résidence, en Ginebra. Ya hacía algunos años que REP pasaba largas temporadas en Lyon y allí poseía una fábrica que, con la Guerra, se encontraba en plena producción.

Cuando en diciembre de 1940 comprendió que Pétain tenía otros muchos problemas, suficientes como para no poder ocuparse de él, REP trató de conseguir permiso para viajar con su hijo y su esposa a Estados Unidos. En este país quería trabajar en el desarrollo de un motor de reacción aeronáutico, que según sus cálculos iniciales sería capaz de alcanzar velocidades supersónicas.

La autorización para desplazarse a Norteamérica con su familia se la negaron de forma reiterativa.

A principios de 1942, REP abandonó la idea de viajar a Estados Unidos y solicitó permiso a las autoridades alemanas para volver a su laboratorio de la calle des Abondances en París y retomar sus investigaciones. En febrero, los alemanes le contestaron afirmativamente y le enviaron un salvoconducto para que cruzara la línea de ocupación (entonces Lyon quedaba en una zona que no estaba intervenida directamente por el Ejército alemán), cuya validez se extendía del 24 de marzo al 10 de junio de 1942. Sin embargo, REP cambió de opinión y decidió establecer su domicilio definitivamente en Ginebra, donde adquirió un lujoso apartamento en junio de 1942. En 1939, REP había residenciado la sede de la empresa Spladis, que gestionaba todas sus patentes, en esa ciudad. A pesar de su condición de residente en Suiza, hasta el año 1943, REP solía pasar los inviernos en la Costa Azul con su familia y viajaba con frecuencia de Ginebra a Lyon.

En Ginebra, e incluso en París, a través del servicio de espionaje, REP estuvo en contacto con los Aliados y envió algunos informes sobre cohetes.

En algún momento, durante la guerra, REP mantuvo contactos con Wernher von Braun y los alemanes insistieron en que regresara a París para proseguir, con toda libertad, sus trabajos de investigación sobre cohetes.

Sin embargo, REP continuó en Ginebra. Allí trabajaría en el desarrollo de una máquina de generar calor mediante la combustión de turba o lignito, a elevadas temperaturas. Los quemadores de REP, patentados por la sociedad Spladis no tuvieron éxito comercial, a pesar de que REP llegó a instalar uno de ellos en su apartamento de Ginebra.

Cuando finalizó la II Guerra Mundial, REP se quejó de que, en vez de perseguir a los colaboracionistas, el nuevo Gobierno francés debería centrar su interés en analizar y corregir los motivos que llevaron al país a una derrota tan estrepitosa como la de 1940. Temeroso de que los Aliados lo juzgaran y que el fisco le obligase a pagar grandes sumas de dinero, REP mantuvo su exilio en Ginebra.

El antiguo ayudante de Esnault-Pelterie, Jean-Jacques Barré, retomó el desarrollo de un motor cohete en el Ejército francés del Gobierno de Vichy. En noviembre de 1940, el comandante Barré fue asignado al Servicio Central de Mercados y Vigilancia de Aprovisionamientos en Vichy. Allí recibió el encargo de continuar con los ensayos de motores cohetes que se habían interrumpido en el laboratorio de REP. En connivencia con sus jefes y de un modo clandestino, Barré consiguió que el 23 de junio de 1941 se le concedieran 300 000 francos para suministrar 22 aparatos *gasogeneradores*. Tras algunos ensayos que terminaron en fuertes explosiones y la inyección de 200 000 francos más, el 4 de septiembre de 1942 el equipo de Barré consiguió que su motor cohete proporcionara de forma segura un empuje de 860 kgf en el banco de pruebas del fuerte de Vancia. En ese momento decidieron efectuar los ensayos de vuelo en Argelia, ante la imposibilidad ocultar los lanzamientos de cohetes en Francia. Los avatares de la guerra impidieron que las pruebas se efectuaran de acuerdo con las previsiones, al ser imposible transportar todo el material, aunque pudieron ocultarlo.

En 1943 el equipo de Barré se incorporó a las fuerzas de resistencia.

En 1944, al liberarse de la ocupación el territorio francés y después de reunir el material de los cohetes que, de forma milagrosa, se había mantenido oculto a los alemanes durante el conflicto, se reactivó el programa de lanzamiento de cohetes. Tras un par de intentos fallidos, el 6 de julio de 1945, el primer cohete de propergol líquido francés, en la Renardiére, se elevó a unos 60 kilómetros de altura. Sin embargo, los experimentos de Barré se suspendieron en 1952, cuando los dos últimos cohetes de alcohol y oxígeno líquido franceses, que se lanzaron en el Sahara, se desintegraron en pleno ascenso, al pasar la barrera del sonido.

Esnault-Pelterie no pudo retomar el control de los cuadros que antes de la guerra había enviado al Museo de Arte de Filadelfia, en Estados Unidos, hasta que, en 1947, los Gobiernos de Estados Unidos, francés y suizo llegaron a un acuerdo fiscal sobre las cantidades que correspondían a cada parte en el litigio que mantenían.

En 1949 REP vendió la casa familiar de París y el laboratorio de la calle des Abondances, así como la fábrica de Lyon.

La mayor parte del resto de su vida lo pasó entre Ginebra y el Mediterráneo, primero en la Costa Azul y después en Formentor, Mallorca, donde compró una casa, aunque de vez en cuando visitaría París.

Abandonó sus trabajos de experimentación, pero continuó con sus estudios teóricos y el registro de patentes. Su esposa, Carmen, prefirió instalarse en París, atraída por una vida social más activa y el matrimonio se ocupó de proporcionar a su hijo, Michel, una excelente educación.

Poco a poco la salud de REP fue deteriorándose hasta que en otoño de 1957 se sintió muy débil. A finales de noviembre, en Niza, ingresó en el hospital Pasteur. Carmen y su hijo Michel acudieron a verlo, muy poco antes de que falleciese.

Robert Esnault-Pelterie murió el 6 de diciembre de 1957. El 4 de octubre de ese año, la URSS había puesto en órbita terrestre el primer satélite artificial de la historia.

CAPÍTULO 3

Wernher y Serguéi

Wernher von Braun y la VfR

Cuando Oberth abandonó Berlín a finales de 1930 para regresar a Mediasch, Rudolf Nebel y los entusiastas de los cohetes de la VfR prosiguieron con sus experimentos. Carecían de una sólida formación científica y desconocían las leyes que gobernaban el funcionamiento de sus artefactos, por lo que el grueso de sus conocimientos tenía que surgir de la experiencia. Con el material que estaba a su alcance, que no era mucho, construyeron un primer cohete de propergol líquido, el *Mirak 1*, inspirado en el motor que había probado Oberth en el Instituto de Química y con parte de las adquisiciones hechas para el cohete de la UFA. Oberth no era partidario de construir cohetes de pequeño tamaño de propergol líquido ya que todas las ventajas de estos propulsores tan solo eran válidas para cohetes de mayor envergadura, pero la VfR no disponía de otros medios. El nombre, *Mirak*, significaba *Cohete Mínimo* (*Minimum Rakete*).

Nebel y sus colegas transportaron el *Mirak 1* a los terrenos que poseía Riedel en Sajonia. Allí en una de las primeras pruebas, en el mes de septiembre de 1930, el cohete explotó sin que ninguno de sus constructores sufriera el menor daño. Después del ruidoso estreno, la VfR decidió continuar con sus experimentos en las afueras de Berlín, en el campo que Nebel había alquilado para estos propósitos.

Mientras la VfR se reorganizaba en la capital alemana, uno de sus fundadores, Johannes Winkler, lanzó el primer cohete de propergol líquido que voló en Alemania en febrero de 1931, en Dessau. Johannes se había trasladado allí para trabajar en la empresa de aviación Junkers, en el desarrollo de cohetes que impulsaran a los aviones durante el despegue. Con el apoyo del fabricante construyó cohetes que funcionaron, por primera vez, en febrero y marzo de 1931.

En la primavera de 1931, el segundo *Mirak* corrió la misma suerte que el primero y no fue hasta el 10 de mayo de 1931 cuando la VfR logró que un cohete se levantara unos 18 metros, aunque arrastró en su corto vuelo a la plataforma de lanzamiento. Este cohete, al que pusieron el nombre de *Repulsor*, días después lograría alcanzar 60 metros de altura.

Durante un par de años, el grupo de entusiastas berlinés continuó con experimentos con cohetes; efectuaron hasta 270 pruebas de motores, 80 lanzamientos y 32 demostraciones a distintos grupos, 9 de ellos pagados. Nebel consiguió que muchas industrias aportaran fondos o recursos para la VfR, pero conforme la crisis económica empezó a deteriorar la economía alemana y los experimentos no progresaban, las ayudas empezaron a escasear. Sus cohetes estaban dotados de paracaídas con los que los recuperaban cuando no estallaban en la plataforma de lanzamiento o se estrellaban violentamente contra el suelo. Ninguno de ellos contaría con un sistema de guiado y el progreso que alcanzó aquel grupo de entusiastas en el desarrollo de sus cohetes no fue extraordinario. Sin organización ni metodología, los éxitos y fracasos se sucedieron de forma alternativa.

A pesar de sus escasos logros, Nebel no abandonó su proyecto de construir cohetes que abrieran las puertas a los viajes interplanetarios. Como las empresas ya no mostraban el mismo interés en sus artefactos, Nebel organizó una demostración para los artilleros. En Kummersdorf, al sur de Berlín, Nebel, Riedel y Von Braun efectuaron un lanzamiento de un cohete en el que el aparato recorrió una distancia de dos o tres kilómetros y se elevó alrededor de seiscientos metros. La impresión del Ejército, acerca del ensayo, fue negativa en el sentido de que Nebel apenas supo responder a ninguna de las muchas preguntas que le hicieron sobre el alcance, tamaño, tiempo de desarrollo, método de guiado y capacidad de transporte de los futuros cohetes.

La presencia del joven Von Braun, un muchacho de 20 años, en la prueba con los militares fue un hecho excepcional, porque hasta entonces sus actuaciones en la VfR carecían de relevancia. Sin embargo, Nebel tenía una razón para incluirlo y era que el padre de Wernher había sido nombrado ministro del gabinete del canciller von Papen.

La intervención de Wernher von Braun —que aún no había olvidado la profunda impresión que le causó estrechar la mano del doctor Oberth— marcaría un giro definitivo a los acontecimientos.

Von Braun era un individuo singular en aquel grupo de aficionados. Pertenecía a una adinerada familia y contaba con un estipendio semanal de 200 marcos que le proporcionaba su padre. Estudiaba en la universidad, era culto, bien parecido, de ojos azules, rostro amplio y despejado, temperamento tranquilo, inteligente y muy persuasivo, aunque a veces mostraba un punto de arrogancia. Hablaba inglés y francés, tocaba el piano y el violonchelo y sabía organizar sus actividades y las de los demás. Solía vestir de forma distinguida, un tanto snob. Poseía virtudes y cualidades que para muchos de los miembros de la VfR, trabajadores procedentes de clases humildes, resultaban incluso odiosas.

En 1932 Von Braun cumplió 20 años. Hijo del barón Magnus Freiherr Von Braun y su esposa Emmy von Quistorp, aristócratas, de pequeño Wernher quiso ser músico, pero después de leer los libros de Hermann Oberth, sobre viajes espaciales, cambió de opinión. Su padre, Magnus, hizo una brillante carrera al servicio de Guillermo II, como funcionario público; en 1911 fue designado por el Gobierno del emperador comisario del condado de Wirsitz, en el distrito de Bromberg de la provincia de Posen. Era un cargo importante para un funcionario ya que ejercía el mando de la Administración y representaba al Gobierno en el condado. Al año de residir en la ciudad de Wirsitz, el 23 de marzo de 1912, Emmy dio a luz a su segundo hijo, Wernher. El primero, Sigismund, había nacido en Berlín hacía un año. El padre solía decir que su hijo Wernher era un chico muy despierto y a los cuatro años podía leer un periódico de abajo hacia arriba y de derecha a izquierda, y tenía una memoria excelente.

Durante la I Guerra Mundial, Magnus, sirvió al Gobierno del emperador en Berlín, en puestos importantes y al final fue enviado a Lituania; durante algunos años sus hijos y su esposa permanecieron en Wirsitz desde donde se trasladaron a Krenzow en la Pomerania Occidental. Allí, Emmy ayudó a su hermano en la administración de las tierras de la familia. Magnus viajaba a Krenzow cuando disponía de tiempo libre.

Después de la guerra Magnus fue promocionado a jefe de distrito y lo enviaron a Gumbinnen adonde se trasladó con toda su familia. Emmy había dado a luz a su tercer hijo, Magnus, en mayo de 1919, meses antes de que los Von Braun se instalaran en Prusia del Este. Su estancia en Gumbinnen sería corta porque Wolfgang Kapp, el 13 de marzo de 1920 dio un golpe de Estado y Magnus von Braun se puso de parte de los rebeldes; cuando los sindicatos derribaron a los intrusos, en apenas cuatro días, Magnus fue llamado a Berlín donde un tribunal lo separó de la Administración y le impuso una multa. Al antiguo servidor del Estado no le costó mucho encontrar un buen trabajo y la familia Von Braun se instaló cómodamente en Berlín, en otoño de 1920.

En la década de los años 1920 la capital alemana atravesó un periodo convulso, de inseguridad, y de crisis económica y social, pero Wernher y su familia disfrutaron del lujo y comodidades reservados a las clases más privilegiadas de la ciudad. Wernher y su hermano mayor se educaron en el Wilhem-Gymnasium hasta que se clausuró y a partir de entonces fueron al Gymnasium francés, donde aprendieron inglés y francés.

Emmy hablaba seis idiomas y tenía un empeño especial en que sus hijos aprendieran otras lenguas; también le fascinaba la ciencia y la tecnología hasta el punto de que familiarmente la llamaban *Madame Curie*. Wernher siempre tuvo una especial predilección por su madre y atribuyó su pasión por los cohetes a la herencia de los von Quistorp.

Cuando cumplió trece años, en 1925, sus padres le regalaron un telescopio y el adolescente se apasionó con las estrellas, los planetas y las galaxias. Ese año sus estudios en el Gymnasium se le hicieron aburridos, sobre todo las traducciones del latín al francés, pero también las matemáticas y la física. Sus padres lo enviaron a una prestigiosa escuela para hijos de las clases más acomodadas de Alemania en el castillo de Ettersburg, al norte de la ciudad de Weimar y a 200 kilómetros al sur de Berlín. Era uno de los internados que había fundado Hermann Lietz, fallecido hacía poco tiempo, que a diferencia de los Gymnasium tradicionales alemanes, combinaba el deporte con actividades manuales y el estudio en profundidad de lenguas extranjeras, matemáticas, física y ciencias naturales.

Poco después de instalarse en Ettersburg, Wernher se enteró de la existencia del libro de Oberth, *El cohete en el espacio interplanetario.* Lo pidió y cuando lo recibió y se fijó en la cantidad de fórmulas que contenía fue a ver a uno de sus profesores para preguntarle qué debía hacer para comprender el contenido del libro. La respuesta fue que tenía que estudiar matemáticas y física.

Wernher se entusiasmó con los cohetes y es posible que, a mediados de los años 1920, decidiera dedicar su vida a la conquista del espacio exterior. El muchacho, a pesar de los muchos problemas que originó a su familia con el lanzamiento de cohetes de forma improvisada que dañaron propiedades muy diversas, también cultivaría durante aquellos años su afición a la música. Compuso pequeñas obras de piano y tocaba el violonchelo con su madre durante las vacaciones. Sus padres le facilitaron clases de piano con profesionales de prestigio.

Wernher era un escritor hábil, en 1928 elaboró un magnífico libro de astronomía con numerosos gráficos y anotaciones originales. En este escrito incluyó una breve historia de la Astronomía y una descripción de los instrumentos utilizados por los astrónomos, luego se refirió al Sol, los planetas y los canales de Marte para finalizar el libro de forma abrupta en este apartado.

Al regresar de Ettersburg, Wernher se llevó a casa un cuaderno lleno de dibujos con diseños de cohetes, naves espaciales y detalles de un espejo reflector, como el que describía Hermann Oberth en su libro.

La personalidad de Wernher y su deseo de dedicar su vida a la astronáutica se reforzó durante los años que siguieron a su estancia en Ettersburg. El programa de Lietz, tras la permanencia de dos años en el castillo, continuaba en una isla del Mar del Norte, cerca de la frontera con Holanda, Spiekeroog. Cuando Von Braun y sus compañeros de clase llegaron a la isla, el 28 de abril de 1928, se encontraron con que las instalaciones aún no se habían terminado. Las condiciones en aquel lugar eran bastante duras, pero los muchachos disfrutaban del contacto con la naturaleza y Wernher aprendió a navegar.

Al joven adolescente le fascinaron los experimentos de Max Valier y von Opel, que hicieron con automóviles propulsados con cohetes. En una de las vacaciones que pasó en Berlín, cuando estudiaba en Spiekeroog, ató tantos cohetes como pudo comprar a un carromato y les prendió fuego. El vehículo adquirió velocidad, con gran espanto de los pocos viandantes que aquella tarde, escaparon a toda prisa del carro de fuego que se les echaba encima. Poco después de que se apagaran las cargas explosivas, se presentó la policía y arrestó a Von Braun. Su padre también lo castigó a no salir de casa durante el día siguiente; aquel fue el último de los experimentos caseros que urdió Wernher, cuando ya había resuelto dedicar su vida a los viajes espaciales.

En Spiekeroog, Wernher desarrolló una extraordinaria capacidad para las matemáticas, hasta el punto de que le dieron permiso para no asistir a muchas clases y dedicar ese tiempo a sus proyectos personales u otros asuntos. Incluso, cuando algún profesor de matemáticas se ausentaba, Von Braun estaba autorizado por el director de la escuela para sustituirlo. Allí, también trabajó en la construcción de un telescopio para la escuela, adquirido con donativos de particulares.

En otoño de 1929 Wernher regresó de Spiekeroog a casa y empezó a preparar el examen del *Abitur* para acceder a la universidad.

Desde hacía un año que pertenecía a la VfR y participaba en las actividades de la organización, en la medida que podía, al tiempo que estudiaba, tocaba el violonchelo en una orquesta de estudiantes y practicaba la navegación a vela.

En marzo de 1930 pasó los exámenes del *Abitur* y decidió que quería estudiar ingeniería en el Instituto de Tecnología de Charlottenburg, situado cerca de su casa de Berlín, pero antes de ingresar en la universidad, estaba obligado a efectuar seis semanas de trabajos prácticos en una fábrica.

Wernher nunca fue un buen madrugador, siempre le gustó levantarse tarde y trabajar hasta muy adentrada la noche. Las prácticas en la fábrica le obligaron a desayunar a las cuatro y media de la madrugada, lo cual supuso para Von Braun una auténtica tortura mientras duró. Una vez que pasó el periodo de prácticas, Wernher empezó a asistir a las clases en Charlottenburg.

A pesar de todas sus ocupaciones, en 1930, participó en los ensayos del Instituto de Química que se hicieron con el motor de Oberth, a quien reverenciaba desde que, en 1925, abrió su libro en Ettersburg. En 1927 le escribió unas notas, que Oberth contestó brevemente, y sólo para entender las fórmulas y razonamientos matemáticos de su maestro, decidió estudiar a fondo las asignaturas de física y matemáticas. En realidad, Oberth había hecho lo mismo: tan solo estudiaba aquellas materias que necesitaba para diseñar sus ingenios espaciales.

Wernher tenía tiempo para desarrollar multitud de actividades; en 1931, cuando cumplió 19 años, pasó unas semanas en la escuela de vuelo sin motor de Grunau, en las montañas de Silesia. En aquella época también estuvo unos días en la nueva residencia de sus padres: una magnífica villa rodeada de una granja de 120 hectáreas, Oberwiesenthal, emplazada en un lugar de Silesia próximo a las tierras que pertenecieron a los antepasados de los von Braun. Magnus y Emmy aprovecharon un quiebro en la carrera del cabeza de familia, para invertir su dinero en aquella finca, por si se daban las circunstancias de que necesitaran vivir alejados de la ciudad.

Después de las clases de aviación en Grunau, Wernher no regresó a Berlín, sino que, por motivos que no se conocen, decidió estudiar durante un semestre en Zúrich. Allí conoció a un estudiante americano de medicina que se llamaba Constantine Generales, con quien hizo una buena amistad. Le propuso centrifugar ratones para estudiar la resistencia de estos animales a la aceleración. Al principio, el estadounidense no se lo tomó en serio, pero al darse cuenta de la consistencia técnica de los planteamientos de su amigo alemán, cedió a sus pretensiones y le ayudó, con una bicicleta, a improvisar una centrifugadora para realizar algunos experimentos. Al terminar el semestre en Zúrich, Wernher decidió regresar a Charlottenburg en Berlín, no sin antes pasar unas largas vacaciones con su amigo Generales en Italia y Grecia.

A su regreso de Grecia, Generales y Wernher se dirigieron a Berlín y allí presenciaron el lanzamiento de un cohete de la VfR, el *Repulsor*, cuyo comportamiento era difícilmente previsible. A finales de 1931, uno de estos cohetes fue a parar a una estación de policía lo que supuso que la VfR se viera sometida, a partir de aquel momento, a ciertas restricciones a la hora de disparar sus artefactos.

En 1932, Von Braun estaba muy atareado con las clases en la Universidad y se reunía con sus colegas de la VfR, una o dos veces por semana. En ocasiones, los fines de semana dormía en alguno de los barracones de la organización. Wernher realizaba cálculos de trayectorias, diseños de cámaras de combustión o de tanques de combustible y de paracaídas. También daba charlas y escribía artículos para diversas revistas y nunca hablaba ni escribía sobre las aplicaciones militares de los cohetes, algo que, en general, llevaban a rajatabla todos los miembros de la VfR.

Ese año, Wernher, también acudió a Grunau para celebrar su 20 cumpleaños. Se sacó una licencia tipo C, para lo que tuvo que mantenerse en el aire durante 11 minutos. Una de los estudiantes con quien se encontró aquella temporada fue Hanna Reitsch, la única mujer del grupo; se hicieron amigos y su relación duró muchos años.

En otoño de 1932, Von Braun formaba parte de la VfR, en un momento en el que la organización pasaba por una crisis de financiación, carecía de planes concretos de futuro y de conocimientos sobre los cohetes que manejaba. Después de la demostración al Ejército y de las muchas preguntas que le hicieron los militares a Nebel y que apenas supo responder, Von Braun pensó que había llegado el momento de que el desarrollo de los cohetes se llevara a cabo de otra forma porque aquel camino no conducía a ninguna parte. Hasta entonces, Wernher había adoptado una actitud colaboradora pero no de liderazgo, pero en ese instante decidió que era preciso tomar la iniciativa. Wernher podía hablar con los militares, con un lenguaje técnico que ellos entenderían y estaba seguro de que llegarían a algún acuerdo.

Nadie en la VfR se opuso a que Von Braun mantuviera otra reunión con los jefes del cuartel de Artillería.

Wernher se entrevistó en Kummersdorf con el coronel Karl Becker, quien le dijo que el interés del Ejército por los cohetes se debía a que el Tratado de Versalles no restringía su uso a los alemanes. Al militar le parecía que los ensayos de la VfR se llevaban a cabo sin metodología, con excesiva exposición al público y sin la disciplina necesaria para garantizar una línea de progreso. Becker era un científico y daba clases de balística en la Universidad por lo que al joven Von Braun le resultó fácil entenderse con él. El Ejército estaba dispuesto a colaborar con sus colegas si los ensayos se efectuaban en instalaciones militares y sujetos a cláusulas de confidencialidad.

Von Braun relató con detalle a Nebel y sus compañeros el resultado de la entrevista, que no fue del agrado de aquellos fanáticos acostumbrados a moverse con plena libertad. Casi todos, manifestaron su renuncia a unas ayudas sujetas a las condiciones que les imponía el Ejército y se reafirmaron en que preferían que la industria financiase sus desarrollos, en vez del Ejército. La discusión transcurrió sin que se entremezclara el ideario político de los participantes. Rudolf Nebel simpatizaba con el nacional socialismo, Klaus Riedel con los comunistas y Wernher von Braun compartía el ideario de la mayoría de los pertenecientes a la clase aristocrática alemana, conservadora y nacionalista, aunque miraba a los nazis con muy pocas simpatías. La posibilidad de una guerra parecía algo remoto, no estaba entre las hipótesis de futuro que barajaban —Hitler aún no había llegado al poder— y la utilización militar de los cohetes era un asunto del que nunca hablaban.

El problema principal de la VfR era que las industrias les habían retirado el apoyo económico, que en un principio les otorgaron.

Wernher von Braun, comprendió que, tan solo en el seno de una organización como la del Ejército, podría desarrollar un proyecto tan ambicioso como el de construir grandes cohetes de propergol líquido, capaces de llevar una nave al espacio exterior.

Magnus von Braun, padre, había sido nombrado en el mes de junio, ministro del Alimentación y Agricultura del gabinete del canciller conservador Franz von Papen y la familia se trasladó a vivir a las instalaciones oficiales del ministerio, al sureste de la Puerta de Brandeburgo.

Nebel, consciente de la capacidad de lobby del hijo de un ministro, maniobró para que Wernher se integrara en la junta directiva de la VfR, en la reunión del 24 de septiembre de 1932. Algunos destacados miembros se opusieron a su nombramiento porque era un estudiante, y muy joven, pero Willy Ley lo defendió con el argumento de que si el problema era la edad, mejoraría con el tiempo.

Convencido de que el futuro del desarrollo de los cohetes no estaba en la VfR, Wernher hizo uso de su pragmatismo amoral y escribió una carta a la sección de balística del Ejército, de acuerdo con las indicaciones del capitán Dornberger, que asistía al coronel Becker en Kummersdorf, en la que ofrecía sus servicios como asesor para el desarrollo de misiles, al Ejército.

A principios de noviembre, Wernher obtuvo el diploma de ingeniero en Charlottenburg y decidió seguir estudiando en el Instituto de Física de Berlín.

En Kummersdorf, empezó a trabajar el uno de diciembre de 1932, con un contrato inicial de cuatro meses. La única ayuda que los militares pusieron a su disposición fue la de un mecánico, Heinrich Grünow, que había trabajado para la VfR. En un principio Wernher se sintió aislado y deprimido, incluso trasladó a sus antiguos colegas la queja de que el Ejército no apreciaba la importancia de los cohetes de propergol líquido, pero enseguida se sobrepuso y cortó su relación con el grupo de aficionados a los cohetes, hasta cierto punto incompatible con las obligaciones de confidencialidad que había contraído.

Wernher se planteó desarrollar un motor cohete de propergol líquido que, de acuerdo con las sugerencias de Oberth, se alimentara con alcohol y agua, para bajar la temperatura, y oxígeno líquido y que produjese un empuje de 150 kgf. En realidad era un cohete similar a los que había desarrollado la VfR, aunque de mayor tamaño.

A finales de enero de 1933, Adolf Hitler asumió la cancillería, su padre el ministro perdió su puesto de trabajo y la familia se trasladó a una lujosa vivienda en la parte antigua del oeste de

Berlín. Los disturbios que acompañaron a la toma de poder de los nazis no afectaron la vida de Wernher. Hubo un gran incendio en el Reichstag los días 27 y 28 de febrero, los judíos fueron represaliados y el 10 de mayo los estudiantes quemaron libros en las universidades. El joven estudiante no se dio cuenta, entonces, de la importancia que tendrían para el futuro del mundo aquellos acontecimientos políticos en su país.

Wernher terminó el motor cohete en Kummersdorf a finales de marzo y funcionó durante 60 segundos suministrando un empuje de 120-140 kgf. Aunque resultó un éxito, poco después surgieron los muchos problemas menores, a los que ya estaba acostumbrado.

En primavera y verano de 1933 pasó del motor refrigerado por agua, a otros modelos refrigerados por alcohol que circulaba a través de una camisa para enfriar la cámara de combustión y la tobera de aluminio. Sin embargo, debido a defectos en los materiales y la soldadura empezaron a producirse fallos graves de implosión durante las pruebas. En vez de empeñarse en encontrar una solución él solo, busco ayuda. Contactó con expertos en soldadura, laboratorios especializados, empresas de pirotecnia y viajó por Alemania para estudiar los métodos de fabricación más avanzados.

Sus ocupaciones universitarias de investigación en Kummersdorf, así como los desórdenes en las calles de Berlín no impidieron que, en verano de 1933, siguiera con sus clases de vuelo a vela, esta vez en Staaken, al oeste de Berlín. Ese año llegó a realizar un vuelo sin motor a través del país, para conseguir una licencia A2. También le quedaron energías para incorporarse a la escuela de equitación de las SS (*Schutzstaffel*, cuerpo paramilitar de protección del Partido Nazi) a finales de año, en Berlín-Halensee, cerca del bosque de Grünewald. Allí acudía dos veces por semana para tomar clases. Su permanencia en la escuela duró hasta el verano de 1934, fecha en la que se graduó en la universidad.

En 1933, Wernher empezó a desarrollar la faceta de galán que se acentuaría durante los siguientes años. Al joven estudiante se lo veía con frecuencia en muchos lugares rodeado de hermosas mujeres.

El acceso de Hitler al poder facilitó que los militares —a los que no les gustaba la publicidad con que actuaban los aficionados a los cohetes de la VfR— se mostraran poco amigables con el grupo de entusiastas. Riedel y Nebel tuvieron problemas con la policía y Von Braun contempló en silencio las persecuciones a sus antiguos colegas, a la vez que se mantuvo alejado de ellos.

El motor que construyó a mediados de 1933, refrigerado con alcohol, suministraba un empuje de 300 kgf y se diseñó para impulsar un cohete que bautizaron con el extraño nombre de A-1 (Aggregat). Para estabilizarlo, Wernher adoptó el método artillero de hacer que girase sobre sí mismo, con un pesado giróscopo en la cabeza del cohete. Las pruebas estáticas demostraron que aquel concepto era inviable y el aparato estalló en la rampa de lanzamiento.

A principios de 1934, en Kummersdorf abandonaron la idea del A-1 y concibieron un nuevo cohete, el A-2, en el que para estabilizarlo colocaron giróscopos en la parte central del cuerpo.

En enero, Walter Riedel (que no tenía nada que ver con Klaus Riedel) se incorporó al equipo de Von Braun. Riedel había trabajado con Max Valier, a quien vio morir en sus brazos en el accidente de mayo de 1930, cuando los dos experimentaban con el cohete Heylandt. El Ejército había contratado a Heylandt, donde trabajaba Riedel, un pequeño motor cohete para realizar ensayos, pero a finales de 1933 decidió cancelar su compromiso con la empresa y ofrecerle trabajo a su empleado.

Aunque Walter era diez años mayor que Wernher, poseía una graduación técnica de un nivel inferior. Walter era un hombre muy práctico, al que le gustaba trabajar con las manos y Wernher prefería los planos, el diseño y la gestión de los recursos. Los dos formaron un equipo magnífico.

En la primavera de 1934, Wernher leyó su tesis sobre la resolución de problemas asociados a los cohetes de propergol líquido. El Ejército le obligó a que el título de su trabajo no mencionara la palabra cohete. Los profesores que revisaron este trabajo, Schumann y Wehnelt, le otorgaron las máximas calificaciones. En cuanto al examen oral, obligatorio, las notas no fueron tan buenas. Von Braun, al igual que Oberth, estudiaba para resolver los problemas que le planteaban los asuntos que le interesaban.

Cuando finalizó los exámenes regresó a su puesto de trabajo en Kummersdorf, donde los militares le habían asignado un salario mensual, con la promesa de hacerle un contrato fijo en cuanto les resultara posible.

A finales de junio de 1934 Wernher se tomó unos días de vacaciones, que coincidieron con la purga que ordenó Hitler. Von Papen fue arrestado al tiempo que las SS mandaban asesinar a varios enemigos del canciller. Los Von Braun, Magnus y Emmy, al ver la suerte que corrieron algunas de las personas de su entorno, decidieron trasladarse a su granja de Silesia. Wernher vivía entonces en un apartamento que había alquilado en Berlín y a su hermano pequeño Magnus, en otoño, sus padres lo enviaron a Spiekeroog. Su hermano mayor, Sigismund, acababa de regresar de un viaje alrededor del mundo, que había emprendido al finalizar sus estudios de dos años en la Universidad de Cincinnati, Ohio, y se preparaba para ingresar en el cuerpo diplomático alemán. Sigismund odiaba a los nazis.

En septiembre de 1934 se completaron con éxito las pruebas estáticas del A-2, justo antes de que el capitán Dornberger se marchase de Kummersdorf, destinado a la primera unidad de cohetes de combustible sólido del Ejército. Su batería de cohetes formaba parte de una unidad de morteros, para el lanzamiento de gases venenosos y barreras de explosivos.

El Ejército decidió que las pruebas de los A-2 se efectuaran en una isla del Mar del Norte, Borkum, que pertenecía al grupo de islotes en el que se encontraba Spiekeroog. Un emplazamiento familiar para Wernher von Braun, cerca del lugar en donde entonces se hallaba internado su hermano pequeño, Magnus.

En diciembre, el equipo de Kummersdorf se trasladó a Borkum con dos cohetes A-2 que habían sido bautizados con los nombres de *Max* y *Moritz*.

El 18 de diciembre todo estaba listo para el lanzamiento de primer A-2. A la gente de los pueblos cercanos se le advirtió que no salieran de sus casas. El viento arreció, de forma que se pospuso el lanzamiento para el día siguiente, pero la climatología volvió a mostrarse adversa. El 19 de diciembre, con rachas de viento de hasta 80 kilómetros por hora, las condiciones eran malas para lanzar un cohete, pero a mediodía tomaron la decisión de activar el despegue de *Max*. Las Navidades se les echaban encima y aún disponían de otro cohete.

Max ascendió a una altura de unos 1700 metros, hasta agotar el combustible. Al perder velocidad cabeceó y cayó a tierra, a unos 800 metros del punto del lanzamiento. El éxito fue extraordinario.

Decidieron que *Moritz* saldría de la torre de lanzamiento al día siguiente, poco después del amanecer, con independencia del tiempo que hiciese. El segundo A-2 efectuó un vuelo similar al primero.

Wernher von Braun sabía que el triunfo de aquellos dos lanzamientos le pertenecía en mayor medida que a ninguna otra persona:

«Los había diseñado yo, dibujé cada tornillo en la mesa de diseño, yo mismo concebí el regulador de presión —en pocas palabras los ensamblé de la A, a la Z».

En las Navidades de 1934, el equipo de Wernher von Braun se situó en una posición de liderazgo tecnológico en el desarrollo de cohetes de propergol líquido. Un puesto que no abandonaría hasta después de la II Guerra Mundial. Goddard, en Nuevo México, aún no había conseguido alcanzar con sus cohetes las alturas que surcaron *Max* y *Moritz*. Muy poco o nada sabía Von Braun de los logros del estadounidense. Oberth trabajaba en solitario en Mediasch, sin recursos, en un proyecto que no le llevaría a ninguna parte. Esnault-Pelterie, en París, trataba de construir un motor cohete sin contar, a su juicio, con los fondos necesarios.

A los 22 años, el joven doctor alemán había pasado de aprendiz en la VfR, a maestro de maestros en Kummersdorf, en un corto periodo de tiempo y sin el auxilio de un numeroso equipo humano, ni recursos económicos extraordinarios.

Serguéi Pávlovich Koroliov

Cuando los dos primeros cohetes de Von Braun, *Max* y *Moritz*, volaron en Alemania, en Rusia, Tsiolkovsky se hallaba en la recta final de su carrera y un pequeño grupo de entusiastas de los vuelos interplanetarios había tomado el relevo, de un modo similar a como lo hizo en algún momento la VfR alemana. El jefe del grupo de ingenieros de Moscú que pretendía llegar al espacio con los inventos de Tsiolkovsky, se llamaba Serguéi Koroliov; un hombre que con el tiempo arrebataría a Von Braun el liderazgo en el desarrollo de la máquina de volar que llevó al hombre a la Luna.

Nunca llegaron a conocerse personalmente. Wernher alcanzó una gran celebridad, sin embargo Serguéi vivió protegido por un tupido telón que levantó el régimen soviético en torno suyo. El Jefe de Diseño, como así llamaron en la Unión Soviética a Koroliov durante muchos años, se convirtió en un ser invisible para el público en general. Las autoridades de su país protegieron al camarada Koroliov con un celo especial, por considerarlo un bien de incalculable valor para la nación. Pero eso fue a partir del momento en el que asumió la máxima responsabilidad de los programas de misiles balísticos de la URSS. Antes, incluso llegó a padecer en su propia carne la durísima represión con la que Stalin flageló a su país.

Serguéi Koroliov y Wernher von Braun tenían en común su extraordinaria capacidad para organizar y dirigir grandes equipos de técnicos, para llevar a cabo proyectos de un tamaño gigantesco. Una capacidad que en cada caso se expresaba de un modo distinto, dadas las diferencias culturales de las sociedades en las que trabajaron. Von Braun era un hombre delicado y persuasivo, mientras que Koroliov era rudo y autoritario, se expresaba con crudeza y no dudaba en utilizar las amenazas para conseguir sus propósitos; tan solo con los jóvenes ingenieros, Koroliov se mostraba siempre muy paciente. La mayoría de sus colaboradores adoraban, tanto a Von Braun como a Koroliov, aunque al ruso también le tenían miedo. Ambos alcanzaron un grado de autoridad y prestigio personal extraordinario.

Serguéi Koroliov era un hombre del pueblo, a diferencia de Von Braun que siempre se caracterizó por su talante aristocrático.

El ruso tenía un aspecto fiero, irradiaba energía, de sus ojos grandes, negros, surgía un torrente de fuerza. Se movía con ligereza. Su estatura era mediana y la complexión de su cuerpo fuerte, el rostro cuadrado, la frente despejada, la cabeza grande y el cuello muy corto. Koroliov analizaba los problemas con serenidad y buscaba todas las soluciones posibles, tenía una gran intuición para encontrar el modo más eficiente de resolverlos. Si su interlocutor le parecía una persona informada, podía pasar largo rato escuchando sus puntos de vista y su paciencia con los estudiantes era proverbial. Sin embargo, en las reuniones de trabajo no consentía que sus colaboradores se extendieran en tecnicismos innecesarios, que no estuvieran relacionados con el asunto principal que motivaba la discusión. Trabajaba muchas horas, el trabajo lo era todo para él. Se preocupaba de los detalles hasta un límite que sorprendía a sus colaboradores. Siempre que podía se saltaba los procedimientos burocráticos. Tenía un gran poder y lo ejercía para alcanzar sus propósitos, sin el menor escrúpulo. Era cuidadoso a la hora de emitir opiniones de carácter político, muy desconfiado. Las personas que trabajaban a sus órdenes le temían, aunque despidió a muy pocos trabajadores.

Serguéi Koroliov nació el 12 de enero de 1907 en Zhitomir, Ucrania, cerca de Kiev. Su padre, Pável Yákovlevich Koroliov, profesor de literatura en la escuela local, y su madre, Maríya Nikoláyevna Moskalenko, se separaron muy pronto. Maríya envió su hijo cuando cumplió tres años a vivir con sus abuelos maternos a la ciudad de Nezhin. Koroliov nunca conoció a su padre, ya que la familia de su madre le dijo de pequeño que había fallecido en 1909. Pável se volvió a casar y cuando Koroliov se enteró de la verdadera historia, el profesor de literatura ya no vivía.

El pequeño Serguéi se educó solo. Aprendió a leer con la prensa que llegaba a casa de los abuelos. A los 6 años lo llevaron a una exhibición aeronáutica local. Aquella experiencia lo traumó para el resto de su vida, porque desde que contempló a Serguéi Utochkin, a bordo de su aparato, ya no se pudo quitar a los aviones y la exploración del espacio de la cabeza.

En 1916, su madre, Maríya, volvió a casarse con Grigori Mijáilovich Balamin, un ingeniero eléctrico. Al año siguiente se trasladó con su nueva familia a Odessa.

Serguéi devoraba los libros al tiempo que la guerra irrumpió con violencia en la ciudad de Odessa. En la ciudad entraron los alemanes, los serbios, los británicos y los contrarrevolucionarios lucharon contra los bolcheviques, hasta que los soviéticos se hicieron con el control de la población en 1920.

Odessa era una localidad en la que apenas funcionaba la red eléctrica, la gente estaba hambrienta, hubo racionamiento y en las estufas de hierro de las casas se quemaban muebles.

En la escuela donde estudió Serguéi los alumnos recibían una educación en la que se combinaba la teoría con la práctica. Allí aprendió a solar y construir tejados, al mismo tiempo que, un grupo de jóvenes profesores, le enseñaron matemáticas, física y dibujo.

En Odessa había un hidroavión militar que a Serguéi le llamaba mucho la atención y solía nadar hasta el aparato para contemplarlo de cerca. El muchacho era un magnífico atleta.

Serguéi entabló amistad con algunos soldados del escuadrón de hidroaviones y consiguió que le autorizaran, varias veces, a volar como pasajero en los M-9 que realizaban misiones de reconocimiento. Su padrastro, Balamin, no quería que la afición aeronáutica entorpeciera sus estudios y aquello fue motivo de algunas discusiones familiares.

En 1924, cuando tenía 17 años, el interés de Serguéi por los aviones lo llevó a diseñar un planeador, el *K5*. La Sociedad de Aviación y Navegación Aérea de Ucrania (OAVUK) decidió prestarle ayuda para que lo construyese. Ese año, Koroliov finalizó el bachillerato y empezó a salir con una muchacha, compañera de colegio, de la que se enamoró. Se llamaba Ksenia Vincentini (*Lyalya*).

A Serguéi le hubiera gustado incorporarse a la Academia de pilotos de Moscú, pero fue rechazado. Entonces decidió estudiar en Kiev, porque la universidad había iniciado unos cursos de aviación. En ese centro se había formado Ígor Sikorski.

En Kiev permaneció durante dos años. Trabajaba para costearse la manutención y los estudios, como repartidor de periódicos, solador o arreglando tejados. En la escuela las clases las daban de 16:00 a 22:00 horas, ya que estaban pensadas para alumnos que simultaneaban el estudio con algún tipo de trabajo.

Serguéi y sus compañeros del curso de aviación, construyeron cuatro planeadores que lanzaban con catapultas. En una de las pruebas, Koroliov se estrelló con su planeador y se rompió varias costillas.

En 1926 se trasladó a Moscú para estudiar en la Escuela Técnica Superior (MTVU). Muchos de los profesores de la Escuela trabajaban en el Instituto Central de Aerohidrodinámica (TsAGI). Andréi Túpolev se había graduado en la MTVU en 1918 y entonces ya diseñaba aviones en el Instituto. Otro profesor de renombre era Nikolái Joukowsky, que en 1902 construyó un túnel de viento y en 1910 creó uno de los primeros laboratorios aeronáuticos del mundo.

En Moscú vivían su madre Maríya con su esposo Balamin y Serguéi, con sus libros, planos, regla de cálculo y tablero de dibujo, se instaló en el comedor de la casa familiar.

En mayo de 1927, a la vez que estudiaba, empezó a trabajar en la Factoría 22 que estaba situada en un suburbio de Moscú, Fili, y lo dirigía un francés: Paul Richard.

A finales de la década de los años 1920, Koroliov ya era un personaje conocido en los círculos aeronáuticos de la Unión Soviética, por sus vuelos como piloto y como diseñador de planeadores. Uno de sus aeroplanos más famosos fue el SK-3, *Krasnaia Zvezda* (*Estrella roja*) con el que un piloto veterano, Vasili Stepanchonok, realizó *tres rizos de la muerte* —una maniobra acrobática muy espectacular— en el concurso de Koktebel, Crimea, en octubre de 1930. Serguéi no pudo asistir al festival porque cuando Vasili voló en Koktebel, el diseñador estaba en Moscú, enfermo de tifus, con fiebre muy alta y complicaciones que le afectaron el oído y le obligaron a pasar por el quirófano. Del planeador SK-3 se publicaron varios artículos en la prensa, que le otorgarían a Koroliov cierta popularidad.

Serguéi también diseñó y construyó un avión ligero con dos motores, el SK-4. Este trabajo lo supervisó Andréi Túpolev y le sirvió como tesis para la obtención del grado de ingeniero aeromecánico. El SK-4 tuvo un desenlace fatal, ya que se estrelló durante una de las pruebas.

Una vez que finalizó sus estudios en la universidad, Serguéi convenció a Ksenia para que se casaran. *Lyalya* se había graduado en el Instituto Médico de Kharkov, Ucrania, donde trabajaba en el Departamento de Sanidad como ayudante del Inspector Jefe. Koroliov iba a verla siempre que podía. La boda se celebró el 6 de agosto de 1931, en Moscú.

A finales de la década de 1920. Koroliov había llegado a la conclusión de que la propulsión mediante reactores era el modo de volar más rápido y más alto. En un principio pensaba que los cohetes servirían para impulsar las aeronaves a mayor velocidad y se unió al pequeño grupo de técnicos rusos, liderado por Friedrich Zander, que trabajaba en Moscú en el desarrollo de estos aparatos.

Zander había nacido en Riga en 1887 y su padre, médico, le solía hablar desde que era pequeño de las estrellas y los planetas. Se graduó en su ciudad natal en 1914 y al finalizar la guerra, en 1919, fue a Moscú a trabajar para un fabricante de motores de aviación, pero muy pronto dejó su empleo para dedicarse a escribir artículos y libros sobre cohetes y viajes interplanetarios y a diseñar una nave espacial. En 1924 publicó un libro, *Vuelo a otros planetas*.

Zander creó el Grupo de Estudio de la Propulsión a Reacción (GIRD), en el que participaban voluntarios, al igual que en la VfR alemana. Eran entusiastas que admiraban a Tsiolkovsky y creían que había llegado el momento en el que la humanidad debía salir del planeta Tierra y viajar al espacio exterior. En 1929, el GIRD empezó a desarrollar un motor de propergol líquido, el ORD-1.

En septiembre de 1931 Koroliov se unió al GIRD y dedicaría todo su tiempo libre a trabajar en este grupo.

Serguéi convenció a Zander de que construyesen un planeador impulsado con un motor cohete en la cola. El motor cohete sería el ORD-2, una versión avanzada del ORD-1, con propelente de gasolina y oxígeno líquido; en cuanto a la configuración del planeador, tendría que ser un aeroplano sin cola.

Koroliov recurrió a la OSOAVIAKhIM —una poderosa organización de ayuda a la defensa de las Fuerzas Armadas soviéticas— para que financiara el proyecto. En noviembre, Zander firmó un acuerdo con la OSOAVIAKHIM, a título privado, para desarrollar el motor ORD-2 que propulsaría el planeador mediante el cual recibiría 1000 rublos. Koroliov contactó con Boris Cheranovski, un diseñador de veleros sin cola, para que colaborase en el proyecto con alguno de sus aparatos.

En febrero de 1932, Cheranovski hizo entrega al GIRD de un planeador sin cola con el ala trapezoidal que fue bautizado con el nombre de *Reaktivnyi Pilotnii* (Pilotado a Reacción, RP-1). El motor ORD-2 aun no funcionaba, pero los voluntarios de la organización de Zander trabajaban sin descanso con una escasez de medios a veces angustiosa. Koroliov, para darle cierta prestancia al proyecto, efectuó varios vuelos de prueba con el RP-1 en el aeródromo de la Escuela de Vuelo de Moscú.

Al igual que hizo la VfR en Alemania, Koroliov se planteó buscar el apoyo del Ejército para sacar adelante el proyecto del GIRD. Lo que desconocía era que el Ejército Rojo financiaba, desde el año 1921, el desarrollo de los trabajos de otro equipo secreto de personas en Leningrado. Se trataba del Laboratorio de Dinámica de Gases (GDL), de Nikolái Tikhomirov. Esta sociedad había diseñado algunos cohetes de pólvora sin humo en 1928 y desde entonces sus aportaciones prácticas al Ejército no fueron muchas. En el GDL trabajaba un pequeño grupo de técnicos dirigido por Valentín Glushkó, que había estudiado física y matemáticas en la Universidad de Leningrado y dejó los estudios en 1929 para llevar a cabo sus proyectos en la industria.

Glushkó había nacido en Odessa, en 1908 y estudió, al igual que Koroliov, en una escuela profesional. Desde muy joven se había interesado por el espacio: en 1923 le mandó una carta a Tsiolkovsky, por quien sentía un gran respeto. Cuando abandonó la universidad comenzó a experimentar con aplicaciones de la energía eléctrica para generar propulsión mediante la aceleración de iones, pero abandonó esta línea de investigación para centrarse en motores cohete de propergol líquido, con ácido nítrico como comburente (oxidante), en vez de oxígeno líquido criogénico, más complicado de manejar. Desde 1930 Glushkó trabajaba en el GDL de Nikolái Tikhomirov.

El 1 de febrero de 1932, Zander hizo una presentación del GIRD y sus proyectos de desarrollo de cohetes de propergol líquido a varios representantes del Ejército. Los oficiales informaron a los responsables de la OSOAVIAKhIM de la importancia que tenía para el Ejército el trabajo del GIRD.

En marzo, el mariscal Tujachevski —adjunto al presidente del Consejo Militar Revolucionario— reunió a varios representantes del Ejército Rojo y de la OSOAVIAKhIM con Zander y Koroliov, en su despacho, para tratar de los proyectos del GIRD. El mariscal recomendó a la OSOAVIAKhIM que atendiera a las necesidades económicas del Grupo y se comprometió a compensar a la organización de ayuda a la defensa en lo que fuera necesario. En realidad, la OSOAVIAKhIM ya había desembolsado en febrero de 1932 la cantidad de 13 000 rublos a favor del GIRD y se había comprometido a suministrarle otros 80 000 rublos, en cuanto pudiese.

Mijaíl Tujachevski era un militar que, en 1932, estaba al corriente de los desarrollos alemanes y estadounidenses relacionados con los cohetes de propergol líquido y tenía un gran interés en que en la URSS se investigara sobre dicho asunto; era la persona que estudiaba los informes del sistema de espionaje soviético sobre estas actividades en el extranjero. El mariscal ostentaba, entonces, la máxima responsabilidad acerca de los programas de investigación del Ejército Rojo y vigilaba de cerca los trabajos de la GDL.

Después de la reunión de marzo de 1932 en las oficinas del Consejo Militar Revolucionario y el compromiso del mariscal Tujachevski de aumentar la ayuda económica al GIRD, la organización alquiló nuevas instalaciones, contrató personal y, en abril, Zander abandonó su trabajo en el Instituto de Motores de Aviación para dedicarse por completo al desarrollo del planeador motorizado con un cohete.

Koroliov asumió el cargo de jefe del consejo técnico del GIRD, pero la OSOAVIAKhIM decidió que la imaginación, energía, entusiasmo y liderazgo de Koroliov lo hacían más apto para dirigir las investigaciones que Zander, cuyo perfil era más técnico. En julio de 1932, Koroliov reemplazó a Zander a la cabeza del GIRD por petición expresa de la OSOAVIAKhIM. El GIRD pasó a formar parte de la estructura de la OSOAVIAKhIM con la misión específica del desarrollo de cohetes. La nueva organización contaba con 73 empleados. Casi todos sentían una gran vocación por el proyecto espacial, procedían de la industria aeronáutica o la universidad y cobraban menos que la mayoría de sus colegas en otras organizaciones relacionadas con la aviación.

Al constituirse como un organismo, que dependía de la OSOAVIAKhIM, tuvo también que formarse una celda del Partido Comunista para el grupo, que dependía del comité del distrito. Koroliov no militaba en el Partido.

Los malos hábitos alimenticios de Zander y el exceso de trabajo debilitaron su salud, que nunca fue muy buena. Koroliov le había sugerido, varias veces, que se tomara unas vacaciones. El 2 de marzo de 1933 se marchó en tren a Kislovodsk para descansar una temporada. El 28 de marzo murió en el hospital de aquella ciudad, al no superar el tifus que contrajo durante el viaje de ida a sus eternas vacaciones.

Zander no pudo presenciar el gran éxito del GIRD que tendría lugar meses después de su muerte. El 17 de agosto de 1933, el cohete GIRD-09, despegó de Nakhabino, cerca de Moscú y alcanzó unos 400 metros de altura. Fue el primer cohete de propergol líquido que voló en la URSS y un gran logro para el equipo de Koroliov.

Serguéi distribuyó una nota entre su equipo:

« El primer cohete soviético con propelentes líquidos ha sido lanzado. El 17 de agosto será sin duda un día muy significativo en la vida del GIRD y desde este momento los cohetes soviéticos volarán sobre la unión de las repúblicas.

El colectivo del GIRD debe realizar todos nuestros esfuerzos para que este año se alcancen las prestaciones calculadas para los cohetes necesarios para la operación del Ejército Rojo de los obreros y campesinos.

En particular, se debe poner especial atención en la calidad del trabajo en donde, como regla general, hay muchas discrepancias, faltas, etc.

Es necesario también controlar y lanzar al aire otros tipos de cohete lo antes posible, a fin de estudiar y lograr el adecuado control de las técnicas de reacción.

Los cohetes soviéticos deben controlar el espacio».

En realidad, la nota de Koroliov no se ajustaba con toda exactitud a los hechos, porque el GIRD-09 utilizaba como propelentes gasolina solidificada y oxígeno líquido. Era por tanto un cohete híbrido. El primer cohete de propergol líquido de la URSS fue el GIRD-X que se lanzó el 25 de noviembre de 1933, en Nakhabino, y alcanzó 80 metros de altura antes de que explotase en el aire. Este cohete llevaba el motor ORD-2, diseñado por Zander y consumía alcohol etílico y oxígeno líquido.

El lanzamiento del GIRD-09 no pasó desapercibido para el Ejército Rojo ni la OSOAVIAKhIM que celebraron el éxito. Koroliov aprovechó la ocasión para promocionar la idea de que los cohetes de propelente líquido tendrían en el futuro alcances de centenares o miles de kilómetros y que para conseguir estos objetivos hacía falta una organización centralizada y dotada de un generoso presupuesto.

La idea de unir el GIRD y la GDL no era nueva. El mariscal Tujachevski la había planteado más de una vez y Zander y Koroliov se habían reunido con sus colegas de Leningrado en varias ocasiones para discutir el asunto. A las dos organizaciones les parecía que la fusión era una excelente idea, siempre que fuera la otra la que se subordinase a la suya. Koroliov llegó a proponer que las dos dependieran de Tujachevski, pero el mariscal no estaba convencido de que fuera una buena idea que, las actividades de investigación, las controlase directamente el Ejército, ya que le parecía necesario que entre los investigadores y la industria se mantuviera un estrecho contacto.

El proyecto de la configuración de la nueva entidad varió de un mes a otro hasta que el 31 de octubre de 1933, el Gobierno de la URSS publicó un decreto por el que se constituyó el Instituto de Investigación Científica de Reacción (RNII). Este Instituto dependería de la *Narkomtiazhprom*, un conglomerado civil, y absorbería tanto a la GDL como al GIRD. Su sede social se ubicó en Likhobory, un suburbio de Moscú, en el lugar donde antes residía otro instituto de investigación agrícola.

Tujachevski decidió que al RNII se deberían incorporar, al menos, 46 oficiales del Ejército Rojo. También decidió que el director del Instituto fuese Iván Kleimenov, el jefe de la GDL, porque pertenecía al Partido Comunista, le llevaba siete años a Koroliov, era militar y veterano de la Guerra Civil. Serguéi fue designado director adjunto a Kleimenov, una posición excepcional para un joven ingeniero de 27 años.

La organización del RNII de Kleimenov favoreció al personal de la GDL y a su visión del futuro de los cohetes. Mientras que Koroliov era un firme defensor de los cohetes de propelente líquido, la GDL se decantaba por los propelentes sólidos. Los militares eran proclives a esta última tesis porque estos cohetes eran más fáciles de almacenar y estaban disponibles de forma inmediata, mientras que los cohetes que empleaban oxígeno líquido criogénico, a muy baja temperatura, requerían un proceso de carga bastante largo y complicado. Koroliov trataba de hacer ver al Ejército que los cohetes de propelente sólido necesitaban una cámara de combustión muy pesada y, sobre todo, no tenían el poder calorífico necesario para suministrar el empuje exigible para lograr grandes alcances. Pero, incluso para los cohetes de propelente líquido, el equipo procedente de la GDL prefería el ácido nítrico al oxígeno líquido como comburente, por las mismas razones de almacenaje, a lo que Koroliov también se oponía debido a las limitaciones de alcance que imponía el ácido frente al oxígeno.

Glushkó había utilizado con facilidad en sus motores cohete experimentales, almacenables, el ácido nítrico en Leningrado y se mostraba favorable a este compuesto, debido a sus ventajas de tipo operativo.

Las disputas entre Koroliov y los detractores del propergol líquido y el oxígeno criogénico no se mantuvieron dentro del NII, sino que saltaron a los medios, el Ejército y otras instituciones, por lo que el ambiente de trabajo se deterioró de forma considerable en el Instituto.

Muchos de los antiguos empleados del GIRD procedían del mundo de la aviación y para ellos, los cohetes de propelente líquido eran el primer paso para el desarrollo de los futuros aviones con motores a reacción, por eso defendían estos propelentes.

La pelea más enconada fue la que tenía que ver con el oxígeno líquido. En mayo de 1934 Kleimenov despidió a Korneev después de una amarga disputa relacionada con el comburente. Korneev hizo llegar a Tujachevski y Stalin cartas en las que se quejaba de la forma en que había sido despedido y de que el NII no abordase con mayor agresividad investigaciones de motores de oxígeno líquido.

Koroliov planteó la investigación de cohetes con alas, lo que permitiría compensar la falta de empuje de los motores. Sin embargo, al mismo tiempo, en algunos de sus escritos se mostraba a favor de los cohetes balísticos. En este punto Kleimenov era ambiguo, apoyaba a Koroliov y no era partidario de suspender los proyectos de investigación sobre cohetes balísticos. Las disputas en el NII tenían un carácter muy visceral y uno de los ingenieros, Kostikov, se manifestó tan contrario a los cohetes balísticos —en su opinión no tenían ningún valor militar y constituían un dispendio que propiciaban los que soñaban con viajes interplanetarios— que exigió a Kleimenov que prohibiera los trabajos de investigación sobre los mismos. La opinión de Kostikov la compartían ilustres ingenieros y académicos y como Kleimenov no atendió su petición, envió una carta de protesta al comisario de la *Narkomtiazhprom* que firmaron también dos colaboradores suyos. Al enterarse Kleimenov los despidió y, por si acaso, después prohibió las investigaciones de cohetes balísticos.

El principal proyecto del GIRD, el aeroplano impulsado con un motor cohete fue cancelado por el director del NII en cuanto se hizo cargo del Instituto, aunque Koroliov continuó en sus ratos libres con este desarrollo. Y Kleimenov también suprimió cualquier desarrollo de aviones con motores cohete.

En febrero de 1936 Koroliov consiguió que su jefe le aprobase el proyecto de una aeronave capaz de superar los mil kilómetros por hora a tres mil metros de altitud, propulsado por un cohete. Con este aparato el NII pretendía batir récords aeronáuticos, algo que era del agrado de Stalin. El proyecto recibió el nombre de *218*.

El 19 de noviembre de 1936, Kleimenov decidió cancelar todos los programas del NII en los que se hacía uso del oxígeno líquido, con la excepción del *218*, aunque poco después este también se abandonaría. Al año siguiente, en 1937, envió una larga carta a Tujachevski en la que justificaba esta decisión porque los cohetes de oxígeno líquido no eran almacenables y este era un requisito básico para el Ejército.

De 1933, cuando se creó el NII, hasta 1938, Koroliov vivió una época confusa en la que las disputas internas del Instituto, al exteriorizarse, originaron muchos resentimientos. Kleimenov se quejó, durante el tiempo que estuvo al frente de la organización, de falta de medios, pero también es cierto que su equipo fue incapaz de diseñar una estrategia coherente para el desarrollo de cohetes en la URSS.

Tujachevski se alejó del Instituto y perdió el contacto frecuente con sus directivos; Stalin lo despidió en 1936.

Los servicios de inteligencia soviéticos proporcionaron cierta información sobre las actividades de Von Braun en Alemania y Goddard en Estados Unidos, pero estos datos no plantearon a las altas jerarquías del país ninguna inquietud y no llegaron a los expertos que trabajaban en el NII.

Para la *Narkomtiazhprom* la actividad del Instituto era irrelevante y lo relegó al Sector de Investigación Científica.

En estas condiciones, Kleimenov optó por una estrategia de supervivencia cuyo objetivo principal era, a falta de directivas claras, crearse el menor número de problemas, algo también muy difícil en sus circunstancias.

En cuanto a la vida personal de Serguéi, en 1935 Ksenia dio a luz una niña: Natasha. Koroliov bautizó así a su hija en honor a Natasha Roskov, el famoso personaje de la novela de Tolstoi *Guerra y Paz*. Al año siguiente, Serguéi, consiguió una vivienda para su familia en el número 28 de la calle Konyush Kovskaya.

La paranoia del régimen de Iósif Stalin también sacudió la vida de Serguéi Koroliov, al igual que la de decenas de millones de ciudadanos de la URSS. El 27 de junio de 1938, dos oficiales del Comisariado del Pueblo para Asuntos Internos (NKVD) y dos testigos entraron en su casa por la mañana, muy pronto, para detenerlo por *subversión.* Ni siquiera le dieron tiempo para despedirse de su hija o para que su mujer le preparase algo de ropa.

CAPÍTULO 4

V-2

A-3 y el A-5

Mientras en la URSS la iniciativa del desarrollo de cohetes de propergol líquido se diluía por falta de una estrategia bien definida en el seno del instituto soviético responsable (NII), por las discrepancias internas de los expertos y sobre todo, por la brutal represión del régimen soviético, Alemania había tomado el liderazgo del desarrollo de la máquina que volaría a la Luna.

Después del extraordinario éxito del lanzamiento de los cohetes A-2 (*Max* y *Moritz*) en la isla de Borkum, Von Braun pasó las vacaciones de Navidad de 1934 en Londres. Mientras Wernher visitaba el Museo Británico y las Casas del Parlamento, Hitler en Alemania, se preparaba para romper con el tratado de Versalles, desvelar la resurrección de la Luftwaffe que ya controlaba el ministro del Aire Hermann Göring, introducir el servicio militar obligatorio y lanzar un amplio programa de inversiones en armamento.

El 15 de enero de 1935 los capitanes Erich Schneider y Leo Zanssen y Von Braun, mostraron las películas y resultados de los lanzamientos del A-2, en el Mar del Norte, a un grupo de militares que muy pronto propuso que el siguiente paso debería ser un misil con un alcance de unos 50 kilómetros.

La extraordinaria visión de Wernher von Braun se dejó traslucir inmediatamente cuando reaccionó en contra de aquellos planes. Un cohete con esas prestaciones, a partir del A-2 podía construirse en un plazo corto de tiempo, pero eso descarrilaría el gran proyecto de construir misiles capaces de transportar una carga de pago de 1500 kilogramos a 400 kilómetros de distancia. Distraería al equipo técnico y demoraría la consecución de ese objetivo, a la vez que destruiría el efecto sorpresa, con lo que la reacción del enemigo podría acortar la ventaja tecnológica alemana, a cambio de un misil de escaso alcance y poca precisión. Von Braun se posicionó a favor de continuar con la línea de desarrollo de un misil balístico, preciso y de largo alcance, sin pasos intermedios. Sus dotes de persuasión funcionaron bien y el Ejército aceptó que el siguiente paso consistiría en desarrollar el A-3, un cohete con un guiado inercial que requeriría un motor de 1500 kgf de empuje.

El complejo de Kummersdorf debería expandirse con plataformas de ensayos, laboratorios y oficinas. A finales de 1935, Von Braun contaba con algo más de veinte colaboradores, uno de ellos era Arthur Rudolph, que muy pronto se convirtió en el hombre de confianza de Wernher para todo lo relacionado con la fabricación. Rudolph era algo mayor que Von Braun, sentía entusiasmo por los cohetes y pertenecía al Partido Nazi. El otro puntal en el que se apoyaría el joven ingeniero fue Walter Riedel, que coordinaría las actividades de diseño y pruebas.

Riedel asumió el liderazgo del diseño del motor cohete para el A-3 y en octubre de 1935 ya disponía de una versión, en acero. Sin embargo, el asunto que más preocupaba a Von Braun era el sistema automático de guiado y navegación.

Al mismo tiempo que las instalaciones de Kummersdorf se dotaban de medios materiales y un equipo de expertos para desarrollar el A-3 a lo largo de 1935, Von Braun se vio involucrado en la articulación organizativa de estas actividades.

Kummersdorf pertenecía al grupo de Armamento y Material, del Ejército, que se mostraba muy celoso de mantener las competencias del desarrollo de cohetes. Cuando se enteraron en Kummersdorf de que en la fábrica Junkers había fallecido un obrero en un accidente mientras trabajaba en un cohete, el capitán Schneider envió a Dessau a Von Braun y Zanssen, para que se enterasen del trabajo que se realizaba en aquella fábrica.

Allí se reunieron con Johannes Winkler, antiguo promotor de la VfR, y comprobaron que los cohetes que fabricaba para Junkers, aparte de utilizar otros propelentes, eran muy simples en comparación con los de Kummersdorf. De otra parte, el ministerio del Aire estaba interesado en el diseño y construcción de un avión propulsado con un motor cohete, un proyecto que en principio se desarrollaba en Junkers. Los representantes de Armamento y Material de Kummersdorf, del ministerio del Aire y Junkers, se reunieron para tratar el asunto. Junkers decidió que no tenía intención de seguir con el proyecto y este pasó a la factoría de Ernst Heinkel.

Von Braun, para evitar las discrepancias entre el ministerio del Aire y el grupo de Armamento y Material del Ejército, había propuesto en varias ocasiones la creación de un organismo que trabajara para ambos en el desarrollo de cohetes. A finales de 1935 la Luftwaffe, que pertenecía al ministerio del Aire, ofreció una aportación de cinco millones de marcos para la futura organización. El general Karl Becker se sintió molesto con la generosidad de la recién nacida Fuerza Aérea y manifestó que estaba dispuesto a que Armamento y Material dotara al centro de investigación de cohetes con seis millones de marcos.

Wernher fue a pasar las Navidades de 1935 a Oberwiesenthal, la granja de sus padres en Silesia, y les comentó los proyectos de ampliación del centro de cohetes y que necesitaba un lugar desde el que se pudieran efectuar los lanzamientos, cerca del mar y aislado. Su madre le sugirió que le echara un vistazo a Peenemünde, un sitio al que solía ir su abuelo a cazar patos, situado en el extremo noroccidental de la isla de Usedom, una isla que cierra por el norte la laguna Szczecin.

Von Braun visitó el lugar que le había recomendado su madre y enseguida se entusiasmó con las arenas de las playas y los bosques del antiguo cazadero de patos del abuelo, que distaban una docena de kilómetros de las tierras de los von Quistorp, en Krenzo y Bauer.

Wernher convenció al Ejército y la Luftwaffe de la idoneidad del emplazamiento y enseguida se iniciaron los planes para construir un campo de vuelo en la parte occidental y un centro de desarrollo de cohetes en la costa oriental de Peenemünde.

Con las autorizaciones pertinentes para la creación del nuevo centro de cohetes, tanto del Ejército como del ministerio del Aire, el general Becker asignó a Walter Dornberger, que ya había ascendido a comandante, la jefatura del desarrollo de cohetes en Armamento y Material. Otra vez Dornberger volvía a convertirse en el jefe de Wernher von Braun. Su relación duraría muchos años.

Dornberger sabía qué prestaciones deseaba del nuevo cohete del Ejército: el doble de las del Cañón de París, la mayor pieza de artillería que se había construido hasta entonces. El cañón disparaba obuses con 23 libras de carga explosiva a 80 millas de distancia.

Wernher hizo los cálculos del cohete más grande que se podía construir, con una configuración similar a la del A-3, capaz de ser transportado en ferrocarril sin tener que desmontarlo. Estimó que sería capaz de acarrear una tonelada de carga de pago a 275 kilómetros de distancia. El motor de ese cohete necesitaría un empuje de 25 toneladas. Las cifras de Von Braun satisfacían plenamente los requisitos del comandante Dornberger y del general Becker, que pretendían construir un sucedáneo artillero que dejara obsoleto al famoso Cañón de París. Este invento sería un cohete: el A-4.

En mayo de 1936, Von Braun fue llamado al servicio militar obligatorio. Pasó tres meses en una escuela de vuelo de la Luftwaffe en Frankfurt am Oder, al este de Berlín. Allí obtuvo una licencia de piloto y fue destinado a la reserva para que pudiera reintegrarse a su trabajo en Kummersdorf, ya que se consideraba de alto interés militar.

En la primavera de 1936 el diseño del A-3 se había completado; quedaban asuntos pendientes de gran importancia, todavía, como las pruebas aerodinámicas a velocidad supersónica, ensayos con los planos de control situados a la salida de los gases en la tobera y el sistema de guiado. Para abordar asuntos tan complejos, Dornberger y Von Braun dedicaron mucho tiempo a seleccionar y contratar un equipo de técnicos muy cualificado.

El doctor Walter Thiel, que trabajaba en la sección de investigación de Armamento y Material, se incorporó para rediseñar la cámara de combustión de los motores cohete. Rudolf Hermann, profesor del Instituto de Tecnología de Aachen pasó a formar parte del equipo de Von Braun para hacerse cargo de los ensayos en los túneles de viento que se construirían en Peenemünde, aunque no se incorporaría hasta la primavera de 1937. También se unieron a su equipo antiguos colegas de la VfR: Klaus Riedel, Hans Hueter, Helmuth Zolke y Kurt Heinisch, entre otros.

En primavera de 1937 unas 80 personas trabajaban en el equipo de Von Braun y algunos empezaron a trasladarse a

Peenemünde. Wernher se movió a las nuevas instalaciones en mayo de 1937. Allí se alojó en la ciudad de Zinnowitz, en la costa del este de la isla Usedom a unos 10 kilómetros al sur de Peenemünde.

Hacia el este de Zinnowith había más poblaciones veraniegas, algunas de renombre, a las que puso de moda la burguesía en el siglo XIX y frecuentó el emperador Guillermo II. Al oeste de Zinnowith quedaban pocos poblados en la costa, y en el otro lado de la isla, al norte, se encontraba la pequeña villa pesquera en la desembocadura del río Penne, que daba nombre a la región, Peenemünde. El pintoresco pueblo de pescadores se diluyó en la invasión que acarrearía la presencia de las instalaciones militares.

El campo de vuelo de la Luftwaffe se ubicó en Peenemünde-Oeste y el centro del Ejército en Peenemünde-Este.

En verano, el lugar estaba animado con la presencia del nutrido grupo de berlineses que pasaban las vacaciones en las playas del Báltico. Había muchos hoteles, restaurantes, bandas de música y diversión para todos. No faltaban mujeres con ganas de pasarlo bien y Wernher siempre solía andar en compañía de alguna chica. Tenía un éxito excepcional con las mujeres. Los romances con sus secretarias se encadenarían uno tras otro y circulaban rumores en el centro de que jamás navegaba solo.

En invierno las playas quedaban desiertas, los hoteles y restaurantes cerraban y el bullicio desaparecía de las calles.

A Von Braun le gustaba navegar y en Peenemünde tuvo muchas facilidades para practicar la vela, incluso fuera de la temporada veraniega se podía hacer en la laguna Szczecin, que se extiende al sur de la isla Usedom. Tenía un pequeño barco en el puerto con el que tardaba muy poco en llegar al embarcadero de su tío *Allack,* Alexander von Quistorp, banquero, hermano de su madre, que mantenía la propiedad de la familia en Bauer donde se levantaba una magnífica mansión junto a la laguna Szczecin. Wernher mantuvo siempre estrechos contactos con la familia de tío *Allack* que pasaba en Bauer un mes en verano, las vacaciones de Pascua y todo el tiempo que pudiese. No muy lejos, tierra adentro, se encontraba la ciudad de Krenzo y la vasta propiedad de tío Hans von Quistorp, donde Wernher, sus hermanos y su madre habían vivido una larga temporada durante la I Guerra Mundial.

Von Braun se encontraba bien en Zinnowith y allí permaneció durante un par de años, incluso después de que se habilitaran las viviendas para los trabajadores del centro militar.

Las construcciones se hicieron sin escatimar en medios, con carácter definitivo; eran incluso lujosas. La primera plataforma de lanzamiento, que se ubicó al norte y alejada de las instalaciones del centro, se construyó para resistir cohetes con motores que suministraran un empuje de hasta 100 toneladas, cuatro veces superior al que se había previsto para el A-4.

El secreto con el que se llevaron todas las cuestiones relacionadas con las actividades en Peenemünde era de primordial importancia para el general Karl Becker, que deseaba mantener una clara ventaja con respecto a otros países, en el desarrollo de misiles balísticos.

El primer año de la estancia de Von Braun en Peenemünde, de 1937 a 1938, Dornberger y él tuvieron frecuentes enfrentamientos con el jefe del centro: el general Schneider (otra persona distinta al capitán Eric Schneider que había sido jefe de Wernher en Kummersdorf). Von Braun tenía el cargo de director técnico, lo cual lo convertía, de hecho, en la persona que dirigía todos los trabajos en Peenemünde Este, aunque estaba sometido a la autoridad militar de Dornberger y el general que ostentaba la jefatura máxima en el centro. Las desavenencias con Schneider tenían que ver con el estilo de mando del general, poco habituado a la forma de gestionar los pedidos, las urgencias y la informalidad con que actuaban Wernher y su comandante en muchas ocasiones. El general estaba acostumbrado a seguir al pie de la letra los procedimientos burocráticos establecidos en el Ejército. Los problemas llegaron al despacho del general Becker y Von Braun incluso temió que lo despidieran. Sin embargo, Becker optó por reemplazar a Schneider en vez de al joven ingeniero.

Al margen de este incidente, en Peenemünde Von Braun siempre se llevó bien con el estamento militar, dada su formación elitista y prusiana, y su juventud que aceptaba sin grandes dificultades la autoridad de una persona mayor, siempre que no interfiriese en asuntos técnicos de su competencia.

En noviembre de 1937, Von Braun solicitó ingresar en el Partido Nazi y fue admitido con el número de afiliación 5738692. Es posible que, dada su posición, fuera presionado para incorporarse al partido, aunque no existe ninguna evidencia al respecto. También se puede entender que, durante estos años, los éxitos del régimen de Hitler tuvieron que verse en el ambiente militar con simpatía y Wernher vivía inmerso en aquel entorno. Von Braun apreciaba las extraordinarias inversiones que el gobierno de Hitler había comprometido para construir lo que era el sueño de su vida, un cohete capaz de viajar al espacio exterior, aunque en realidad supiera que sus mecenas querían una pieza dos veces más potente que el Cañón de París.

En 1937, Dornberger y Von Braun viajaron a la capital francesa para atender a una convención internacional y allí coincidieron en una recepción en la embajada alemana con el hermano de Wernher. Sigismund, que había ingresado en el cuerpo diplomático y estaba destacado en París, les confesó en la embajada, en público, que la falta de escrúpulos de la política exterior alemana llevaría al mundo a una nueva guerra. A Wernher y Dornberger aquellas declaraciones les produjeron escándalo y a Sigismund le ayudarían a que sus jefes le cambiaran el destino de París por otro en Adís Abeba, Etiopía.

Aunque en mayo de 1937 Von Braun se trasladó a Zinnowith, Walter Thiel, el jefe del grupo de propulsión que trabajaba en los motores de los cohetes y su equipo, permanecieron en Kummersdorf, entre otros motivos para atender mejor los programas de la Luftwaffe. Wernher viajaba frecuentemente a Berlín para asistir a las pruebas de aviones con motores cohete en el aeródromo de Neuhardenberg, que estaba situado al este de Berlín, y a Kummersdorf.

A partir de 1937 la colaboración entre la Luftwaffe y el Ejército se enfrió debido a que el ministerio del Aire tenía intención de contar con medios propios para efectuar los experimentos de motorización de sus aeronaves. A pesar de la oposición de Von Braun, la Luftwaffe había contratado a un experto austriaco en aerodinámica, el doctor Eugen Sänger, que se puso al frente de en un nuevo centro de investigación aeronáutica en Brunswick.

Las pruebas con motores cohete desarrollados por el equipo de Kummersdorf de Von Braun para el avión experimental He-112, no dejaron satisfecha a la Luftwaffe que se inclinaría a favor de la tecnología de otro inventor, Hellmuth Walter, cuyos motores utilizaban como comburente peróxido de hidrógeno. Aunque este propelente tenía menor densidad energética que el oxígeno líquido, se podía almacenar con mayor facilidad.

Si bien Von Braun consideraba a Sänger un competidor, a Walter no lo veía así y, de hecho, estableció una estrecha colaboración con él para el desarrollo de las bombas de combustible del A-4.

Otra razón por la que se debilitarían las relaciones entre el Ejército y el ministerio del Aire fue la ausencia de uno de los personajes clave en el establecimiento del acuerdo inicial: el comandante Wolfram Freiherr von Richthofen —sobrino del legendario *Barón Rojo*, as de la I Guerra Mundial— que, a principios de 1937, se trasladó a España, destinado a la Legión Cóndor.

El 1 de septiembre de 1937, Dornberger dio la orden de que se efectuara el lanzamiento del A-3 en una pequeña isla del mar Báltico, Greifswalder Oie. La isla se encuentra a unos 10 kilómetros del extremo norte de Peenemünde, en dirección noreste. Al sur había un pequeño puerto pesquero con una posada y barracones para los trabajadores que mantenían el faro de la isla, situado al norte. El lugar era idóneo para que los lanzamientos se hicieran en secreto, pero el acceso y la logística planteaban muchas dificultades.

El A-3 era un cohete que medía 6,75 metros y lo propulsaba un motor cohete de 1500 kgf de empuje, alimentado por etanol y oxígeno líquido con una gran cámara de combustión diseñada por Riedel. El sistema de navegación y control contaba con una plataforma estabilizada mediante tres giróscopos y acelerómetros.

En noviembre de 1937, Dornberger y Von Braun se encontraban en la isla, azotada por temporales y lluvia que entorpecían los preparativos finales para el lanzamiento del A-3.

Cuando clareaba un poco salían a cazar conejos y faisanes, que eran los verdaderos dueños de aquel inhóspito lugar.

Tras una serie de demoras por mal tiempo, el 4 de diciembre, a las 10:03 horas, el primer A-3 despegó de la improvisada rampa de lanzamiento en Greifswalder Oie. El cohete ascendió bien durante unos tres segundos hasta que el paracaídas se desplegó y arrastrado por el aparato se incendió, a la vez que lo desviaba y pasados los seis segundos del despegue, el motor se paró. El cohete se estrelló en tierra, a unos 300 metros del lugar del lanzamiento, acompañado de una poderosa explosión que lo deshizo en pequeños trozos.

El segundo cohete se lanzó el 6 de diciembre a las 13:37 horas y ocurrió algo muy parecido. Se desplegó el paracaídas, el motor se cortó de forma anticipada y esta vez cayó al mar donde explotó.

Dos días después, el 8 de diciembre, en el tercer cohete que se lanzó se sustituyó el paracaídas por una bengala. A las 12:15 horas el cohete despegó, pero en vez de iniciar una trayectoria de ascenso vertical, se desplazó hacia un lado debido al fuerte viento. Al cabo de cuatro segundos se iluminó la bengala y a unos 300 metros de altura se cortó el motor. El cohete se estrelló a 2 kilómetros de la costa.

Aún quedaba un cuarto cohete A-3, que también corrió la misma suerte que los tres primeros.

Para Von Braun las vacaciones de Navidad de 1937 serían muy cortas.

Durante las primeras semanas de enero de 1938 el equipo de Wernher trabajó frenéticamente para encontrar una explicación que justificase lo que había ocurrido con el A-3. En principio sospecharon que la electricidad estática producida por iones generados por los gases de escape podía ser la responsable del malfuncionamiento del mecanismo de disparo del paracaídas. Sin embargo, Von Braun no estaba de acuerdo con esta teoría y las pruebas que pudieron hacer le daban la razón. Fue Wernher quien llegó a la conclusión de que si el cohete giraba sobre sí mismo, con una velocidad superior a seis grados por segundo, los giróscopos llegaban a un tope y el mecanismo de estabilización fallaba. En realidad la plataforma giraba por completo, como si el cohete se pusiera boca abajo. En estas condiciones se generaba la señal de disparo del paracaídas porque al final del ascenso, el cohete debía inclinar el morro y caer. En el laboratorio se pudo validar la hipótesis de Von Braun.

Además del problema detectado por Wernher en el sistema de estabilización, también constataron durante los lanzamientos que, con vientos fuertes, el sistema de control no era capaz de estabilizar el cohete que se desplazaba lateralmente y que la pintura lisa del cuerpo no permitía detectar el giro, por lo que convendría, en lo sucesivo, pintar marcas claras en el cuerpo cilíndrico del cohete.

En enero de 1938, Von Braun y Dornberger decidieron iniciar el desarrollo de un nuevo cohete, el A-5. El A-4 ya estaba en marcha y no quisieron cambiarle el nombre. El A-5 mantendría el motor cohete del A-3 pero el cuerpo, las aletas y el sistema de guiado y control serían diferentes.

La empresa de giróscopos de Berlín, Kreiselgeräte, que pertenecía, en secreto, a la Marina, había desarrollado la plataforma estabilizadora. Von Braun y su equipo mantuvieron reuniones con sus expertos para analizar lo que había ocurrido y buscar soluciones, pero al mismo tiempo encargaron a Siemens que diseñara un sistema nuevo. También solicitaron a los fabricantes que incluyeran en su diseño la capacidad de que el cohete pudiera efectuar un cabeceo (inclinación) de unos 45 grados, algo necesario para que ejecutara una trayectoria balística y que no se había incluido en los requisitos iniciales del A-3.

El fracaso del A-3 implicaba que el A-4 se retrasaría más de lo que Von Braun y Dornberger hubiesen querido. El problema se agravó porque tanto Kreiselgeräte como Siemens estaban saturados de trabajo para la Marina y la Luftwaffe, respectivamente, debido al impulso en la adquisición de armamento propiciada por Hitler, en vísperas de la II Guerra Mundial.

Para Von Braun, los sistemas de navegación y control del cohete se convirtieron en un asunto prioritario y decidió formar un grupo dentro de su equipo que entendiera aquella disciplina. En

1937, había contratado a un matemático, Paul Schröder, para abordar estas cuestiones, pero con él tuvo muchos problemas de carácter personal porque a Wernher le parecía demasiado pesimista. En 1939 sustituyó a Schröder por Hermann Steuding que procedía del Instituto Darmstadt de Tecnología; también decidió montar un laboratorio de control y guiado, al frente del cual se incorporó un colega de Steuding, Ernst Steinhoff, que había trabajado en el mismo instituto. Dornberger asignó un millón de marcos para el nuevo laboratorio.

Como la fabricación de los sistemas de guiado y control se retrasó mucho, Dornberger decidió que se lanzaran los primeros cohetes A-5 en octubre de 1938, sin esos sistemas. Con los lanzamientos, al menos se probarían las características aerodinámicas del nuevo cohete, sobre todo, a gran velocidad, ya que, entonces, no existían túneles de viento en donde se pudieran realizar pruebas con modelos a velocidades supersónicas. El A-5 tenía las aletas más abiertas, lo que mejoraba sus prestaciones a esas velocidades y en las pruebas su comportamiento fue bueno. Alcanzó una altura de unos 12 000 metros, lo que se ajustaba a las expectativas de Von Braun.

Los lanzamientos de los A-5 se hicieron desde la isla de Greifswalder Oie, pero esta vez Von Braun consiguió que se construyeran en la isla unas instalaciones con carácter definitivo para mitigar los problemas logísticos.

El 23 de marzo de 1939, Von Braun cumplió 27 años y ese día tuvo la oportunidad de conocer a Hitler en Kummersdorf.

Dornberger sabía que necesitaba mucho dinero para construir el misil balístico A-4 y en aquel momento se encontraba en una buena posición porque el general Karl Becker había sido ascendido a la jefatura de Armamento y Material, que a su vez dependía del general jefe del Ejército, Walther von Brauchitsch. Conseguir el apoyo explícito del *führer*, para el programa de misiles balísticos, era la forma más segura de garantizar el suministro de fondos para el proyecto. Brauchitsch era un hombre acomodaticio y quien dirigía el flujo de las inversiones en armamento era el propio Hitler. Dornberger se las ingenió para organizar una visita del *führer* a su centro de desarrollo de motores cohete.

En Kummersdorf, Hitler contempló misiles completos y el funcionamiento de varios motores cohete en el banco de pruebas, después de recibir una presentación detallada del programa A-4. No mostró un gran entusiasmo por los cohetes y, según Von Braun, tampoco se enteró muy bien de sus explicaciones porque tuvo que repetirlas con mucha delicadeza. El efecto práctico de la visita del *führer* fue que el proyecto de las A-4 permaneció tal y como se encontraba, es decir, ninguno. Antes de que el mandamás apareciera en Kummersdorf, Dornberger aleccionó a Von Braun para que no se le ocurriera mencionar que el A-4 también serviría para iniciar la exploración espacial, porque a Hitler aquel asunto lo ponía muy nervioso y ya había protagonizado alguna desagradable escena con el desaparecido Max Valier.

Dos años después del lanzamiento del A-3, el 31 de octubre de 1939 se lanzó el primer A-5 con el nuevo sistema de control y guiado a bordo. Von Braun cortó manualmente, vía radio, el encendido del motor al cabo de 22 segundos de funcionamiento y el cohete descendió con su paracaídas, aunque en el choque contra el suelo se rompió y el combustible, que aún quedaba sin quemar, produjo un incendio. El vuelo fue un éxito y en uno de los lanzamientos que siguieron, el 13 de diciembre también comprobaron que el mecanismo que hacía que el cohete se inclinara para iniciar una trayectoria balística de gran alcance, funcionaba correctamente.

A finales de noviembre de 1939, los problemas técnicos del A-5, que no era más que un prototipo a pequeña escala del futuro misil A-4, parecían haber entrado en una vía de solución, lo que abría la puerta a la construcción del gran misil balístico. Pero también por esas fechas se cernió un nubarrón sobre el proyecto de Dornberger y Von Braun. Hitler no estaba muy convencido de la urgencia, incluso de la necesidad de llevar adelante aquel programa y, en cualquier caso, no era una de sus prioridades, justo cuando la campaña de la guerra en el frente Oeste requería municiones con urgencia. El *führer* redujo la asignación de cuotas de acero en el momento en que Dornberger había iniciado la construcción de una fábrica de misiles V-2 en Peenemünde.

La reunión que tuvo Hitler con Becker el 20 de noviembre no cambió su opinión, así como tampoco lo hizo el informe que le envió Dornberger sobre el peligro de que el enemigo adquiriese una ventaja importante en el desarrollo de misiles balísticos.

A principios de enero de 1940, la situación en Peenemünde se agravó cuando el Ejército empezó a considerar que aquellas instalaciones perdieran el distintivo de *importante para la guerra*. Una decisión de este tipo acarrearía insuficiencia de mano de obra, la cancelación de los contratos con la universidad y escasez en el suministro de materiales, hasta el punto de hacer inviable el proyecto.

Siberia

El arresto de Serguéi Koroliov en junio de 1938 no fue más que una de las muchas consecuencias del régimen de terror instalado en la URSS por Iósif Stalin durante aquellos años. El conflicto que llevó a la cárcel a Koroliov se había iniciado el año anterior con la detención del mariscal Tujachevski y Robert Eideman, líder del OSOAVIAKhIM, acusados de *conspiración trotskista antisoviética*. Diecisiete días después de su detención fueron fusilados. A partir de ese momento quienes pertenecieron al GDL y el GIRD, organizaciones que ambos habían controlado y a partir de las cuales se creó el NII, se convirtieron en sospechosos para el NKVD.

Tujachevski había designado a Kleimenov responsable del NII y este último despidió a Leonid Korneev por su insistencia en el uso de oxígeno líquido. Tras la muerte de Tujachevski, Korneev volvió a escribir a Iósif Stalin para acusar a su antiguo y odiado jefe, Kleimenov, de bastardo y saboteador. Kleimenov respondió la misiva de Korneev con otra, que mandó al NKVD; acusándolo a él también de saboteador, junto con otros, porque pretendía demorar la fabricación de misiles de propergol sólido, a favor de los de propergol líquido. La acusación de Korneev tuvo efecto porque después de la investigación que hizo el Partido Comunista, Kleimenov fue relegado a un puesto técnico sin responsabilidades. Entonces, otro agraviado en el NII por Kleimenov y feroz enemigo de los viajes espaciales, Andréi Kustikov, que pertenecía al Partido

Comunista y tenía una gran ascendencia en los círculos políticos oficiales, también acusó a Kleimenov que fue detenido y tras confesar bajo tortura fue juzgado y fusilado el 10 de enero de 1938. Al día siguiente, Langemak, otro estrecho colaborador de Kleimenov en el NII, corrió la misma suerte.

Las confesiones de Kleimenov en la sala de torturas implicaron a Koroliov, Glushkó, Yuri Pobedonostsev y Leonid Shvarts. El 23 de marzo de 1938 Valentín Glushkó fue detenido, acusado entre otros exóticos motivos de no haber vigilado con diligencia a Kleimenov y Langemak.

Lo que en un momento había sido una discusión técnica —aunque demasiado amarga— en el NII, sobre las ventajas y los inconvenientes del uso de propergoles líquidos o sólidos o del tipo de oxidante en los cohetes, se convirtió en un insidioso argumentario para acusar de sabotaje o subversión a cualquier técnico.

Tras la detención de Koroliov, cuatro detractores suyos del NII ratificaron en un documento de 38 páginas que el ingeniero había saboteado el trabajo en el Instituto. Este escrito, las acusaciones de Kleimenov, Langemak y Glushkó, obtenidas por métodos contundentes, y las autoinculpaciones del propio Koroliov —que reconoció, después de que le rompieran la mandíbula, pertenecer a una organización anti soviética— sirvieron para que el NKVD lo alistara en una relación de personas que iban a fusilar lo antes posible. Por razones desconocidas, Koroliov fue rescatado de aquella lista a última hora y enviado a un juicio del que, en pocos minutos, salió con una condena de diez años de encarcelamiento.

Serguéi abandonó Moscú con el temor de que su hija Natasha y su esposa Ksenia, corrieran la misma suerte que la familia de Tujachevski que fue asesinada por la NKVD.

Desde que ingresó en la cárcel de Novocherkassk, en el sur de Rusia, cerca de la costa del Mar Negro, Koroliov trató que las autoridades revisaran su caso. Escribió una carta a Nikolái Ezhov, jefe del NKVD, en la que le explicaba cómo su confesión la había hecho bajo los efectos de la tortura y pedía que se reconsiderase su situación. También, a través de su madre Maríya, contactó con Mijaíl Grómov y Valentina Grizodúbova, aviadores famosos, para que intercedieran por él. Ambos lo hicieron. Es posible que sus gestiones sirvieran de algo o que el cambio de jefe en la NKVD — ya que a finales de 1938, Ezhov fue dimitido para terminar sus días fusilado y Lavrenti Beria se hizo cargo de la organización— motivaran que en junio de 1939 la Corte Suprema decidiese llamar a Moscú a Koroliov para volver a juzgarlo.

Serguéi, en junio, viajaba a su nuevo destino carcelario en las minas de oro de Siberia en Kolyma y no pudo enterarse de lo que había ocurrido en Moscú. Tras un penoso viaje a través del mar de Okhotsk, llegó al puerto de Nagaevo en Magadan y de allí lo enviaron al campo de concentración de Maldiak.

En la zona había unos 70 000 prisioneros, entre presos comunes y políticos. Las condiciones de vida eran infrahumanas. Los condenados morían de escorbuto, desnutrición, excesivo trabajo o los mataban sus carceleros. Casi una tercera parte de los penados fallecía cada año. Serguéi llegó a perder catorce dientes, pero aún le quedaron fuerzas para escribir al Procurador Supremo una carta en la que reivindicaba su inocencia y disposición para trabajar para el país construyendo cohetes.

A finales de año recibió la orden de regresar a Moscú, emitida por la Corte Suprema, para volver a ser juzgado. Caminó unos 600 kilómetros hasta llegar a Magadan donde no alcanzó a tomar el barco que cruzaba el mar de Okhotsk. Tuvo que esperar al siguiente, lo que quizá le salvó la vida, porque el primero se hundió y en el naufragio perecieron unas setecientas personas.

En febrero de 1940, Koroliov llegó a Moscú, aunque su nuevo juicio no se celebró hasta el mes de mayo. La sentencia volvió a inculparlo y lo condenó a ocho años de cárcel, aunque ya llevaba casi dos a cuenta. Esta vez tuvo más suerte porque la NKVD contaba con una red de penales, las *sharashka,* en cuyos establecimientos se ofrecía trabajo a técnicos distinguidos. En una de ellas se hallaba el famoso diseñador de aviones, Túpolev, también preso del NKVD, que había elaborado una lista con nombres de personas encarceladas, de valía en el campo de la aeronáutica. Koroliov formaba parte de la relación de Túpolev y fue destinado a su grupo, en Moscú. Allí duró muy poco tiempo, porque con el inicio de la II Guerra Mundial la mayoría las personas que formaban el equipo de Túpolev fue liberada. A Koroliov lo volvieron a trasladar a otras *sharashkas*, primero a Omsk y después a Kazán, donde coincidió con Glushkó que además era el jefe de su grupo.

Serguéi logró superar la profunda depresión que arrastraba desde su internamiento en Siberia, aunque no el mal humor porque creía que nunca saldría de las prisiones y su vida estaba condenada a terminar frente a un pelotón de fusilamiento.

Las relaciones entre Glushkó y Koroliov, que nunca fueron muy buenas, durante su estancia en Kazán no dieron lugar a que surgiera ningún conflicto entre los dos, que compartían una misma celda, separados por un camastro. Ambos recibieron el encargo de construir cohetes de propelente líquido para impulsar aviones de hélice, una tecnología que, tras las investigaciones de Glushkó y Koroliov, terminó por abandonarse por completo después de la guerra.

En agosto de 1944 todos los técnicos de la oficina de diseño de Kazán fueron puestos en libertad. Glushkó siguió al frente del equipo y Serguéi fue nombrado su adjunto. La esposa de Glushkó se trasladó a Kazán, mientras que Koroliov continuó al menos un año, separado de su familia, en aquella ciudad.

En noviembre, Serguéi viajó a Moscú para ver a Ksenia y su hija Natasha, pero el encuentro entre la pareja fue distante y frío; es muy probable que entonces Serguéi tuviera relaciones con una mujer, cuñada de Glushkó, que se llamaba Ivanovna. A finales de 1944, cuando regresó a Kazán, Koroliov se enfrentaría a una nueva vida.

Al año siguiente, en 1945, Serguéi sería destinado a Alemania donde pudo contemplar, con ojos incrédulos, el resultado del trabajo que el equipo de Von Braun había sido capaz de llevar a cabo a lo largo de los años que él estuvo en la cárcel.

Centenares de miles

A finales de 1939, Von Braun y Dornberger temían que todo el programa del A-4 se viniese abajo. Hitler tenía otras prioridades. La situación empeoró el 8 de abril de 1940 cuando el general Karl Becker, que había patrocinado el desarrollo del proyecto, se suicidó al no soportar las críticas del *führer* por las deficiencias en la producción de armamento. Hitler había nombrado el 17 de marzo al doctor Fritz Todt ministro de Armamento y Municiones.

En cuanto se enteraron de que Becker se había disparado un tiro en la cabeza, Von Braun y Dornberger, corrieron a Berlín para entrevistarse con Todt. El ministro se comprometió a mantener el programa del A-4, pero no les garantizó que dispondrían de todo el personal que necesitaban. También tuvieron una reunión con el general Emil Leeb, el sustituto de Becker, que resultó ser un vehemente defensor de los misiles balísticos. Otro apoyo con que contaban era el de Albert Speer, que había sido designado para supervisar la construcción del centro. El arquitecto tenía entonces 34 años y sus relaciones con Von Braun y su equipo de ingenieros jóvenes fueron siempre muy buenas.

A pesar de las expresiones de apoyo al programa de misiles balísticos, por parte de las autoridades, la realidad fue que, durante todo el año 1940, la escasez de mano de obra y la sombra de una posible quiebra del proyecto retrasaron la construcción de la fábrica de misiles en Peenemünde. Sin embargo, el desarrollo del A-4, que era la ocupación principal de Von Braun, apenas se vio afectado.

En aquellos momentos de crisis para el proyecto —según el propio Wernher von Braun— el coronel Mueller de las SS, fue a verlo para transmitirle que era un enviado de Himmler con la instrucción de urgirle a que ingresara en las SS. Wernher consultó con Dornberger, que se mostró partidario de que solicitara el ingreso, y tras dos cartas que le envió Mueller, se vio obligado a pedir su incorporación a la organización paramilitar del Partido Nazi. Era la segunda vez que lo hacía ya que durante el tiempo que acudió a la escuela de equitación en Berlín (1933-34), también había sido miembro de las SS.

En mayo de 1940 las tropas de Hitler dieron un vuelco a la guerra, al invadir Francia y amenazar Inglaterra. En junio, Dornberger y el general Emil Leeb pensaron que era el momento adecuado para pedirle a Hitler que levantara las restricciones que afectaban a la obra de construcción del centro de misiles balísticos de Peenemünde, pero el general von Brauchitsch no vio ningún motivo por el que el dictador podría haber cambiado de opinión.

En noviembre, cuando la aviación alemana se encontró con serias dificultades al atacar los cielos británicos, Hitler decidió mejorar la prioridad de la construcción del centro de producción de Peenemünde cuyo retraso ya era importante. La lentitud del desarrollo del proyecto se debía sobre todo a la intrínseca complejidad del A-4.

A pesar de que Wernher disponía de miles de ingenieros, quizá la única persona que tenía en su cabeza el diseño y el funcionamiento de la totalidad del A-4 era Von Braun. El cohete era de unas dimensiones gigantescas para su época. Medía 14 metros de altura, las aletas de la cola se asentaban en un círculo de 3,5 metros de diámetro, pesaba 13 toneladas y su motor generaba un empuje de 25 toneladas. El cohete balístico estaba diseñado para alcanzar 270 kilómetros y podía elevarse a más de 80 kilómetros de altura. Tenía capacidad para transportar una tonelada de carga explosiva.

El perfil de vuelo en una misión, para bombardear un objetivo a gran distancia, consistía en un ascenso vertical durante unos 4 segundos, con una aceleración de 1 g, seguido de una lenta inclinación —durante la cual a los 25 segundos sobrepasaba la velocidad del sonido— que se detenía cuando llegaba a 47 grados, a los 43 segundos de vuelo; a partir de este momento, en función de la distancia que se pretendía alcanzar, se cortaba el motor cuando el cohete adquiría una determinada velocidad. Durante el vuelo inclinado y con el motor encendido, el cohete seguía aumentando la velocidad con una aceleración cada vez mayor, conforme consumía los propelentes, hasta unos 6 g. La velocidad del cohete, cuando se apagaba el motor, determinaba el alcance; el cálculo de la velocidad se realizaba mediante acelerómetros a bordo (capaces de estimarla con un error de un 0,1 %) o también midiendo el efecto Doppler, en la estación de lanzamiento, de la señal de radio de un transmisor a bordo del misil. El tiempo de duración del motor encendido se solía aproximar a un minuto y la altura a la que se producía el corte del encendido era del orden de 22,5 a 26 kilómetros. El cohete seguía una trayectoria balística y continuaba ascendiendo hasta un máximo de unos 80 kilómetros para después caer sobre su objetivo en el que impactaba a una velocidad de alrededor de 800 metros por segundo.

Para desarrollar aquél fantástico cohete, el gran arquitecto, Von Braun, había dividido el trabajo en equipos cuyos principales líderes eran, Walter Riedel, Walter Thiel, Rudolf Hermann y Ernst Steinhoff.

La oficina de diseño de Walter Riedel había confeccionado dibujos completos del cuerpo del cohete, depósitos, cámara de combustión, y del complejo entramado de tubos y cables eléctricos.

El motor se había diseñado y probado en Kummersdorf por el equipo de Walter Thiel. Consumía 58 kg de alcohol (con un 25% de agua) y 72 kg de oxígeno líquido, cada segundo, para suministrar unas 25 toneladas de empuje. La cámara de combustión era más corta que las de los modelos anteriores y los propelentes se introducían atomizados a través de 1224 inyectores para el alcohol y 2160 para el oxígeno líquido. La cámara de combustión se refrigeraba con el alcohol que circulaba por unas camisas antes de quemarse, también se inyectaba un exceso de alcohol en la superficie de la cámara para que allí la combustión se produjera a una temperatura más baja. Los propelentes se inyectaban a presión en la cámara de combustión mediante una turbo bomba accionada por gas. Este gas se generaba en otra cámara de combustión en la que se mezclaba peróxido de oxígeno (H_2O_2) con permanganato de sodio ($NaMnO_4$).

Rudolf Hermann había demostrado que el diseño del cuerpo del cohete de Kurzwerg funcionaba bien a velocidades subsónicas y hasta el límite supersónico que su túnel aerodinámico era capaz de reproducir.

Ernst Steinhoff había analizado el comportamiento del sistema de guiado y control en el laboratorio y lo perfeccionó con la información que obtuvo en los lanzamientos del A-5. El A-4 contaba con planos de control en la salida de gases de la tobera y timones aerodinámicos en las aletas. Dos giróscopos, que giraban a 30 000 revoluciones por minuto controlaban la actitud del misil y con la ayuda de un acelerómetro se calculaba la velocidad. También incorporaría, más adelante, un sistema de guiado por radio.

A finales de octubre de 1940 se ensambló la primera unidad del A-4 en la plataforma Test V. Las pruebas de los subsistemas, conductos y cableado demostraron que el cohete tenía una capacidad casi infinita para crear problemas insospechados.

En la primavera de 1941 el Ejército otorgó la máxima prioridad al desarrollo del A-4, aunque mantuvo ciertas limitaciones en la construcción de la fábrica de misiles. Con todo el apoyo que podía otorgarle el Ejército, Wernher y su equipo aceleraron los trabajos, aunque el efecto de las restricciones afectaba en mayor medida a las actividades que requerían mano de obra menos cualificada, muy pocas en el ámbito de actuación de Von Braun.

El Ejército pretendía fabricar los A-4 de forma masiva, por lo que consideraba que la construcción de la fábrica de cohetes no debía demorarse. El temor del Ejército con respecto a posibles restricciones adicionales se acrecentó cuando Hitler lanzó un ataque masivo a la URSS el 22 de junio. El ministro de Armamento, Todt, parecía que estaba dispuesto a detener la construcción de la fábrica de misiles A-4, ya que el cohete ni siquiera había levantado el vuelo.

El general Brauchitsch consiguió autorización para que Dornberger le expusiera a Hitler las razones por las que convenía otorgarle la máxima prioridad también a la construcción de la fábrica de misiles. El encuentro tuvo lugar el 20 de agosto de 1941, en el cuartel general del *führer*, escondido en las montañas, en Wolfsschanze, al este de Prusia. Dornberger y Von Braun hicieron la presentación. En la reunión Hitler se mostró entusiasmado con el proyecto. Quizá por la posibilidad de que, en el futuro, un cohete que aún no había salido del tablero de dibujo de Von Braun, el A-10, pudiera transportar una carga explosiva de Europa a Estados Unidos. El modo de atacar la costa Este norteamericana le obsesionaba, aunque de momento las A-4 tan solo alcanzarían el Reino Unido. Hitler pidió que fabricaran centenares de miles de A-4 cada año, a lo que Dornberger respondió que para hacerlo necesitaba un presupuesto ilimitado. En un arrebato de sentido común, el *führer* dijo que primero quería asegurarse de que el A-4 funcionaba correctamente.

La reunión sirvió para que le otorgaran a la construcción de la fábrica la máxima prioridad. El Ejército hizo sus números y rebajó las absurdas pretensiones del dictador en cuanto a la producción de cohetes. Estableció como objetivo inicial el de 5000 unidades al año.

Este cohete significa poco

En verano de 1941 llegó a Peenemünde Hermann Oberth. Wernher sentía un gran respeto por el científico rumano, aunque era consciente de que sus métodos de trabajo y personalidad no encajaban bien en el equipo de técnicos que lideraba.

Wernher era consciente de que Oberth había desempeñado un papel extraordinario en la promoción de los viajes espaciales: despertó el interés de un grupo de jóvenes alemanes, les proporcionó los fundamentos teóricos para los desarrollos posteriores y construyó y probó el primer motor cohete de propergol líquido que funcionó en Alemania.

Hacía ya varios años que Dornberger y él seguían los pasos de Oberth. La última vez que se había entrevistado con él fue en el mes de abril de 1940, en Viena, aunque tres años antes lo había hecho también, en Berlín.

Von Braun sabía que después de las pruebas del motor cohete en el Instituto de Química de Berlín, en julio de1930, Hermann Oberth había regresado a Mediasch porque en la capital alemana no obtuvo ningún apoyo económico. Hermann intentó trasladar a Mediasch la actividad de desarrollo de cohetes que el pequeño grupo de miembros de la VfR había iniciado en Berlín, pero sus relaciones con Nebel, uno de los líderes de la VfR, se deterioraron y los jóvenes entusiastas de los cohetes alemanes no veían ninguna posibilidad de obtener en aquella pequeña ciudad apoyos a su proyecto. Hermann se distanció de la VfR.

Mientras estuvo en Mediasch, Oberth había escrito muchos artículos sobre el futuro de la navegación espacial para revistas y periódicos y se desplazó con frecuencia a Hungría, Austria, Alemania y Checoslovaquia para participar en eventos espaciales como conferenciante. Incluso realizó algunos trabajos de investigación práctica. Los servicios de inteligencia alemanes supieron que el rey de Rumanía Carlos II se entrevistó con él, en su castillo, el 22 de abril de 1932, en Bucarest. El monarca quería ayudarle y como no tenía dinero, le ofreció asistencia desde las instalaciones del Ejército. Pocos días después de la entrevista de Oberth con el rey, el coronel jefe de la escuela de vuelo de Mediasch, se presentó en su casa para preguntarle qué deseaba. Oberth le encargó la construcción de las bombas de inyección de propelentes, una cámara de combustión cónica y una tobera. El problema principal surgió a la hora de conseguir oxígeno líquido.

Von Braun no tenía datos concretos del cohete que, al parecer consiguió lanzar Oberth en 1933, al parecer medía 1,4 metros de longitud. Pero, las simpatías de un monarca sin dinero no servían para paliar la falta de técnicos, mecánicos expertos, maquinaria de precisión, así como instalaciones para manejar el oxígeno líquido, necesarios para construir cohetes. Oberth abandonó los ejercicios prácticos.

Más o menos, por aquellas fechas, dos grupos de técnicos rusos, el de Tujachevsky en Petrogrado y el de Moscú, donde trabajaba Serguéi Koroliov y Zander, se unieron para formar el Instituto Científico para el Estudio del Empuje, en Moscú. A la inteligencia alemana no se le podía escapar que un tal Kubin, anduviese merodeando a la caza de científicos con experiencia en cohetes por Centroeuropa y Hermann pudo recibir una oferta de trabajo de los soviéticos.

Después de la entrevista que Von Braun y Dornberger mantuvieron con Oberth, en 1937, los militares recomendaron que se contratara al científico, pero su nacionalidad plantearía algunos problemas.

Para subsanarlos, la inteligencia y la burocracia alemana se mostraron muy imaginativas, aunque Von Braun tuvo que esperar cuatro años para que Oberth se incorporase a su equipo de Peenemünde.

El Instituto Alemán de Investigación de Transporte Aéreo, en diciembre de 1937, ofreció a Hermann, un contrato de trabajo por dos años, con un salario de 1500 marcos mensuales, para que desarrollara cualquier asunto que le interesara. La generosa oferta no se materializó hasta junio de 1938 cuando sus nuevos patronos dispusieron que se incorporase como investigador al Instituto Técnico de Viena. Desde el 12 de marzo de aquel año, Austria había pasado a formar parte de la Alemania del Tercer Reich de Hitler.

En Viena, Oberth disfrutó de plena libertad para hacer lo que quisiera, pero no recibiría ninguna ayuda. Su familia se trasladó a la capital austriaca y el rumano consiguió incorporar a su equipo a un mecánico de Mediasch. Después de construir una cámara de combustión inició una serie de ensayos de combustión con alcohol y oxígeno líquido. Además, también trabajó en el desarrollo de propergoles sólidos para su uso en cohetes de aplicación militar.

La II Guerra Mundial estalló el 1 de septiembre de 1939, cuando Oberth llevaba más de un año en Viena, sin que la persona que supervisaba sus trabajos, el coronel Lorenz, le prestara ayuda ni se entrometiera en sus actividades. Y así transcurrieron casi dos años, hasta abril de 1940.

Wernher von Braun se desplazó a Viena, acompañado de dos personas más, los técnicos inspeccionaron con detalle los trabajos y meses después, Oberth fue destinado al Instituto Técnico de Dresde, ciudad a la que se trasladó con toda su familia. En su nuevo puesto le asignaron un espléndido sueldo, así como un equipo de asistentes y la misión de diseñar y construir las bombas de combustible de un cohete, el A-4.

En Dresde el trabajo discurría con exasperante lentitud, los procedimientos agobiaban al investigador y la burocracia destruía su creatividad. Oberth se enteró que la bomba de combustible que le habían encargado ya estaba diseñada y la fabricaba la empresa Walter. Exasperado y aburrido, Oberth solicitó regresar a Mediasch, pero entonces la Gestapo le indicó que aquello era imposible por su condición de extranjero y poseer demasiada información secreta; si no accedía a solicitar la nacionalidad alemana, lo más probable es que terminase en un campo de concentración.

Hermann se nacionalizó alemán y en julio de 1941 fue destinado a Peenemünde. Esta vez su esposa y sus hijos se quedaron en Dresde.

Aunque le habían llegado noticias de lo que ocurría en aquel centro, Hermann se encontró de golpe con el resultado del esfuerzo surgido del grupo de jóvenes con quienes había trabajado en Berlín en 1930. Su antiguo alumno, Wernher von Braun, lideraba un impresionante equipo de expertos en cohetes. El avance, que desconocía por completo, había sido insólito.

El científico se sorprendió muy gratamente al constatar que el A-4 se había construido de acuerdo con muchas de sus ideas, pero en otras discrepaba de lo que él había propuesto. Una de aquellas diferencias era la de los tanques de propelentes que, según Oberth, debían fabricarse aprovechando las mismas paredes exteriores del cohete, para ahorrar peso. Von Braun le explicó que así lo trataron de hacer, pero que no encontraron una aleación de aluminio con las características necesarios para satisfacer al mismo tiempo las exigencias del envoltorio externo y de los depósitos, de forma que estos últimos se construyeron con aluminio y la parte exterior del cohete con acero.

El propio Von Braun le mostró las instalaciones, el túnel de viento supersónico y lo puso al corriente de los detalles del cohete A-4 que entonces pasaba las últimas pruebas. También le informó acerca de otros detalles personales que le concernían y el motivo por el que habían tardado tantísimo en incorporarlo al centro de Peenemünde. La Gestapo no quería en aquellas instalaciones a ningún extranjero, además, en su caso, dada su notoriedad y por ser una persona muy conocida, a la policía le preocupaba que su presencia allí levantara la sospecha de la existencia de la actividad que tan en secreto se desarrollaba.

Así es como Hermann Oberth pasó a llamarse, en Peenemünde, Fritz Hann.

Al poco tiempo de llegar a Peenemünde la madre de Oberth falleció en Rumanía y Oberth no obtuvo autorización de moverse para asistir al funeral. Su esposa sí lo hizo, y viajó desde Dresde.

Al fallecer la madre de Hermann, su padre envió dinero a *Tilly,* su esposa que residía en Dresde con sus hijos, para que comprara una vivienda. A pesar de las dificultades que suponía para la mujer de un extranjero recién nacionalizado alemán, su familia adquirió una amplia residencia, a la que llamaban *el castillo,* en Feucht cerca de Núremberg, adonde se trasladaron a vivir.

En Peenemünde, con el diseño del A-4 terminado y en una fase de pruebas terminal, Oberth no había llegado a tiempo de aportar ideas que mejorasen las prestaciones del cohete; tampoco era un hombre de fabricación por lo que ocuparlo en la supervisión de los ensayos de calidad tenía poco sentido, otras personas lo harían mejor que él.

La tarea que se le asignó Von Braun, fue la de dirigir un grupo de expertos que debía recopilar todas las ideas técnicas publicadas sobre cohetes y evaluar su posible uso. Este trabajo a Hermann le disgustó por su temperamento creativo, orientado a la investigación. Además, Oberth no estaba acostumbrado a trabajar en equipo y menos en un entorno tan sofisticado como el de Peenemünde; le costaba mucho dar la razón a sus oponentes o llegar a compromisos para resolver conflictos.

Al final, se le consintió desarrollar una labor de investigación teórica pura en el campo del diseño óptimo de cohetes con varias etapas. Oberth demostró que la configuración ideal para un cohete balístico intercontinental requería tres etapas. Era una conclusión que tendría un gran interés diez o quince años más tarde, pero en aquel momento todo el personal de Peenemünde estaba pendiente del éxito del A-4, tras el primer lanzamiento fallido del 13 de junio de 1942.

Conforme cundía el pánico entre los técnicos del centro, a Oberth le redujeron los recursos para dedicarlos a la urgencia de lanzar con éxito aquel inmenso cohete de más de cinco toneladas de peso.

A-4

El súbito entusiasmo de Hitler por los A-4 y las prisas por finalizar la fábrica, en septiembre de 1941, colocaron a Von Braun en una situación complicada. En primer lugar, a él no le parecía correcto mezclar la fabricación con el desarrollo. Su equipo desconocía por completo las técnicas de producción. En segundo lugar, montar a toda prisa una cadena de fabricación de un producto cuya configuración final se desconocía le resultaba desconcertante. Y, por último, los militares responsables de la producción del A-4 se sintieron en el punto de mira de Hitler, lo que originó que Wernher y su equipo se vieran sometidos a una presión excesiva, a veces irracional.

Para complicar aún más el escenario, en el mes de noviembre se produjeron explosiones en las bancadas de pruebas, que destruyeron dos de los tres prototipos del A-4 en los que se realizaban las verificaciones finales.

El accidente demoró el primer lanzamiento. Von Braun estimó que, dadas las circunstancias, se realizaría en febrero de 1942. Sin embargo, en enero, al llenar de oxígeno líquido los tanques del A-4 se produjo una deformación de las aletas de la cola, debido al peso.

Dornberger estaba furioso, reunió al equipo de Von Braun y se quejó de que actuaban como si fueran aficionados de la VfR y que le parecía absurdo que en las pruebas, anteriores al lanzamiento, centenares de personas revolotearan alrededor del cohete con arreglos de última hora. En su larga y ácida perorata criticó la falta de coordinación entre la oficina de diseño de Riedel y la de los motores cohete de Walter Thiel, aunque en ningún momento dirigió sus críticas de forma directa a Von Braun.

El jefe de desarrollo, Wernher, pensaba que los trabajos de construcción de la planta para fabricar los cohetes deberían detenerse, ya que a ese esfuerzo se dedicaban muchos recursos que él necesitaba para finalizar el A-4.

Tras el fracaso de enero, el lanzamiento se pospuso para marzo de 1942, pero pocos días antes de la fecha señalada, en unas pruebas con los motores, una explosión se llevó parte del cohete. Al mes siguiente, en abril, el cohete resultó dañado cuando trataron de levantarlo en la rampa de lanzamiento, porque el vehículo que lo transportaba era nuevo y se había dimensionado incorrectamente.

Mientras los problemas que impedían el primer lanzamiento del A-4 se sucedían uno tras otro, Von Braun también ocupaba una gran parte de su tiempo en las cuestiones asociados con la futura producción de los cohetes, hasta el punto de que solicitó, en varias ocasiones, que se designara a otra persona responsable de la fabricación.

Al menos, durante aquellos meses Von Braun recibió una buena noticia: el sucesor del ministro Todt, que había fallecido en accidente de aviación en febrero de 1942, fue Albert Speer. Wernher contaba así con un apoyo al máximo nivel en el Gobierno.

El 13 de junio de 1942 se anunció como la fecha en que se lanzaría el primer A-4 y Speer acudió a Peenemünde en compañía de una nutrida delegación. Todos contemplaron como el cohete se levantó majestuosamente sobre una llama de fuego y después escapó a gran velocidad hasta perderse por encima de las nubes. Sin embargo, al cabo de un minuto y medio el cohete descendió en paracaídas para caer a unos 800 metros del lugar del lanzamiento. Un fallo del sistema de guiado y control había hecho que el cohete se diera la vuelta y se interrumpiese la ignición.

A pesar del fracaso de este lanzamiento, Albert Speer comprometió su apoyo, al menos para que efectuaran 20 pruebas más.

En la siguiente prueba, el 16 de agosto, con menos invitados, a los 35 segundos de vuelo, el A-4 empezó a perder velocidad y a los 45 segundos explotó en el aire. Wernher diagnosticó que el falló se debió a un mal funcionamiento de la turbo bomba de alimentación de combustible.

A finales del verano, el *führer* había perdido su fe en el A-4, lo mismo le ocurría a Albert Speer y en el Ejército los defensores del cohete balístico dudaban de su viabilidad.

El sábado 3 de octubre de 1942, el coronel Walter Dornberger, jefe de desarrollo de cohetes balísticos del Ejército, y el coronel Leo Zanssen, jefe de Peenemünde Este, con un cierto sentimiento de desesperación se prepararon para observar otro lanzamiento del A-4. Según Dornberger «la llama que surgía de su cola era tan larga como el mismo cohete…».

Esta vez el misil siguió el perfil de vuelo establecido por sus diseñadores. A los 4 segundos de vuelo vertical se inclinó suavemente y cuando habían transcurrido 25 segundos sobrepasó la velocidad del sonido. Poco antes de un minuto el motor cohete se apagó. Desde Peenemünde lo perdieron de vista. Alcanzó una altura de 90 kilómetros, hasta rozar el borde del espacio exterior y reentró en la atmósfera terrestre a 5000 kilómetros por hora. Cayó en el mar Báltico a unos 190 kilómetros de distancia.

Aquél A-4 fue el primer misil balístico fabricado por el hombre que voló. Las celebraciones en Peenemünde duraron hasta bien entrada la noche.

Oberth contempló el lanzamiento del cohete y el comentario que hizo no recoge el entusiasmo que, entre sus colegas, acompañaría al acontecimiento:

«Tengo un gran respeto por todo los ingenieros y técnicos que construyeron este cohete. Pero hablando estrictamente, significa poco, ya que desde hace mucho tiempo que sabemos que un cohete es capaz de operar dentro de la atmósfera y fuera de sus límites. Este cohete es tan solo un pequeño paso hacia la conquista del espacio exterior. Hay mucho allí sobre lo que no conocemos nada y eso es lo que es importante. No debemos olvidar nuestro último objetivo mientras hoy nos regocijamos por este logro puramente técnico».

El éxito del A-4 llegó poco antes de que cambiara el signo de la guerra. En noviembre, el ejército de Rommel se retiraba en el Alamein, presionado por las fuerzas que los Aliados desembarcaron en Marruecos y el Ejército Rojo bloqueó al VI Ejército alemán en Stalingrado.

V-2

A finales de noviembre de 1942, Speer se reunión con Hitler. Poco después informó a Dornberger que el *führer* quería que se fabricaran misiles balísticos en gran cantidad y que se desplegaran búnkers para protegerlos en las costas del Canal. Dornberger no era partidario de que las A-4 se emplazaran en lugares fijos, prefería que se lanzaran desde plataformas móviles y trató de que Hitler cambiara sus órdenes, pero todas las gestiones que hizo para conseguirlo fueron inútiles.

El 22 de diciembre Albert Speer creó la organización para construir los búnkers, las unidades móviles de transporte y los misiles A-4. Al frente de la producción, en Peenemünde, situó a Gerhard Degenkolb, un ingeniero de su confianza, miembro del Partido Nazi que había destacado como un excelente gestor en la fabricación masiva de locomotoras. Von Braun asumió la jefatura del subcomité de Aceptación Final, responsable de la comprobación de que los misiles cumplían con los requisitos exigibles, antes de que salieran de las fábricas. Wernher se desligaba así de las responsabilidades de producción y del control de la mano de obra que se utilizaría para la fabricación de los misiles balísticos de Hitler.

Al mismo tiempo que Albert Speer ponía en marcha la maquinaria para que se fabricaran los A-4 de forma masiva, Dornberger ordenó a Von Braun que efectuara tantos lanzamientos como le fuera posible para depurar el diseño del misil. Los cinco primeros ensayos fracasaron. En uno de estos lanzamientos, el 11 de diciembre, estaba presente Himmler.

En las Navidades de 1942, a pesar de la guerra, Von Braun tenía motivos para sentirse satisfecho. El cohete de su vida había remontado el vuelo. Dornberger decía que la época de los inventores solitarios había terminado y que una obra como el A-4 tan sólo era capaz de llevarla a cabo un equipo de técnicos muy cualificado, pero Von Braun sabía que sin él, con casi toda seguridad las A-4 no existirían. Además del éxito personal de Wernher, en enero de 1943, también tenía otros motivos para sentirse feliz. Unos eran de orden familiar y otros sentimentales. Su familia se reunió para celebrar el regreso a Alemania de su hermano mayor, Sigismund, que venía de un campo de internamiento en Kenia con su segunda esposa, Hildegard Margis, y la hija de ambos, Carola. Al comenzar la guerra habían sido detenidos en la embajada de Adís Abeba por los británicos y trasladados a Kenia, pero a través de un intercambio diplomático acababan de ser liberados. En cuanto a sus sentimientos personales, al parecer Wernher —después de haber mantenido relaciones amorosas con casi todas sus secretarias— había conocido a una mujer en Berlín, con la que se planteaba un futuro emocional más estable.

A pesar de los muchos motivos que tenía Wernher para sentirse feliz, las pruebas de sus cohetes ponían en evidencia que aún quedaban bastantes problemas por resolver, antes de considerarlos operativos. A mediados de febrero de 1943 un A-4 consiguió efectuar un vuelo mejor que el del 3 de octubre del año anterior y hasta abril, ningún A-4 logró alcanzar una distancia de 270 kilómetros, que era el objetivo del programa, aunque en este vuelo el misil se desvió 38 kilómetros del blanco.

En abril de 1943, a pesar de las dificultades con que el equipo de Von Braun ajustaba el diseño del A-4, Degenkolb pretendía que en diciembre de ese mismo año se fabricaran 900 A-4 al mes, 300 en cada uno de los tres centros que se habían designado para la construcción del misil; incluso, poco después adelantó la fecha a septiembre.

Uno de los problemas con que se encontró Degenkolb fue la escasez de obreros. En 1942, las SS había tratado de paliar la deficiente dotación de mano de obra en Peenemünde con prisioneros polacos y soviéticos y, en mayo de 1943, trasladó a 500 presos, no judíos, de Buchenwald, a un campo de concentración en Peenemünde Oeste. En julio aumentó la plantilla del campo con cautivos franceses.

A lo largo del primer semestre de 1943 se sucedieron las visitas de personajes del Tercer Reich a Peenemünde. La más significativa fue la del 26 de mayo, encabezada por Albert Speer que acudió acompañado por el gran almirante Karl Dönitz, jefe de la Marina de Guerra alemana, el mariscal de campo Erhard Milch, de la Luftwaffe, el jefe de Armamento del Ejército, general Fritz Fromm y un numeroso séquito. En las presentaciones, Dornberger dejó la exposición de las cuestiones técnicas a Von Braun, que lo hacía con seguridad, convicción, entusiasmo, cierta arrogancia, inteligencia y diplomacia. Sin embargo, en aquella ocasión, el grupo acudía a una competición entre el A-4, el misil del Ejército y el Fi 103, de la Luftwaffe. Los recelos entre ambas armas habían llegado hasta el punto de abrir una competencia directa entre los dos proyectos. A pesar de todo, Von Braun mantenía unas relaciones excelentes con sus colegas del ministerio del Aire.

El Fi 103 era un misil, con alas, propulsado por un cohete durante la fase inicial —cuyos propelentes eran peróxido de oxígeno y gasolina— hasta que alcanzaba una velocidad de unos 320 kilómetros por hora, la necesaria para que actuara el pulsorreactor de gasolina. Con el empuje del pulsorreactor, el Fi 103 efectuaba el resto de la trayectoria hasta alcanzar su objetivo, con una velocidad de crucero de 560 kilómetros por hora y a una altura de 1500 a 2500 metros. El alcance máximo era de unos 300 kilómetros. Se lanzaba desde una rampa, era capaz de transportar una carga de pago de 1000 kilogramos y lo guiaba un autopiloto. El misil lo producía, para la Luftwaffe, la empresa de aviación Fieseler Flugzeubau, de Kassel, aunque se desarrolló en las instalaciones de la Luftwaffe de Peenemünde Oeste. Al Fi 103 se le conocía familiarmente como *Kirschken* (*Cereza de Piedra*).

El 26 de mayo, en Peenemünde, ante el poderoso grupo de visitantes, fracasaron los dos lanzamientos del Fi 103 y de los dos del A-4, uno funcionó y el otro medio fracasó. Con independencia del resultado de las pruebas, lo que Albert Speer quería era que se decidiese seguir adelante con los dos desarrollos y eso es lo que ocurrió.

Otra visita importante a Peenemünde tuvo lugar a principio del verano cuando el 28 de junio de 1943 se presentó Himmler. Era la segunda vez que acudía al centro y por la noche se reunió con Dornberger y su equipo de directivos, entre los que se encontraba Von Braun. Es posible que Himmler le preguntara a Wernher por su solicitud de matrimonio que había cursado oficialmente el 25 de marzo, hacía tres meses, en la que urgía a las SS a que resolvieran con prontitud su expediente porque la familia de su prometida, Dorothee Brill, debido a los últimos bombardeos en Berlín se encontraba en una situación precaria. Las SS debían verificar la pureza racial de los contrayentes, antes de autorizar el matrimonio. Dorothee era profesora de educación física, tenía 25 años y su relación formal con Wernher comenzó en enero de 1943. Si Himmler le planteó el asunto a Von Braun, seguro que lo colocaría en una posición embarazosa porque la relación con Dorothee, en aquel momento, ya habría terminado. Lo más probable es que, aunque las SS no se opusieran al matrimonio y considerasen a los novios dignos de procrear arios, Von Braun siguiendo la tradición solicitara permiso a sus padres para casarse y éstos no se mostraran favorables a que Wernher celebrase la boda con Dorothee. También, lo más probable es que el gran conquistador que fue Wernher tuviera otro romance cuando Himmler visitó Peenemünde: con una francesa que vivía en París. Esta mujer le escribiría, años más tarde, recordándole su historia de amor.

Al día siguiente, el 29 de junio, Himmler presenció dos lanzamientos, uno fracasó pero el otro fue un éxito.

El 7 de julio, a petición del *führer*, Dornberger, Von Braun y Albert Speer, volvieron a reunirse con él en su refugio de las montañas de Wolfsschanze. Von Braun le explicó todos los detalles de la operación del A-4, con gran aplomo y de viva voz, a la vez que le mostraba una película con el lanzamiento del 3 de octubre de 1942. Hitler se emocionó al ver las imágenes del cohete y escuchar, con la seguridad que aquel joven ingeniero le describía, el potencial de lo que él consideraba que podría llegar a ser «un arma de aniquilación». Después de felicitar a Dornberger y Von Braun, antes de que abandonaran la sala, Hitler se dirigió al ingeniero y le estrechó la mano para dirigirse a él con el calificativo de *profesor,* lo que equivalía a otorgarle un título académico, tal y como había hecho para distinguir a otros ilustres profesionales como Messerschmitt y Speer. A partir de entonces, Von Braun se convirtió en *El Profesor*, un nombre con el que se sintió siempre muy identificado. En aquella reunión, a Von Braun se le quedó grabado un comentario del *führer* que, a juicio de *El Profesor,* evidenciaba el conocimiento del mandamás en cuestiones armamentísticas. Hitler dijo que con aquella velocidad de impacto del A-4 contra el suelo (800 metros por segundo), con los detonadores normales de las bombas —que retrasaban mucho la explosión— el misil se hundiría en el terreno y el estallido levantaría mucho polvo pero resultaría poco eficaz. Más tarde pudo comprobar que tenía razón.

A pesar de que los lanzamientos del A-4 demostraban la inmadurez del estado del misil, el Ejército parecía ignorarlos y puso en marcha un programa de fabricación con objetivos a muy corto plazo. A partir del 18 de agosto de 1943, los acontecimientos obligaron a que todos los planes sobre el A-4 tuviesen que revisarse y la realidad impuso su propio calendario.

A los servicios de inteligencia británicos no les pasó desapercibida la actividad en Peenemünde. En 1939 ya elaboraron un informe (Oslo Report), en el que hacían mención al emplazamiento como un lugar de producción de armamento y cohetes. En mayo y en junio de 1943, aviones Mosquito de reconocimiento de la Royal Air Force (RAF) sobrevolaron las instalaciones y tomaron fotos aéreas. En el informe del 11 de junio de 1943 se recogía que en Peenemünde se desarrollaba un cohete de largo alcance y se habían hecho pruebas de lanzamiento. En la noche del 17 de agosto, sir Arthur Harris, jefe de la RAF, envió 596 bombarderos a Peenemünde.

Aquella noche de verano, Von Braun celebraba con algunos de sus compañeros la visita de Hanna Reitsch, una célebre aviadora que Wernher conocía de la época en que aprendió a volar a vela en la escuela de Grunau. Hanna trabajaba como piloto de pruebas y visitaba con cierta frecuencia las instalaciones de la Luftwaffe en Peenemünde Oeste; aún hacía poco tiempo que había sufrido un serio accidente con el avión cohete Me 163. Y en el grupo también se encontraba el hermano pequeño de Wernher, Magnus, piloto de la Luftwaffe, a quien *El Profesor* había conseguido que lo destacaran a Peenemünde para trabajar en el desarrollo del Wasserfall, un misil tierra-aire basado en la tecnología del A-4. La fiesta terminó alrededor de las 23:00 horas. Wernher acompañó a Hanna al coche que la llevaría a la base aérea y él se fue a dormir.

A Von Braun lo despertó el ruido de las sirenas. Se vistió a toda prisa y se informó de que se trataba de una falsa alarma, ya que los aviones enemigos se dirigían hacia Berlín. Cuando regresaba otra vez a su dormitorio vio que el cielo se llenaba de bengalas rojas y verdes, con las que marcaban los aviones de reconocimiento de la RAF el objetivo a sus bombarderos. Después oyó el rugido del motor de los aviones, el traqueteo de las baterías antiaéreas y el estallido de las primeras bombas, antes de entrar en el refugio antiaéreo.

Durante una hora, a partir de la una de la madrugada del 18 de agosto, cayeron sobre Peenemünde 1800 toneladas de bombas incendiarias y de alto poder explosivo. El objetivo principal del ataque fue matar al mayor número posible de científicos y técnicos cualificados, para retrasar el desarrollo de los cohetes de largo alcance alemanes.

Peenemünde Oeste no fue bombardeado ya que la inteligencia británica desconocía la existencia del Fi 103. Las marcas cayeron más al sur del lugar en donde se encontraban las casas de los alemanes, justo sobre el campo de trabajadores forzosos. Del total de 700 muertos, que causó el bombardeo, unos 550 fueron obreros recluidos en un espacio flanqueado con alambradas de espino y sin refugios antiaéreos. Walter Thiel y toda su familia figuraría en la lista de víctimas de los técnicos alemanes. Las instalaciones de producción, de desarrollo y las plataformas de lanzamiento sufrieron daños aislados, que se podían reparar.

A pesar de que el bombardeo a Peenemünde no produjo daños irreversibles a las instalaciones sí que sirvió para cambiar todos los planes del programa A-4. Himmler convenció al *führer* de que la fabricación se efectuara bajo tierra en instalaciones situadas en el centro de Alemania y que se utilizara en mayor medida prisioneros de los campos de concentración. También le propuso que el general Hans Kammler se hiciera cargo de la puesta a punto de las nuevas fábricas.

Antes de que finalizara agosto, Dornberger, Speer, Degenkolb y Kammler, eligieron los túneles de la montaña Kohnstein, cerca de Nordhausen, para montar allí la primera fábrica. Desde 1917, en Kohnstein, se habían horadado túneles para extraer anhidrita (una roca con la que se produce yeso) y en 1934 la red subterránea empezó a utilizarse para almacenar las reservas estratégicas de petróleo. La red la formaban dos grandes túneles (A y B) de sur a norte, que describían una suave curva, paralelos, por los que discurría una línea de ferrocarril y túneles perpendiculares a los principales que los unían, con otro paralelo también central, más estrecho.

El montaje de la fábrica de misiles requería, en un principio, ensanchar algunos tramos, abrir uno de los túneles principales al norte y construir otros. Para ello se constituyó una sociedad, Mittelwerk (Trabajos Centrales), que dirigiría el general Kammler.

El general Fromm sacó a Dornberger de Armamento y Material del Ejército y le asignó un puesto de comisionado para tareas especiales, con la intención de designarlo general responsable de todas las operaciones con misiles. Más tarde Fromm se encontraría con la oposición frontal de las organizaciones de Speer y Himmler. A Zanssen lo envió a Peenemünde como jefe del centro. Von Braun perdió así el contacto directo con Dornberger, con quien había mantenido una estrecha relación durante todos los años que llevaba trabajando para el Ejército.

Muy pronto Von Braun y Dornberger se sintieron incómodos con Kammler, a quien no tenían más remedio que soportar. El jefe de Mittelwerk —experto en el empleo de trabajadores esclavos en instalaciones industriales y la construcción de infraestructuras— bajo la apariencia de una persona cultivada, poseía un temperamento ególatra y megalómano. Auxiliado de Degenkolb, Saur y el ingeniero Albin Sawatzki —que veía en los A-4 la salvación del Reich— emprendió las obras de remodelación de los túneles de Kohnstein sin mostrar la menor piedad para con la escabrosa y creciente nómina de esclavos con que dotaría Mittelwerk.

A finales de agosto se trasladaron 107 prisioneros del campo de concentración de Buchenwald a un nuevo campo en Kohnstein, que se bautizó con el nombre de Dora (o Mittelbau) y se ubicó en la cara sur de la montaña. En octubre, la dotación de trabajadores forzosos en Dora ascendía a tres o cuatro mil y en noviembre eran alrededor de diez mil; todos los de Peenemünde ya se habían trasladado a Dora. En enero de 1944 rondaban los once mil.

Kammler no tuvo ninguna prisa en construir instalaciones al aire libre para los prisioneros, ya que no las completó hasta el verano del año siguiente. La mayoría de los trabajadores procedía de la URSS, aunque también había polacos, franceses y algunos alemanes. Ninguno era judío. En principio, y durante mucho tiempo, los alojó en los túneles transversales 43 y 46, donde dormían, hacinados, en camastros. Barriles cortados de petróleo hacían las veces de letrinas. Trabajaban en turnos de 12 horas, día y noche, y sus condiciones higiénicas y alimenticias eran deplorables. En diciembre de 1944, el tifus, la disentería, neumonía y las frecuentes explosiones causaban unas 20 muertes todos los días. Más de seis mil esclavos trabajadores perecieron en Mittlewerk. Algunos capataces los trataban de forma despiadada y las sospechas de sabotaje se castigaban con la horca. Para escarmiento de todos, los cadáveres de los presos condenados a muerte permanecían colgados en público durante varios días.

Es posible que Von Braun nunca llegara a contemplar aquellos horrores, pero es muy difícil que ignorase lo que ocurría en Mittelwerk. Si lo hubiese conocido con detalle tampoco habría sido capaz de hacer nada por evitarlo. En 1943 estuvo varias veces en Nordhausen, aunque el cuartel general no se hallaba en los túneles. El *Profesor* se opuso a que el equipo de desarrollo se trasladase de Peenemünde a los túneles subterráneos y puso como excusa principal que también era responsable del Wasserfall y A-9.

Las pruebas del lanzamiento de misiles se reanudaron en octubre en Peenemünde y en noviembre en Polonia. Hitler deseaba que los ensayos con una cabeza explosiva real se efectuasen allí. De septiembre a diciembre de 1943, Von Braun continuó viajando por todo el país para visitar proveedores, a la vez que dirigía los lanzamientos de las A-4 que continuaban produciéndose con un número excesivo de fallos. En el informe que elaboró en diciembre, anotó que de todos los lanzamientos efectuados desde 1942, tan solo 14 habían tenido éxito y 25 fracasaron. Los problemas de propulsión, de guiado y eléctricos fueron los responsables de casi todos los fallos.

A finales de 1943 Von Braun decidió buscar otra ocupación para Hermann Oberth, entre otras cosas, porque Hitler no quería oír hablar de los viajes espaciales, y lejos de pensar en astronautas únicamente estaba interesado en el alcance y los kilos de explosivo que albergaban las cabezas de sus cohetes. A principios de ese año, al científico rumano se le había asignado un puesto de escasa importancia en el laboratorio de aerodinámica. Fue un mal año malo para Hermann: su hijo mayor, Julius, murió en el frente del

Este. En diciembre de 1943, Oberth fue trasladado a Reinsdorf, cerca de Wittenberg para trabajar en el desarrollo de un cohete de propergol sólido. Tampoco tendría el rumano mucha suerte en su nuevo destino, porque en primavera de 1944 las instalaciones de su fábrica fueron severamente dañadas por los bombardeos de los Aliados. La falta de materias primas impidió que sus trabajos prosperaran.

Las pretensiones de Kammler, Degenkolb, y Sawatzki —que habían planeado empezar el año nuevo de 1944 con una producción de cientos de misiles A-4 cada mes, no se cumplieron. En diciembre de 1943, en Mittelwerk se fabricaron tres o cuatro misiles, con prisas y una calidad tan deplorable que fueron rechazados por el equipo de Von Braun. La falta de planos actualizados, las muchas modificaciones sin documentar, las restricciones de materiales que obligaban a cambiar el diseño, los numerosos grupos de trabajo y los cambios organizativos, junto a la urgencia de los mandos, tuvieron un efecto muy negativo sobre el programa a lo largo de los últimos meses de 1943, unas consecuencias en gran parte achacables al bombardeo.

El propio Hitler y algunos de sus allegados, empezaron a perder la confianza que habían depositado en el A-4.

A finales de febrero de 1944, Von Braun recibió un mensaje para que se presentara con urgencia en el cuartel general de Himmler. Desconcertado, Wernher acudió a entrevistarse con el temible jefe de las SS en su refugio de Wolfsschanze, al Este de Prusia. Según *El Profesor* la entrevista fue cordial, a pesar de que declinara, con mucho tacto, la recomendación que le hizo Himmler de ponerse a sus órdenes, en vez de seguir a las del Ejército. La lucha de poder en el Reich entre las SS, Albert Speer y el Ejército, cada vez se inclinaba más a favor de los primeros, pero a Von Braun le resultaba inimaginable salirse del ámbito en el que Dornberger ejerciera sus funciones. Von Braun nunca aseguró que el episodio, que estuvo a punto de costarle la vida y ocurrió al mes siguiente, estuviese relacionado con su negativa a formar parte del equipo de Himmler.

En marzo, pocos días antes de su cumpleaños, Magnus von Braun hijo, Klaus Riedel, Helmut Gröttrup y Wernher fueron detenidos por la Gestapo. Las acusaciones contra Klaus Riedel estaban relacionadas con su simpatía por la defensa de los derechos humanos, las de Gröttrup por sus ideas comunistas y las de Wernher porque no creía en la victoria alemana, dudaba de la eficacia del A-4 para cambiar la suerte de la guerra, tenía intención de escapar al Reino Unido con los planes del misil y era un saboteador porque había supeditado el desarrollo de los cohetes a sus intereses relacionados con la exploración espacial. Casi todos los hechos que sustentaban las acusaciones eran conversaciones que habían mantenido los encausados, en fiestas, con algunas copas de más.

Von Braun no sabía cómo reaccionar ante lo que le parecía un cúmulo de despropósitos. Había hablado con sus colegas, en muchas ocasiones, de la exploración espacial y de que su trabajo era el primer gran esfuerzo que habían hecho los hombres para iniciar los viajes interplanetarios, aunque aún se encontraban muy lejos de disponer de un cohete con la potencia necesaria. Wernher y muchos de sus colaboradores hubieran preferido desarrollar naves espaciales en vez de misiles. Sin embargo, él era un conservador, un patriota, que sentía la necesidad de defender a su país en tiempos de guerra y jamás lo traicionaría.

Mientras a *El Profesor* le consumía la desazón, en una celda de la Gestapo en la ciudad de Stettin, la noticia de su detención cundió en Peenemünde y Mittelwerk, y también llegó a su residencia familiar de Oberwiesenthal y al despacho de Dornberger que reaccionó de inmediato. El general se cruzó el país en un día para viajar desde su oficina de Schwedt, cerca de Stettin, hasta el cuartel del mariscal de campo Wilhelm Keitel, jefe de las Fuerzas Armadas, que entonces se encontraba en Berghof, en los Alpes bávaros. Keitel le advirtió de que los cargos eran muy serios y que los detenidos podían ser fusilados. El general no entendía cómo personas con tanta responsabilidad se podían permitir aquellas conversaciones. Dornberger tan sólo insistió en que los detenidos eran piezas clave para el desarrollo del A-4. Keitel sugirió a Dornberger que hablara con Himmler. El jefe de las SS lo envió al jefe del SD (Servicio de Seguridad), aunque en realidad terminó en el despacho de Heinrich Müller, jefe de la Gestapo. Dornberger volvió a plantear la cuestión de que los prisioneros eran de vital importancia para el programa A-4, pero salió de la reunión sin que Müller hiciera otra cosa distinta a insistir en la importancia de las acusaciones y el ingente tamaño de la pila de informes en contra de los encausados que obraba en poder de la Gestapo.

Es posible que las gestiones de Dornberger no hubieran bastado para salvar a los detenidos. Albert Speer en febrero padeció una infección en la rodilla que se complicó con una embolia pulmonar y en marzo se reponía de su grave dolencia en los Alpes italianos. El 23 de marzo Hitler fue a visitarlo y Speer intercedió a favor de Von Braun. El *führer*, a regañadientes cedió, aunque poco después le prometió a Speer que mientras él lo necesitara, a *El Profesor* no le ocurriría nada.

A partir de su encarcelamiento Von Braun cambió de actitud y se mostró más cauto a la hora de expresar su entusiasmo por los vuelos espaciales.

El Profesor concentró sus esfuerzos para subsanar los fallos del A-4, actualizar la documentación, establecer procedimientos sólidos para introducir las modificaciones y organizar las pruebas. El problema que más tardaría en resolver originaba explosiones incontroladas, durante el despegue o en el aire. Su sentido del humor le llevó a decir que el A-4 debía de ser capaz de causar más daños en territorio enemigo que en el propio. Al final, el fallo pareció subsanarse reforzando la estructura del A-4 en la sección intermedia.

Los problemas con el A-4 harían que Hitler ordenara que disminuyese la producción de estos misiles para favorecer la de los Fi 103. La Luftwaffe aprovechó la coyuntura para insistir en que su misil era más efectivo y costaba mucho menos que el A-4 y quejarse de que Von Braun desatendía el desarrollo del misil tierra-aire.

El primer ataque del Fi 103 se produjo el 13 de junio de 1944 sobre Londres. Goebbels, ministro de Instrucción Pública y Propaganda del Reich lo bautizó con el nombre de Vergeltungswaffe 1 (Arma de Venganza 1). A partir de ese momento centenares de V-1 cruzaban el Canal todos los días. En Londres llegó a cundir el pánico, pero en julio volvió a restablecerse la normalidad. Las V-1 eran muy vulnerables. La RAF atacó las rampas de lanzamiento y aprendió a derribar las V1 en vuelo con sus cazas; se desplazaron a la costa baterías antiaéreas —que llegaron a derribar hasta un 75% de los misiles que despegaban del Continente; y se levantaron barreras de globos. El 20% de las 10 000 V-1 que se lanzaron durante los meses que duró el ataque, cayó al mar o explotó en el aire sin necesidad de que intervinieran las defensas de los británicos.

La guerra había dado un giro definitivo en contra de Alemania.

El 20 de julio el coronel Claus Schenk von Stauffenberg intentó asesinar a Hitler lo que desencadenaría una purga que sacudió la cúpula del Reich. Himmler asumió un mayor poder y en agosto el general Hans Kammler tomó la dirección del desarrollo y despliegue de los A-4 que, junto a los nuevos aviones cohete Messerschmitt 262, eran para algunos la gran baza que permitiría cambiar el curso de la guerra. Dornberger pasó a depender de Kammler, lo cual motivó que estuviera a punto de pedir el traslado al frente. Zanssen, que no era del agrado del nuevo jefe, fue reemplazado al mando de Peenemünde por otra persona de su confianza

En la nueva organización, todas las actividades de desarrollo de los A-4 se transfirieron a una sociedad privada de la compañía Siemens, la Elektromechanische Werke GmbH, cuyo director, Paul Storch, era un hombre autoritario. Dentro de la empresa, Von Braun fue nombrado director de desarrollo, pero al mismo nivel se crearon tres departamentos más.

En verano, Von Braun había conseguido que su organización funcionara con cierta regularidad, sobre todo, el flujo de información entre Mittelwerk y Peenemünde empezó a operar de modo efectivo. Wernher envió a Magnus a Nordhausen.

En agosto de 1944, Hans Kammler, informó a sus jefes que ya disponía de un millar de A-4 (V-2) y el 6 de septiembre, Hitler ordenó que se lanzaran sobre París y Londres.

Los dos primeros misiles, contra París, no tuvieron mucha efectividad.

El 8 de septiembre de 1944 las V-2 atacaron Londres; a las 18:44 horas, once casas volaban por los aires en Chiswick, un barrio situado al oeste de la *City*. La V-2 llegó sin que se la oyese, ya que viajaba a una velocidad superior a la del sonido. La explosión causó 27 heridos, 3 de los cuales fallecieron poco después. La onda expansiva fue ensordecedora. El misil, recorrió en siete minutos la distancia que lo separaba desde su plataforma de lanzamiento, cerca de La Haya, en Holanda, hasta el corazón de Chiswick. Fue la obertura del fatídico concierto originado por un total de 517 misiles que cayeron sobre la capital del Reino Unido, a lo largo de poco más de seis meses. Quizá, el que mayor alarma causó a la población fue el que impactó en los grandes almacenes Woolworths, en New Cross, el 25 de noviembre y en el que murieron 160 personas.

En total, durante la guerra las V-2 efectuaron 3225 ataques en los que mataron a 12 685 personas y destruyeron 33 700 casas. Unas cifras incomparables con las de los bombardeos masivos de la RAF a las ciudades alemanes, de Hamburgo o Dresde, en los que, en una sola noche, murieron alrededor de 35 000 personas en cada uno de ellos.

En reconocimiento a sus méritos por la contribución al desarrollo de la V-2, poco después del inicio del lanzamiento de los primeros misiles sobre poblaciones civiles, Himmler propuso a Hitler que se concedieran medallas de la Cruz de Caballero al Mérito de Guerra a Walther Riedel, Heinz Kunze y Dornberger. Obvió a Von Braun de forma deliberada, pero Albert Speer insistió en que *El Profesor* también debía incluirse en la lista de condecorados. Las intrigas políticas duraron hasta final de año y Speer consiguió su propósito. El 9 de diciembre, en el castillo de Schloss Varlar, Von Braun, Dornberger, Heinz Kunze y Riedel recibieron la medalla de manos del ministro de Armamento del Tercer Reich.

A finales de 1944 Von Braun recibió el encargo de iniciar nuevos desarrollos. Conforme se reducía el territorio ocupado por los alemanes, la V-2 había de lanzarse desde posiciones más alejadas al territorio enemigo por lo que era preciso incrementar el alcance del misil. El sustituto del A-4, según lo previsto en un principio, era el A-9, pero con las prisas se cambió la denominación del cohete por la de A-4b, lo que facilitaba los procedimientos al ser aplicables los del A-4. Se trataba de un A-4 al que se le incorporarían alas para incrementar el alcance. Además del A-4b, Von Braun continuaría con el desarrollo del misil tierra-aire, el Wasserfall, y abordaría el proyecto de otro misil antiaéreo, más pequeño que el Wasserfall, de combustible sólido que debía lanzarse de forma masiva: el Taifun. Otro programa que abordó en esta etapa el equipo de Von Braun, fue el de una plataforma de lanzamiento marítima para el misil A-4, que pudiera remolcar un submarino U 2. De esta forma, la fantasía de algunos soñadores quiso ver el modo en que los misiles de Hitler se acercarían a las costas de Estados Unidos y atacarían Nueva York, una de las obsesiones del *führer*.

Wernher era consciente de que aquellos proyectos no servirían para evitar el desenlace de la guerra, que estaba irremisiblemente perdida. En Navidades de 1944 llegó a la conclusión de que todos los desarrollos que habían llevado a cabo sus colaboradores, al servicio de Hitler, tenían un gran valor para los Aliados y él estaba dispuesto a transferirlos al Gobierno de Estados Unidos para perfeccionarlos en esa nación. Su hermano Sigismund, que conocía bien aquel país y odiaba profundamente al régimen nazi, ya le había dicho que Estados Unidos era el lugar donde podría realizar sus sueños de enviar un cohete a la Luna.

A Von Braun le horrorizaba la idea de caer en manos de los soviéticos. En enero de 1945 llegaron a Peenemünde lo primeros refugiados que huían de las tropas invasoras soviéticas, de las que contaban horrores.

Era difícil moverse por el país, debido a los bombardeos y al mal estado de las infraestructuras, por lo que Wernher se vio obligado a limitar sus viajes.

En enero de 1945 cada vez parecía más evidente que a los 4325 empleados de la empresa EW de Peenemünde no les quedaba otra alternativa que desplazarse a un lugar más seguro o enfrentarse, en una batalla perdida de antemano, a las tropas soviéticas. Dornberger fue el primero en recibir una orden de traslado a Bad Sachsa, cerca de Nordhausen, a finales de mes, cuando el general Kammler asumió aún más poder y tomó el control de las V-1 de la Luftwaffe.

Kammler reagrupó la producción y el desarrollo de misiles bajo una nueva organización que lideraría el doctor Alfred Buch. Las actividades se desarrollarían alrededor de Mittelwerk, protegidas por los túneles de las montañas del macizo de Harz.

Von Braun recibió la orden de Buch para que acudiese a Mittelwerk para recibir instrucciones. En Nordhausen se le dijo, con un tono amenazante por parte de las SS, que debía de evacuar Peenemünde y trasladar sus efectivos a las montañas de Harz y concentrar sus esfuerzos en el desarrollo de misiles antiaéreos pequeños. Wernher salió de Nordhausen esta vez con más responsabilidades, ya que ocupaba el cargo de director técnico de la nueva organización, la Entwicklungsgemeinschaft Mittelbau. Las oficinas centrales de la entidad se encontraban en Bleicherode, cerca de Nordhausen.

Wernher regresó a Peenemünde para organizar el convoy que trasladara todos los efectivos de aquella instalación y el personal a Nordhausen. Desde allí fue a visitar a sus padres, que no quisieron abandonar su granja de Oberwiesenthal y también se despidió de la familia de su tío Alexander von Quistorp, en Bauer, a la que había visitado con frecuencia durante su estancia en Peenemünde. Su prima María tenía entonces 16 años.

El 17 de febrero salió el primer convoy, en camiones y vagones de tren, de Peenemünde. El viaje de unos 400 kilómetros fue muy accidentado y Von Braun lo hizo vestido con el uniforme de las SS y su Cruz de Caballero al Mérito de Guerra en el cuello, para inspirar autoridad en el desorden que les rodeaba.

En Bleicherode Wernher se acomodó en una espléndida vivienda, *Villa Frank*, que había pertenecido a un judío, y sacó a su hermano de Mittelwerk para que le ayudase en el difícil cometido que le habían asignado. Encontrar alojamiento para el resto de la gente que le acompañaba no fue una tarea fácil.

En marzo Von Braun recorrió la zona para incautarse de instalaciones, colegios, casas, minas y espacios en los que se pudiesen realojar las actividades de las empresas que Kammler había decidido trasladar a los túneles de las montañas, mientras los trabajadores esclavos de Dora y los campos que se crearon en la zona se llenaban de miles de judíos procedentes de Auschwitz y Gross Rosen.

Durante aquellos días, Wernher tuvo que ver centenares de reclusos en aquellos reductos y trabajadores esclavos en las fábricas. En Mittelwerk, los soviéticos encabezaron una rebelión para sabotear la producción de las V-2 y muchos fueron colgados en grupos que, para escarmiento general, permanecieron a la vista de todos durante algunos días.

El Profesor solía viajar por las noches y en uno de aquellos frenéticos desplazamientos, el 12 de marzo, su conductor se durmió y el coche se salió de la carretera. Von Braun se rompió el brazo izquierdo por dos sitios. Lo escayolaron en el hospital y le dijeron que debía hacer reposo durante tres semanas.

Dornberger y Von Braun tenían información del lugar donde se encontraban las tropas del general Dwight Eisenhower, de Estados Unidos y estaban pendientes de sus movimientos.

Cuando los norteamericanos se hallaban cerca de Nordhausen, Von Braun encargó a Dieter Huzel y Bernhard Tessmann que buscaran un lugar seguro para ocultar catorce toneladas de papeles que contenían toda la información más importante de los desarrollos de su equipo. Los llevaron a una mina abandonada, cuya entrada cegaron después con unas cuantas toneladas de rocas y tierra. El *Profesor* estaba convencido de que Kammler ordenaría su destrucción, antes de que cayeran en poder del enemigo.

El 1 de abril de 1945, Kammler ordenó que Dornberger, Von Braun y los 500 técnicos más relevantes del equipo de desarrollo del *Profesor* se desplazaran a Oberammergau, una ciudad al sur de Múnich, en los Alpes bávaros, custodiados por un contingente de soldados de las SS. A Von Braun le dejaron que se quedase para trasladarlo en un vehículo especial ya que, dadas sus limitaciones de movilidad, subir y apearse del tren no le resultaba fácil y era un ejercicio frecuente al que se veían obligados los viajeros de los ferrocarriles por culpa de los ataques de la aviación.

Von Braun pasó unos días con Dornberger en Bad Sachsa y salieron para Oberammergau el 9 de abril. Cuando llegaron se encontraron con que los técnicos vivían encerrados en barracones militares, rodeados de alambradas y escoltados por fuerzas de las SS. Kammler también apareció por allí, pero no tardó en salir con prisas para cumplir otra.

Steinhoff y Von Braun convencieron al jefe de las SS de que era mejor que se dispersaran, porque un ataque de la aviación enemiga los mataría a todos y aquello tendría unas consecuencias desastrosas para el Reich. El militar les permitió que se separasen en grupos, aunque a cada uno de ellos le asignó una dotación de vigilancia.

Von Braun, con su hermano y otros colaboradores, se trasladó a Weilheim. Como a Wernher le parecía que el brazo no curaba bien, buscó un sitio adecuado para que se lo revisara un especialista. Encontraron un hospital privado, en Sonthofen, especializado en medicina deportiva. Allí le confirmaron que las heridas curaban mal y tenían que intervenirle el brazo, separar los huesos y someterlos a tracción, antes de escayolarle, para que soldaran correctamente. Dornberger le envió a una antigua secretaria suya, Hannelore Bannasch, con quien había tenido un romance y a otra secretaria, que en Mittelwerk trabajaba con Sawatzki, para que cuidaran de él.

Después de un par de intervenciones quirúrgicas, con el brazo sin escayolar, Wernher padeció unos terribles dolores que los médicos trataron de mitigar con morfina, lo que lo sumió en un estado de profunda inquietud en el que sufría alucinaciones. Al tercer día llegó al hospital un soldado que le enviaba Dornberger. Los soldados norteamericanos estaban cerca y el general quería que se reuniera con un pequeño grupo que había preparado para contactar con ellos. El doctor, a regañadientes, aceptó ponerle la escayola y Von Braun se reunió con Dornberger.

En la estación de esquí Haus Ingeburg, cerca de un lugar conocido como el *Paso de Adolf Hitler*, en Oberjoch, con Austria al otro lado de la montaña, Wernher se reunió con Dornberger, Herbert Axster, de la oficina del general, Hans Lindberg, especialista en motores, su hermano Magnus y los dos ingenieros que habían escondido la documentación en la mina Dornten, Dieter

Huzel y Bernhard Tessmann. Era el equipo que Dornberger había preparado para el encuentro con los norteamericanos.

Durante varios días Von Braun no tuvo nada que hacer, tan solo disfrutar del buen tiempo, de la tibieza del sol primaveral, del hermoso paisaje y de la excelente comida del hotel.

El 20 de abril Hitler había celebrado su 56 cumpleaños en el búnker y el 1 de mayo —por la noche, a las 21:26 horas y mientras escuchaban la Sinfonía número 7 de Bruckner— Wernher y sus compañeros se enteraron por la radio que Hitler había dado su vida por Alemania, luchando hasta el último momento contra los bolcheviques, aunque en realidad se acababa de suicidar. El locutor anunciaba también que el almirante Dönitz asumía el liderazgo del país y la guerra continuaba, pero ya nadie se lo creía.

Dornberger había convencido al comandante de las SS, que vigilaba a los 500 técnicos de las V-2, que quemaran los uniformes y pasaran a engrosar las filas de sus soldados regulares. De esa forma, les evitaba la molestia de cumplir las órdenes de Kammler de matar a todos los científicos antes de que cayeran en poder de los Aliados, lo que les acarrearía serios problemas cuando los apresaran los americanos.

Dornberger y Von Braun sabían que los soldados norteamericanos estaban al otro lado de la montaña, en Austria, a pocos kilómetros de allí. Decidieron enviar, al día siguiente, a Magnus —que era el que mejor inglés hablaba— para que se encontrara con ellos y les comunicase su intención de entregarse.

El 2 de mayo, de madrugada, Magnus partió en bicicleta para cruzar el *Paso de Adolf Hitler* y descender por la carretera. Al mediodía se encontró con un soldado, Fred Schneikert, quien creyó entender que Magnus quería vender a su hermano Wernher. Decidió escoltarlo hasta Reutte para que negociara con un superior, perteneciente al Cuerpo de la Contra Inteligencia (CIC) de la División 42. Allí le dijeron a Magnus que regresara a ver a su hermano para explicarle que lo que tenía que hacer era bajar a Reutte y rendirse él mismo.

Cuando Magnus volvió con las instrucciones que le dieron los norteamericanos, Dornberger, Von Braun y su grupo, empaquetaron sus pertenencias en tres furgonetas y condujeron los vehículos a Reutte. En la población austriaca los recibió el teniente Charles Stewart y fueron alojados en habitaciones individuales.

Von Braun y Dornberger estaban convencidos de que poseían información de un gran valor para el Ejército estadounidense y pidieron entrevistarse con *Ike*, el nombre familiar del general Dwight Eisenhower.

CAPÍTULO 5

El reparto

Operación Paperclip

Desde el momento en que los misiles alemanes alcanzaron Londres, tanto británicos como rusos y estadounidenses pusieron su atención en la nueva arma de guerra. A pesar de que cualquiera de los bombardeos masivos de la aviación de los Aliados descargó sobre su objetivo más toneladas de explosivos que las V-2 durante toda la guerra, y del elevado coste de cada misil, se trataba de un desarrollo que exigía la aplicación de tecnología muy avanzada. Los ejércitos de los tres países que invadieron Alemania tenían instrucciones de apresar a Von Braun y sus colaboradores, así como de apoderarse de todos los misiles y materiales, relacionados con estas armas, que encontrasen. El juego que practicaron entre ellos no fue muy limpio. Cuando los británicos solicitaron a los soviéticos permiso para visitar las bases de lanzamiento de las V-2 que habían tomado en Blizna (Polonia), Stalin se las ingenió para retrasar la inspección lo indecible. Mientras tanto vació las plataformas y se llevó a Moscú un motor de V-2. Los estadounidenses fueron más allá y se hicieron con todo el material que pudieron, aun cuando estaba fuera del territorio alemán que les correspondía, de acuerdo con el reparto acordado por los Aliados en febrero de 1945 en Yalta.

Al final de la guerra, los norteamericanos pusieron en marcha una operación bautizada con el nombre de *Paperclip*, mediante la que pretendían trasladar a Estados Unidos a los científicos y técnicos alemanes de mayor relevancia. En la lista, Von Braun figuraba a la cabeza de los expertos en misiles.

En abril de 1945, el coronel Holget Toftoy, jefe del Servicio de Inteligencia de Armamento y Material del Ejército de Estados Unidos en Europa, recibió una petición de Washington para que enviara 100 V-2 a Nuevo México. Estos misiles los demandaba el Proyecto Hermes, cuyo objetivo era el desarrollo de un misil guiado, que el Ejército había contratado con General Electric al tener noticia de los lanzamientos de las V-1 y V-2, en 1944. Como

Toftoy no sabía nada de misiles encargó a los comandantes William Bromley y James Hamill que ejecutaran la orden.

Dos días después de que Von Braun abandonara Mittelwerk, el 11 de abril de 1945, el Ejército de Estados Unidos ocupó el área de Nordhausen, pero este territorio caía en la zona de influencia soviética —de acuerdo con la partición de Alemania que ya se había hecho— y el 1 de junio los norteamericanos debían transferirlo a los soviéticos, aunque la fecha se pospuso al 21 del mismo mes.

Bromley y Hamill se trasladaron al centro de Alemania en busca de misiles y con muchas dificultades, entre el 22 y el 31 de mayo, consiguieron cargar un tren diario con materiales que partían de Nordhausen a Amberes y de allí embarcaban con destino a Estados Unidos.

Al mismo tiempo que Bromley y Hamill buscaban V-2 completos y partes, para sacarlos del país, el capitán Robert Staver que trabajaba para el Subcomité de Objetivos Combinados de Inteligencia Anglo Americano (CIOS), reclutaba técnicos, expertos en misiles, que quisieran ponerse al servicio de Estados Unidos. En cuanto el Ejército norteamericano ocupó Nordhausen, Robert Staver se trasladado a Mittelwerk a toda prisa. Fue el primero en recorrer los túneles de la fábrica de misiles y contemplar horrorizado los campos de concentración, atestados de cadáveres que se apilaban en las proximidades de las instalaciones. Allí encontró a expertos que no se habían trasladado al sur con el grupo de Dornberger, como Eberhard Rees, Karl Otto Fleischer y Walther Riedel, el último jefe de diseño (que sustituyó a otra persona casi con su mismo nombre: Walter Riedel). Riedel estaba encerrado en una cárcel en Saalfeld y tenía un diente roto, de un puñetazo que le dieron los soldados norteamericanos durante un interrogatorio en el que Walther se atrevió a mencionar algo relacionado con una bomba bacteriológica. Staver logró que Fleischer le dijera el lugar donde Huzel y Tessmann habían escondido la documentación. La mina estaba al norte del macizo montañoso de Harz, en una zona que correspondía a los británicos. Staver cargó las 14 toneladas de documentos y los envió a Estados Unidos, sin dar cuenta a sus aliados del transporte.

Von Braun y Dornberger, junto con su grupo, fueron trasladados de Reutte a la estación de esquí de Garmisch, lugar en el que se celebraron los Juegos Olímpicos de 1936, y allí se reagruparon, aproximadamente, la mitad de los 500 técnicos que Kammler había enviado a los Alpes bávaros en compañía de sus guardias de las SS. Los expertos en inteligencia de los distintos servicios de los Aliados, que competían entre sí, los sometieron a múltiples interrogatorios.

Como ni los servicios de correos, ni las comunicaciones funcionaban, los internados en Garmisch no sabían nada de sus compañeros de Mittelwerk ni de sus familias. Vivían aislados.

Von Braun y Dornberger intentaron convencer a sus carceleros de que era posible negociar de forma conjunta una fórmula de colaboración con los norteamericanos. Con la salvedad de Arthur Rudolph ningún alemán era un nazi convencido, todos habían trabajado para el Tercer Reich, en defensa de su país y, a cambio de su lealtad al régimen, se les había permitido ejercer su profesión.

El 15 de mayo, Von Braun entregó a sus custodios un documento titulado *Informe sobre el desarrollo de cohetes líquidos en Alemania y sus posibilidades futuras. El Profesor* afirmaba que el desarrollo de los cohetes de propergol líquido cambiaría la aeronáutica civil y militar en el mundo, pero que para eso harían falta grandes inversiones y la concurrencia de miles de especialistas. Y cuando se dominara el arte de los cohetes, entonces sería posible viajar a otros planetas, aunque primero el hombre iría a la Luna. *El Profesor* dejó que su imaginación se explayase y anunció un futuro repleto de aviones cohete, telescopios espaciales, espejos gigantes capaces de alargar la duración del día en algunos puntos de la tierra, satélites y viajes interplanetarios.

En Garmisch, además de participar en los interrogatorios, los técnicos alemanes organizaron una serie de actividades sociales: conciertos de piano, música, conferencias, clases de inglés y lecturas en la biblioteca.

Dornberger ejercía una cierta autoridad moral sobre todos, incluido Von Braun, que era la cabeza visible ante los norteamericanos por su conocimiento del idioma.

Tanto a *El Profesor* como a Dornberger, se les permitió hablar con los reporteros, que les hicieron algunas entrevistas. Los periodistas se sorprendían de la actitud de los líderes alemanes, altiva, en la que no dejaban traslucir el menor signo de arrepentimiento por haber construido armas de destrucción, con las que Hitler amenazó al mundo. Incluso Von Braun llegó a decir que si le hubieran dejado trabajar dos años más, Alemania habría ganado la guerra con sus misiles. Mientras que un reportero veía en Wernher un ejemplo icónico de la raza aria que proponía el Tercer Reich, Dornberger le parecía una especie de rata, ejemplar típico del rígido militar alemán.

El 17 de mayo, Von Braun recibió la orden de prepararse para viajar, aquel mismo día, a Nordhausen. Con él fue también el doctor Richard Porter, jefe del proyecto Hermes de General Electric.

El capitán Staver había solicitado la presencia de *El Profesor* en Nordhausen y, aunque en principio se la negaron, sus jefes terminaron por autorizarla. Riedel y otros expertos le habían confesado a Staver que Von Braun era un personaje clave para aglutinar al equipo de técnicos de Nordhausen y convencerlos de que colaborasen con los norteamericanos. Durante los días que siguieron a este viaje, Von Braun se entrevistó con muchas personas y consiguió que Staver llenara un tren de colaboradores, con prisas, porque la fecha de ocupación de los soviéticos se le echaba encima. Los expertos que así lo decidieron, y sus familias, acompañaron a Staver en su tren, junto con Von Braun, a las ciudades de Witzenhausen y Eschwege, ubicadas en la zona asignada a Estados Unidos.

A lo largo de tres meses, Von Braun trabajó sin cesar para acomodar a los refugiados y discutió con Porter, Staver y sus allegados, la composición y el número de personas que haría falta para poner en marcha el proyecto de desarrollo y construcción de cohetes en Estados Unidos.

Al mismo tiempo —justo al otro lado de la línea que los separaba de la zona de influencia soviética y después del primer momento de frustración al encontrar casi vacías las instalaciones de Mittelwerk— las autoridades de la URSS trataban de enrolar en su nómina a expertos alemanes en misiles. Transmitían por radio las condiciones de empleo, el salario y prometían que el trabajo se desarrollaría en Alemania; incluso llegaron a acercarse a la frontera para hace ofertas con altavoces a Steinhoff y Von Braun.

A finales de julio de 1945, Toftoy obtuvo autorización de Washington para contratar a los técnicos alemanes y trasladarlos a Estados Unidos. El coronel se desplazó a Witzenhausen para cerrar un número, que en principio Von Braun había establecido en unos 500, después Porter y Staver rebajaron a 350 y, al final, se vio reducido a 124 expertos. Los contratos se harían por un año, o por seis meses, prorrogables otros seis meses, aunque casi todos los firmantes tenían la intención de que se transformaran en indefinidos y que sus familias se trasladaran a vivir a Estados Unidos. Prueba de ello es que Von Braun escribió a Dieter Huzel para urgirle a que se casara lo antes posible con su prometida, ya que de esta forma podría figurar en la lista como dependiente suyo cuando se marcharan a Estados Unidos.

Mientras los estadounidenses elaboraban la lista de expertos que iban a contratar y los rusos ofrecían trabajo en condiciones ventajosas a los técnicos que aún quedaban en el territorio bajo su control, los británicos buscaban expertos alemanes para su programa: Operación Backfire. Dicho proyecto consistía en dotar al Ejército británico con experiencia en el manejo de misiles mediante el lanzamiento de algunas V-2 desde el puerto de Cuxhaven, situado en el Mar del Norte. Para facilitar el desarrollo de estas actividades, a mediados de julio de 1945, Dornberger fue enviado a Cuxhaven, pero al poco tiempo lo internaron en un campo de concentración habilitado para alojar militares de alta graduación alemanes.

Von Braun figuraba en las listas de la Operación Backfire como una persona útil para el desarrollo de la tecnología de misiles en el Reino Unido, al que convenía interrogar y ofrecerle trabajo. El Ejército británico contactó con el de Estados Unidos para solicitarle que apresaran a Von Braun, Steinhoff y otros alemanes, expertos en cohetes. Su petición no fue atendida y con posterioridad pidieron a su aliado que les prestara por una semana a Von Braun, Axster, Steinhoff y Rees.

A finales de agosto o principios de septiembre de 1945, después de dudarlo mucho, el Ejército de Estados Unidos autorizó el desplazamiento de los expertos alemanes a Londres. Wernher pasó una semana en la capital del Reino Unido, internado en un campo en Wimbledon adonde los ingleses habían concentrado expertos en cohetes alemanes, y hasta pudo contemplar, con cierta indiferencia, el efecto de las V-2 en alguna vivienda de la ciudad.

El Profesor fue interrogado por sir Alwyn Crow, en un encuentro que a Von Braun le pareció discurrir de forma amigable.

Wernher y sus colegas regresaron a Alemania y el 12 de septiembre partió en automóvil hacia París. El 14 de septiembre, de madrugada, llegó un castillo cerca de Versalles, donde *El Profesor* firmó un contrato de trabajo para el Departamento de Guerra de Estados Unidos, con una duración de seis meses, prorrogable por otros seis. En París permaneció hasta el 18 de septiembre. Ese día embarcó en un DC-4 militar (C-54) que lo trasladaría a la tierra, en la que Sigismund le había dicho, que podría construir un cohete para llevar al hombre a la Luna.

El Instituto Nordhausen

El 13 de julio de 1944 Winston Churchill pasó a Iósif Stalin el mensaje de que los alemanes estaban desarrollando un nuevo cohete que ponía en peligro a la ciudad de Londres. Le solicitaba ayuda para que un grupo de investigadores británicos se desplazara a Polonia con el objetivo de estudiar los restos de un misil de pruebas, lanzado por los alemanes. Stalin se tomó la cuestión en serio y también envió especialistas a Polonia. Pronto, los británicos y soviéticos comprendieron que Hitler poseía un misil capaz de suministrar más de 20 toneladas de empuje.

Stalin puso a Gueorgui Malenkov, una persona de su absoluta confianza, al frente de un comité especial cuya misión era extraer de Alemania todo el conocimiento que fuera posible, relacionado con las V-2.

A lo largo de 1945, los soviéticos enviaron a Alemania varios grupos de especialistas interesados en la tecnología de las V-2.

Tan pronto como Peenemünde, Nordhausen y Lehesten cayeron en manos de la URSS, los militares soviéticos destacaron expertos para inspeccionar las instalaciones y hacerse cargo de ellas.

La explosión de las bombas atómicas en Hirosima y Nagasaki, a principios de agosto de 1945, pusieron de manifiesto la trascendencia bélica que tendría en el futuro, el dominio de las tecnologías nuclear y de misiles de forma simultánea. Adquirir la tecnología de las V2 se convirtió en algo apremiante para Iósif Stalin.

Los planes del comité de Malenkov se vieron entorpecidos porque los americanos habían vaciado Nordhausen, Peenemünde fue destruido por los alemanes y muchos trabajadores de las V-2 se habían pasado a las zonas de influencia estadounidense.

En medio de aquella algarabía y confusión, el 8 de septiembre de 1945, unos días antes de que Von Braun abandonara Alemania, Koroliov pisó el suelo de aquel país por primera vez en su vida. Serguéi Pávlovich Koroliov recibió la orden de trasladarse desde Moscú a Viena y de allí a Berlín. Con el grado de teniente coronel —rehabilitado tras su penosa estancia primero en el Gulag y después en las *sharashkas*— el joven ingeniero portaba la orden del general Gaidukov de organizar un servicio independiente, el *Vystrel*, para estudiar el lanzamiento de misiles. Su antiguo compañero de *sharashka,* Valentín Glushkó, se había hecho cargo del centro de motores de Lehesten, el mes anterior.

La mayoría de los técnicos del entorno de Von Braun quedaron en poder de los americanos, pero miles de expertos seguían en territorios pertenecientes a la zona controlada por la URSS. Los soviéticos trataron de captar a todos los especialistas que pudieron para que se incorporasen a los centros de investigación, desarrollo y producción de misiles A-4, bajo su control. Muchos de los que se presentaron no habían trabajado nunca en el programa de misiles alemán, pero eran excelentes profesionales.

Para formar su equipo, a Serguéi se le asignó un automóvil Opel con el que recorrió los distintos centros en los que trabajaban los grupos de técnicos y militares soviéticos, expertos en misiles, con empleados alemanes. Disponía de cartas y documentación que le facilitaban el acceso a los establecimientos militares, gasolina, y alojamiento en cualquier lugar. Durante unas semanas, el joven Serguéi pudo disfrutar de una libertad como hacía muchísimo tiempo que no experimentaba. Enseguida se dio cuenta de que los grupos soviéticos no estaban bien coordinados, lo cual podía explicarse dadas las circunstancias.

Al poco tiempo de su llegada a Alemania, los soviéticos recibieron una invitación de los británicos para presenciar en Cuxhaven el lanzamiento de algunos V-2. Koroliov formó parte de la delegación rusa que acudió al evento, el único que no lo hizo vestido con su uniforme habitual sino con otro de capitán de artilleros, de acuerdo con las instrucciones de la NKVD. En la delegación rusa participaron el general Sokolov, Pobedonostsev, Glushkó y Koroliov. Los británicos descubrieron con facilidad al falso capitán, por sus observaciones, talante y la ausencia de condecoraciones en la pechera, algo inusual en un oficial que hubiese combatido en el frente. Los lanzamientos discurrieron con normalidad, aunque no pudieron observar la trayectoria de los misiles porque el cielo estaba cubierto de nubes. Todos los que manipularon las V-2 eran alemanes; a Serguéi le sorprendió la ausencia de británicos en los equipos técnicos de las demostraciones.

Koroliov, en seguida se dio cuenta de que su grupo, el *Vystrel*, tardaría tiempo en estar en condiciones de efectuar lanzamientos de V-2, aun con la ayuda de los alemanes.

Los Aliados se habían apropiado de misiles terminados y probados, de lanzaderas, de plantas de producción de oxígeno y de tropas entrenadas en el manejo de las V-2. Los soviéticos habían llegado tarde a la hora de repartirse el botín, aunque disponían de partes de misiles y controlaban lo que fueron las principales instalaciones de producción y desarrollo, desmanteladas, algunas muy dañadas, aunque en otras, como la de Lehesten, encontraron muchas cámaras de combustión recién construidas, motores de A-4 y equipamiento para el transporte y llenado de combustible de los depósitos de los cohetes, hasta el punto de que Glushkó había empezado a efectuar ensayos con las cámaras de combustión en Lehesten. También disponían de algunos fuselajes del A-4 en Bleicherode, más o menos listos para que se instalaran los motores.

A principios de 1946, los distintos equipos rusos que trabajaban en Alemania con el objetivo de asimilar la tecnología de las V-2, funcionaban, sin una coordinación efectiva.

En aquellas condiciones, Serguéi no era capaz de anticipar la fecha en que su equipo estaría listo para lanzar una V-2.

En febrero, el rango de Koroliov fue equiparado a coronel —al igual que Glushkó y otros cuatro jefes de grupo destacados en Alemania que ya ostentaban esta graduación— y a los pocos días el general Gaidukov anunció la creación del Instituto Nordhausen que asumiría el mando de todas las actividades relacionadas con las V-2. El cuartel general del nuevo instituto se estableció en Bleicherode y Serguéi Koroliov fue designado Jefe de Diseño de la organización, así como segundo en la línea jerárquica del Instituto, a las órdenes de Gaidukov. Serguéi nombró a un colaborador suyo para que se hiciera cargo del equipo *Vystrel*, que hasta entonces había liderado, y se dotó de un ayudante, un joven, imaginativo y apasionado ingeniero recién salido de la universidad: Vasili Pávlovich Mishin.

Con el ascenso, Koroliov decidió sustituir su modesto automóvil Opel Olympia por un impresionante Horch fabricado por Auto Union. Al jefe de diseño le encantaba circular a gran velocidad por las estrechas callejuelas de Bleicherode. En sus temerarios paseos solía llevar consigo algún invitado, arrepentido de haber aceptado el ofrecimiento de Serguéi para que comprobara las virtudes mecánicas de su Horch.

Nadie se atrevía a hablar, y oficialmente la gente ignoraba, aunque todos sus compañeros sabían que, tanto Glushkó —que entonces dependía de Serguéi— como Koroliov, habían pasado varios años en las cárceles del régimen. Este era un asunto que no se podía mencionar, pero que de algún modo acompañaba, en silencio, allá donde fueran, a los dos jefes del Instituto Nordhausen. La gente les tenía un cierto respeto. Ellos no se llevaban bien, aunque trataban de disimularlo y Serguéi era muy poco expresivo con los demás en todo cuanto estuviera relacionado con su vida privada. Sabía que aún no estaba completamente rehabilitado.

En marzo de 1946 los soviéticos autorizaron a que las esposas y los hijos de muchos de los expatriados en Alemania se trasladaran a vivir con ellos. No todos se alegraron de la noticia, demasiados mantenían relaciones más o menos estables con alguna amante.

El 13 de mayo de 1946, Stalin creó la industria de misiles soviética y sus oficinas principales se establecieron en Podlipki, en las afueras de Moscú. Al mismo tiempo se instituyó el NII-88, el laboratorio nacional responsable del desarrollo de estas tecnologías. En Alemania, Gaidukov ordenó la construcción de dos trenes equipados para poder realizar el traslado de todo el material relacionado con las V-2.

Aunque las relaciones con Ksenia eran ya muy distantes, la esposa de Koroliov y su hija Natasha, viajaron a Alemania en mayo y los tres recorrieron el país, con su potente automóvil Horch, durante las vacaciones veraniegas. Es posible que Serguéi tratara de recomponer, por segunda vez, su vida familiar con su mujer, pero en septiembre, cuando Natasha tuvo que regresar al colegio en Moscú, los dos concluyeron que su matrimonio tenía difícil arreglo, aunque aún no estuviera definitivamente roto.

Cuando su familia abandonó Alemania, Serguéi se entregó por completo al trabajo. El plan del entramado de laboratorios y centros alemanes que operaba bajo la supervisión de Koroliov tenía como objetivo fabricar y lanzar, primero, un V-2 y posteriormente construir una versión mejorada de este misil: el R-1.

Durante aquellos meses, Serguéi pudo contemplar, no sin frustración, el gran avance tecnológico realizado por el equipo de Von Braun, en el desarrollo de misiles balísticos de largo recorrido, que tuvo lugar mientras él permanecía encerrado en las cárceles soviéticas. Estudió con detalle las V-2, sobre todo para tratar de encontrar los elementos que podían mejorarse. A veces llegó a pensar que el misil alemán tenía muchas deficiencias y que estaba obsoleto. Una de las mejoras que se le ocurrió fue la de utilizar la superficie externa del cohete como parte de los depósitos de combustible, en vez de colocar en el interior un tanque. De este modo se podía reducir el peso y aumentar el alcance. También se sorprendió con los nuevos diseños de los alemanes, el A-9/A-10, un cohete con dos etapas, la primera (A-10) era una versión mejorada del A-4 y la segunda (A-9) contaba con alas. El cohete ascendería a unos 200 kilómetros de altura con el A-10 y después planearía. Algunos de sus colegas creyeron que aquella sería un arma con la que Hitler pensaba bombardear Estados Unidos. Koroliov creyó intuir que Von Braun tenía en mente la posibilidad de emplear el A-9 para poner en órbita terrestre una nave espacial y con el A-10 se facilitaría la reentrada en la atmósfera y el aterrizaje de la misma, después de un largo planeo. Koroliov solía comentar con sus compañeros que, si a un misil balístico se le aumentaba la velocidad a la que se cortaba el empuje del motor cohete, la carga de pago empezaría a orbitar la Tierra y que, si se aumentaba esa velocidad en un 40%, llegaría a la Luna. Con aquellas palabras cundía el entusiasmo en su equipo, al comprender que su misión tenía un futuro excepcional.

Viaje forzoso a Moscú

Winston Churchill fue el primero en acuñar el término *telón de acero*. Finalizada la guerra, las relaciones entre la Unión Soviética y las potencias occidentales empezarían a deteriorarse. A Estados Unidos y Gran Bretaña les preocupaba el control que Stalin ejercía sobre todos los países del bloque comunista, así como la expansión de este sistema político, cuyos principios y valores eran incompatibles con el mundo libre. Preocupados por las actividades de los soviéticos en Alemania, los Aliados acordaron prohibir los desarrollos de misiles en el territorio alemán. Gaidukov continuó con sus trabajos, aunque con mayor discreción, pero era imposible ocultar a sus aliados, tan próximos, una industria que movilizaba a miles de personas.

Iván Serov, el delegado de Beria en Alemania y jefe de la policía secreta, vigilaba todos los movimientos de Gaidukov y sus hombres. Tal y como era su costumbre informaba puntualmente de los fracasos y elaboraba listas de sospechosos.

Aquél verano de 1946, en agosto, Serguéi había enviado a su colaborador Mishin a Moscú para que fuese preparando las instalaciones de Podlipki en previsión de los acontecimientos que sabía que no tardarían en ocurrir. Los técnicos alemanes que colaboraban con los soviéticos recibieron ese mismo verano la petición de elaborar una lista con las posibles mejoras que se podían introducir en los misiles A-4. Fue Helmut Gröttrup quien se encargó de formularla, después de recoger la opinión de sus colegas y presentarla a los rusos. La respuesta estaba inspirada en los diseños del A-9 y A-10 elaborados por el equipo de Von Braun, que nunca salieron del tablero de dibujo.

Helmut Gröttrup era un ingeniero de primer nivel, que se había incorporado al equipo de Von Braun en Peenemünde, como ayudante de Steinhoff, en el departamento de guiado y control. No quiso desplazarse a Estados Unidos, por razones familiares y prefirió quedarse en Alemania y colaborar con los soviéticos. En realidad, fue su esposa Inmgardt quien negoció en septiembre de 1945 las condiciones para que su marido aceptara la oferta de los soviéticos: dos vacas para que no les faltara leche a los niños, caballos, un chófer, servicio doméstico, una buena casa y alimentos de la despensa del Ejército Rojo. A cambio, Helmut no escatimó esfuerzos, por lo que no tardaría mucho en ser promocionado: un año después, de él dependían unos 500 empleados en la planta de fabricación de prototipos y había conseguido montar algunos misiles A-4.

Lo que nunca pudo imaginar Helmut fue hasta qué punto podía llegar Iván Serov para alcanzar los objetivos del Ejército Rojo.

El 21 de octubre de 1946 Gaidukov organizó una convención a la que invitó a unos 200 expertos alemanes en cohetes que colaboraban con los soviéticos. Después de la jornada de trabajo, en la que se discutieron los asuntos técnicos, invitó a todos sus huéspedes a un espléndido banquete. Junto con manjares que, en la Alemania de la posguerra, la gente pensaba que habían desaparecido para siempre de la faz de la tierra, hizo que los platos se regaran con magníficos vinos y después de la cena corrió el champán y el vodka. Gaidukov alzó su copa para brindar en numerosas ocasiones y los alemanes le respondieron con otros brindis, hasta bien entrada la noche. Sin embargo, los soviéticos que participaron del banquete apenas probaron el alcohol; habían recibido instrucciones de mantenerse especialmente sobrios. La fiesta terminó tarde y los alemanes se retiraron a dormir de buen humor a sus casas.

Aquella noche y durante la madrugada, los hombres de Iván Serov llamaron a las puertas de las viviendas de las familias de los técnicos alemanes, para conminarles a que reunieran sus pertenencias e hiciesen las maletas porque en una hora saldrían de viaje a Moscú, en donde estaba previsto que permanecerían durante cinco años. En la calle les esperaban coches y furgonetas que los transportaron a la estación de Klein Bodungen. Allí les aguardaba un tren con sesenta vagones.

Tardaron tres semanas en llegar a su destino.

A la deportación de los ingenieros y mandos alemanes siguió la de centenares de técnicos, con lo que en total unas seis o siete mil personas fueron desplazadas a la fuerza desde Alemania a Rusia. Si bien los más cualificados se alojaron en Moscú, en viviendas poco lujosas, el hospedaje de los técnicos en Gorodomlya, una isla en el lago Seliger, a unos 300 kilómetros de la capital soviética, dejaba bastante que desear.

Inmgardt Gröttrup organizó una inútil escandalera, antes de viajar a Moscú, que no sirvió para mucho. También serviría de poco la carta de protesta que Gröttrup escribió en el tren, ya de viaje. A principio de diciembre recibió una respuesta de las autoridades soviéticas en las que se esgrimía el derecho legal de su país a la reconstrucción, después de la guerra, y le advertía que, en el supuesto de que se negara a cooperar, podrían enviarlo a los Urales. Cuando Inmgardt llegó a Moscú, pudo constatar que las condiciones laborales que pactó para emplear a su marido, su patrono las había degradado, considerablemente.

En Moscú, Helmut Gröttrup se encontró con más problemas de los que esperaba. Acostumbrarse a la vida en aquella ciudad en la que los inviernos eran largos y fríos, con temperaturas de menos treinta grados centígrados, y en la que había carencia de casi todo y la gente se veía obligada a soportar larguísimas colas, para conseguir un poco de comida, no le resultó nada fácil. Pero lo peor ocurría en el trabajo, porque las instalaciones eran deficientes, muchos materiales y documentos se extraviaron en el largo viaje desde Alemania, y resultaba muy difícil contar con herramientas e instrumental adecuado.

De todas formas, en Moscú, los ingenieros alemanes recibían una paga que doblaba a la de sus homólogos soviéticos y tenían ciertos privilegios para conseguir alimentos, en una ciudad en la que escaseaban debido a los efectos de la guerra.

La deportación masiva de miles de trabajadores alemanes a Rusia, aunque los soviéticos trataron de llevarla a cabo con celeridad para evitar fugas, tuvo que paralizar durante varios meses todas las actividades relacionadas con el desarrollo de misiles en la Unión Soviética.

Gröttrup permaneció en la URSS durante cinco años, hasta el 28 de noviembre de 1953. Su estancia fue la historia de una frustración.

América

En otoño de 1945, cuando Von Braun llegó a Estados Unidos, acompañado de siete colegas, el coronel Toftoy los puso al cuidado del mayor James Hamill —un neoyorquino de aspecto limpio, graduado en física, que aún no había cumplido los 30 años.

Wernher y sus colaboradores alemanes firmaron un contrato inicial de seis meses.

Tras algunos interrogatorios fueron trasladados a las instalaciones del Ejército en Fort Bliss, al norte de El Paso, Texas. Cerca del emplazamiento militar, en medio del desierto, se encontraba la plataforma de lanzamiento de misiles White Sands, adonde los norteamericanos habían concentrado las V-2 capturadas en Alemania.

Von Braun, al igual que sus compañeros de viaje, no disponía de un pasaporte y sus movimientos en el país se hicieron en secreto, sin que se desvelara al público su identidad. Debían estar escoltados en todo momento.

La salud de Wernher se resintió y en El Paso le diagnosticaron una infección hepática, que lo obligó a permanecer en el hospital militar durante ocho semanas. No podía decir quién era, pero su inglés, muy deficiente, le impediría ocultar su condición de extranjero y enseguida se ganó el apodo de *El Alemán*. Aun así, los soldados le permitieron compartir con ellos algunas partidas de póker. Cuando lo dieron de alta, los técnicos recién llegados de Alemania —entre los que se encontraba su hermano Magnus— le organizaron una fiesta de bienvenida en Fort Bliss.

El siguiente grupo de exiliados no llegaría hasta el mes de febrero de 1946.

Hermann Oberth no estaba incluido en la lista de expertos en cohetes que se trasladó a Estados Unidos. Cuando finalizó la II Guerra Mundial, fue internado en un campo de concentración. Lo liberaron pronto y regresó a su casa con su familia, que entonces vivía en Feucht, cerca de Nuremberg. Los Aliados incautaron la casa de los Oberth, para dedicarla como refugio de las muchas personas que habían perdido sus hogares y los propietarios se vieron obligados a residir en dos habitaciones.

Allí, Oberth se encontró con que la guerra había transformado por completo el panorama familiar. Su hija Erna trabajaba en Núremberg como abogado después de haberse graduado en Berna; su hijo Adolf estudiaba química en Múnich; su hijo Julius había desaparecido en Rusia y su hija Isle había muerto en acto de servicio en 1944.

En Feucht a Oberth le resultó tan difícil encontrar algún trabajo que, para alimentar a los suyos, se dedicó a cultivar unos terrenos que le pertenecían y se encontraban junto al *castillo*.

Mientras tanto, en El Paso, se creó un equipo de 90 alemanes, expertos en el desarrollo de cohetes balísticos. Casi todos eran doctores o habían cursado estudios de ingeniería y la mitad, aproximadamente, pertenecían o habían pertenecido al Partido Nazi. Los militares norteamericanos se referían a ellos como los *científicos nazis*.

Se alojaban en barracones calurosos, con pocas comodidades; los cobertizos de Fort Bliss eran mejores que los que se habían improvisado en la plataforma de lanzamiento de cohetes de White Sands. Padecían escasez de agua potable y aunque las instalaciones no estaban valladas, tenían prohibido salir del campamento si no era acompañados de un escolta. Una vez al mes, en pequeños grupos, visitaban la ciudad de El Paso.

Wernher era el jefe del grupo y recibió dos encargos de Hamill: desarrollar un cohete de crucero supersónico con un motor estatorreactor y ayudar al personal de la empresa General Electric —que tenía un contrato con el Ejército para el diseño y pruebas de misiles— a montar los A-4 con los que se efectuarían lanzamientos experimentales en White Sands. Del estatorreactor debía diseñar dos versiones: con una carga de pago de 500 a 1000 kilogramos la primera y 3000 kg la segunda; estos misiles se impulsarían inicialmente con cohetes A-4.

La situación del equipo de Von Braun en Fort Bliss era muy precaria, sobre todo en cuanto a los medios e instalaciones que nada tenían que ver con los que estaba acostumbrado a disponer.

Wernher trató de mantener la moral de su gente. Casi todos eran jóvenes, sólo unos pocos habían pasado de los cuarenta años y para olvidar su situación organizaban verdaderas batallas con almohadas, sábanas, extintores y colchones. En varias ocasiones Hamill tuvo que llamar la atención a Wernher por el deficiente estado de orden y limpieza de los barracones que ocupaban. Los tumultos que organizaban eran una forma de liberar las muchas frustraciones personales de unos individuos desarraigados, que vivían pendientes de que sus familiares obtuvieran autorización para reunirse con ellos, de firmar un contrato de trabajo con un horizonte temporal suficientemente amplio y de conseguir un permiso de residencia que los liberase del régimen semi penitenciario en el que vivían.

En la ciudad alemana de Landshut, se había establecido un campamento donde se agrupaban los familiares con derecho a viajar a Estados Unidos para reunirse con los técnicos alemanes. El correo entre Fort Bliss y Landshut estaba sometido a censura y las cartas tardaban semanas e incluso meses en cruzar el océano. La gente se quejaba a Wernher de la demora y él trasladaba el problema a Hamill, pero la tardanza no se resolvía.

En las pocas cartas que les llegaban de Landshut algunas mujeres se quejaban del comportamiento de otras y estas disputas desencadenaban desavenencias en Fort Bliss que terminaban en la mesa de trabajo de Wernher. En varias ocasiones se vio obligado a intervenir para decirles a sus compañeros que todo el proyecto se podía venir abajo si no eran capaces de mantener el orden.

Wernher no supo nada de sus padres, Magnus y Emmy, hasta el mes de enero de 1946. Entonces supieron que habían abandonado su granja, ubicada en la Silesia polaca, para refugiarse en una casa del pueblo donde vivía el pastor religioso. Sus propiedades habían sido saqueadas por lo soviéticos. En cuanto a su hermano Sigismund: estaba en el Vaticano, con su familia.

Durante los primeros meses de 1946, el equipo de Wernher finalizó un diseño preliminar de misil de crucero supersónico con estatorreactor. Como era consciente de que su misión sería la de transportar una bomba termonuclear, preguntó cuál sería su peso. Era un dato confidencial, que nadie le proporcionó y que tampoco llegó nunca al despacho del mayor James Hamill. Las primeras bombas atómicas norteamericanas pesaban 4500 kilogramos.

En abril de 1946, la situación anímica de von Braun era muy tensa. Preocupado por la suerte de sus padres, consciente de que los estadounidenses los sometían a un aislamiento en el que tan solo consentían que la información fluyera en una dirección, afligido por las continuas quejas de sus subordinados y apenas sin medios para llevar a cabo el trabajo, su posición no le permitía mostrar signos de debilidad para desahogarse de la presión a la que estaba sometido.

En primavera, Milton Rosen, del Naval Research Laboratory (NRL), se entrevistó con Wernher en Fort Bliss. El NRL tenía la intención de desarrollar un misil que incorporase algunas mejoras con respecto al A-4. Von Braun se mostró cauto en todo cuanto tenía que ver con las innovaciones que proponía Rosen y el norteamericano lo tildó de conservador. Tendrían que pasar once años para que Von Braun y Milton Rosen se vieran envueltos en la competición norteamericana que logró colocar, por primera vez, un satélite de este país en órbita terrestre. Quizá entonces Milton recordase haberle echado en cara a Wernher su conservadurismo.

A partir del mes de mayo, el ánimo de Von Braun se templó y su espíritu sufrió una profunda transformación que culminaría en la siguiente primavera.

El equipo de Von Braun —que con el personal de General Electric montó algunos misiles A-4 (V-2), que el capitán Staver había enviado desde Nordhausen— después de salvar un gran número de dificultades, logró preparar una unidad para lanzarla el 16 de abril. Como casi siempre ocurría en aquel negocio, el primer vuelo no funcionó, pero en el segundo, el 10 de mayo, el A-4 alcanzó 112 kilómetros de altura. Otro de los primeros lanzamientos estuvo a punto de causar un importante incidente diplomático, porque el misil cayó cerca de Ciudad Juárez, en el estado mexicano de Chihuahua, pero con aquella salvedad el programa resultó un éxito. En vez de cabezas explosivas, los A-4 se equiparon con instrumentos para tomar medidas por encima de los 56 kilómetros y hasta los 120 kilómetros que solían alcanzar los misiles durante estos vuelos

En mayo, Wernher, compró un coche usado y acompañado de un escolta, viajó durante cinco días por California. Visitó Los Ángeles y San Diego y regresó a Fort Bliss entusiasmado con todo lo que había visto. Las magníficas autopistas, las ciudades con sus imponentes rascacielos, el tráfico de automóviles, la gente en los grandes almacenes y la abundancia de aparatos eléctricos en las viviendas, a los ojos de Wernher, transmitían la pujanza y riqueza de un país joven, optimista, libre y liderado por una nueva generación de emprendedores. Aquel viaje lo reconfortó, al igual que también disfrutaba de sus viajes en todoterreno por el desierto, cuando tenía que desplazarse a White Sands. El paisaje le recordaba las novelas del Oeste del escritor alemán Karl May.

En verano, Von Braun, se llevó una gran alegría al enterarse de que sus gestiones para repatriar a sus padres habían dado resultado y ya estaban en Alemania. El futuro se le presentó con mayor optimismo y tomó una decisión acorde con sus raíces más profundas de miembro de una familia conservadora, perteneciente a la más rancia aristocracia rural. El 3 de septiembre escribió una carta a sus padres en la que decía:

«Desde que estuve en Peenemünde desarrollé un silencioso amor por María von Quistorp y desde entonces me ha acompañado la idea de que ella era la mujer adecuada para mí. Ella no sabe nada de esto. En el último año antes del fin de la guerra, no mostré la más ligera indicación de esto, aunque durante ese tiempo estuve a menudo en Bauer y la vi y hablé con ella con frecuencia. La situación futura era tan incierta que no quería permitir que se desarrollara entonces un romance que pudiera haberse destruido tan fácilmente por los difíciles acontecimientos».

Hija de Alexander von Quistorp (*Allack*), hermano de su madre, María era prima hermana de Wernher. Acababa de cumplir 18 años, por lo que, a Wernher, tan solo le faltaba un año para doblarle la edad.

En su misiva del 3 de septiembre a sus padres, Wernher les pidió que fueran a la granja situada en el noroeste de Alemania, cerca de Norden, donde se había refugiado María con su madre y sus hermanos —al padre lo habían apresado los soviéticos— para preguntarle si se quería casar con él.

Magnus y Emmy no tuvieron que hacer el largo viaje que les pidió su hijo, porque dio la casualidad de que María estaba con ellos, en Landshut, el día que recibieron la carta.

Fue la propia María la que contestó con otra carta en la que le explicaba a su primo que su tío Magnus le había dicho, agitando la epístola que acababa de recibir: «Me dice Wernher que te pregunte si te quieres casar con él»; y ella le respondió: «nunca pensé en casarme con otra persona».

La respuesta de su prima le produjo una inmensa alegría y una gran sorpresa por lo poco que tardó en llegar.

De este modo, Von Braun, adquirió el compromiso de contraer matrimonio con una persona que contaba con el beneplácito familiar. En, al menos, una ocasión anterior se lo habían negado y justo por aquellas fechas, sus padres se oponían con rotundidad a una relación que mantenía su hermano Magnus y le habían pedido a Wernher que les apoyara en aquel asunto. Las relaciones entre los dos hermanos eran complicadas, porque a Magnus le costaba aceptar la posición dominante de Wernher, al tiempo que se sentía incómodo por los muchos favores que le debía. Wernher era consciente de esta situación y no quiso intervenir a favor de sus padres en su batalla con su hijo pequeño.

Sin embargo, no deja de resultar extraña la docilidad de los von Braun en cuestiones matrimoniales, sobre todo en el caso de Wernher, dada su habilidad para encandilar a las mujeres y los muchos escarceos amorosos que había protagonizado hasta entonces.

A finales de 1946, la situación de los técnicos alemanes en Estados Unidos mejoró. La posición de las autoridades estadounidenses con respecto a ellos estaba llena de contradicciones. En primer lugar, no querían que cayeran en manos de los soviéticos, quizá este era el punto en el que existía un acuerdo absoluto. De otra parte, el desarrollo de la tecnología de misiles balísticos de largo alcance no figuraba entre las prioridades de la cúpula militar; el país contaba con bombas atómicas, aviones para transportarlas y bases cerca de las fronteras de la Unión Soviética, lo que le proporcionaba una gran ventaja con respecto a su potencial enemigo. Y por último, la posible implicación de los técnicos alemanes con las atrocidades cometidas por los nazis, preocupaba a los políticos. Sin embargo, la noticia de la masiva deportación de expertos alemanes a la Unión Soviética hizo que a las autoridades estadounidenses les pareciera ridículo ocultar la existencia de los que habían viajado libremente a su país por lo que levantaron muchas de las restricciones que les habían impuesto en cuanto a sus desplazamientos. También a partir de diciembre de 1946, empezaron a llegar de Landshut a Estados Unidos los primeros familiares. El 8 de diciembre se haría pública la presencia de técnicos alemanes en Estados Unidos y la prensa pudo entrevistar a muchos de ellos. Fotos de Von Braun aparecieron en el *New York Times* y el *Washington Post*.

A finales de 1946, Wernher sufrió una profunda transformación religiosa. Sintió la necesidad de acudir con frecuencia a la iglesia y se planteó muchas de las cuestiones relacionadas con la guerra, la amenaza nuclear —Estados Unidos había lanzado la primera bomba atómica el año anterior sobre Hirosima— y el futuro de la tecnología y los viajes espaciales, en clave espiritual.

Von Braun se desplazó a Nueva York con Steinhoff para tratar con un fabricante de Long Island sobre un asunto relacionado con el sistema giroscópico de navegación y control de los misiles. Allí tuvo la oportunidad de reunirse, en Queens, con Willy Ley, escritor de ciencia ficción, a quien conocía de la época de la Sociedad para el Viaje Espacial (*VfR*). Willy fue quien le había presentado a su ídolo de la adolescencia, Oberth, y también quien abogó por su nombramiento como miembro de la directiva de la Sociedad. El escritor, de ideología comunista, había emigrado a Estados Unidos en 1935.

Poco después de este viaje, Von Braun regresó a Nueva York, esta vez para volver a Alemania. Los padres de Wernher habían perdido todas sus posesiones en su patria y no disponían de ninguna pensión del Estado, por lo que se consideraba que eran dependientes y estaban autorizados a reunirse con sus hijos en Estados Unidos. Sin embargo, María, no estaba casada con Wernher y por tanto no tenía derecho a que se la clasificara como dependiente. Hamill consiguió del coronel Toftoy una autorización especial para que Von Braun viajara a Alemania, se casase con María y regresara con ella y sus padres a Estados Unidos.

Wernher se agenció tres cartones de tabaco norteamericano y, con lo que le dieron por ellos al llegar a su país, compró flores y un regalo de boda para la novia. El 1 de marzo contrajo matrimonio con María von Quistorp, en la iglesia evangelista de Landshut, una ciudad católica. No pudo disfrutar de una corta luna de miel, ni siquiera en el viaje en barco de vuelta a Norteamérica. Solo las mujeres tenían derecho a una cabina, su padre y él durmieron bajo cubierta en una amplia sala con los soldados, mientras que Emmy y María lo hacían en un pequeño camarote. Tanto a la ida, como durante su estancia en Alemania, como a la vuelta, Wernher estuvo escoltado por guardias de seguridad para evitar que fuese secuestrado o asesinado. El 26 de mayo de 1947 arribaron a Nueva York y en El Paso los Von Braun fueron homenajeados en una brillante recepción por sus compatriotas. Durante un par de meses Magnus padre, Emmy, Magnus hijo, María y Wernher, vivieron en el mismo apartamento hasta que pudieron disponer de alojamientos separados.

Para Wernher von Braun empezaba una nueva y apasionante vida en América.

La copia rusa del A-4: el R-1

En febrero de 1947 Koroliov se instaló de nuevo en Moscú y al mes siguiente se cerró el Instituto Nordhausen. A Serguéi se le nombró responsable de uno de los departamentos de diseño de misiles balísticos de largo alcance del NII-88. Glushkó asumió la jefatura de diseño de otra división, la encargada de desarrollar los motores cohete. Los dos estaban al mismo nivel.

Los cambios en Podlipki convirtieron al NII-88 en el centro soviético de desarrollo de misiles balísticos de largo alcance. El general Lev Gonor fue designado para ocupar la dirección del centro que dependía del Ministerio de Armamento, liderado por el general Dimitri Ustinov. Yuri Pobedonostsev asumió el cargo de jefe de ingeniería, a las órdenes de Gonor.

El antiguo NII-1 se transformó en un centro de investigación científica en el que trabajarían los matemáticos que desarrollaron todos los cálculos de los programas más complejos que se efectuaron en la Unión Soviética durante la década de los años 1940. Mstislav Kéldysh, miembro de la Academia Rusa de las Ciencias —con quien Koroliov siempre mantuvo unas excelentes relaciones— dirigiría este centro.

La nueva organización era compleja y los recursos necesarios para el desarrollo de los cohetes balísticos de largo alcance se encontraban dispersos en varias unidades. Desde el primer momento, Serguéi tuvo la habilidad de liderar el comité informal que constituyeron los jefes de diseño de los principales departamentos que intervenían en el desarrollo de un misil de largo alcance.

Stalin creía firmemente en la necesidad que tenía la Unión Soviética de disponer de un misil capaz de transportar una cabeza nuclear a través del océano. En 1947 no disponía ni de lo primero ni de lo segundo, pero estaba empeñado en poseer el cohete y la bomba atómica. También opinaba que sus técnicos debían entender a la perfección cómo funcionaban las V-2 y efectuar algunos lanzamientos, con el material que habían capturado en Alemania, antes de iniciar sus propios desarrollos.

Koroliov admiraba a Stalin. No lo consideraba culpable de su encarcelamiento y le parecía un personaje inteligente, quizá por el apoyo que siempre otorgó al desarrollo de los misiles balísticos. Pero el que Stalin tuviera sus ojos puestos en los trabajos del NII-88 suponía que Beria y su hombre de confianza, Iván Serov, no dejaran de vigilar a Dimitri Ustinov que a su vez transmitía aquellas incómodas presiones a sus subordinados. Y también suponía que Serov y Ustinov definieran la estrategia que consideraron más adecuada para extraer de los técnicos alemanes deportados la mayor utilidad posible.

Nada más llegar, los soviéticos pidieron a los técnicos alemanes que presentaran el diseño de un nuevo misil, basado en el A-4, pero que lo superase ampliamente, al que bautizarían con el nombre de G-1. El diseño preliminar de este misil se aprobó por el NII-88 a finales de septiembre de 1947, aunque antes de empezar la construcción, el equipo de Gröttrup tendría que aportar información más detallada. La construcción del G-1 jamás se llevaría a cabo.

Al mismo tiempo que los alemanes trabajaban en el diseño del G-1, durante los meses de octubre y noviembre recibieron el encargo de poner a punto varios misiles A-4 —algunos construidos en Alemania y otros ensamblados en Rusia— para lanzarlos en la plataforma de Kapustin Yar, en Astracán.

Durante el primer lanzamiento de los A-4, el 18 de octubre de 1947, en la cuenta atrás, cuando descontaban el número cinco (siete, seis, cinco…), el cohete cayó a un lado. Interrumpieron la cuenta, lo levantaron y prosiguieron (cuatro, tres, dos, uno, cero…), salió de la plataforma, pero impactó el suelo a 20 millas del blanco. El ministro de Armamento. Dimitri Ustinov y el adjunto de Beria, Iván Serov, seguían los acontecimientos en la base. Serov no desaprovechó la ocasión para informar negativamente a sus superiores y le hizo ver a Gröttrup las pésimas consecuencias que podrían acarrearle más fallos.

En el segundo lanzamiento, dos días después, el A-4 efectuó una trayectoria correcta y Gröttrup fue felicitado por Koroliov, Ustinov y Serov.

Serguéi seguía de cerca las pruebas de los misiles alemanes. Las jornadas en Kapustin Yar eran agotadoras. Se levantaba a las cuatro y media de la madrugada y el trabajo se prolongaba hasta después de la media noche. Aun así y todo disponía de tiempo para enviar todos los días una carta a Nina Ivanovna Kotentova, una traductora de inglés que trabajaba en Podlipki, con la que había iniciado una relación sentimental.

Aunque el segundo lanzamiento de los A-4 resultó un éxito, Ustinov le pidió a Koroliov que investigara por qué en tan poco tiempo se había resuelto el problema del primer A-4. A los gerifaltes rusos no se les podía quitar de la cabeza la sospecha de que el fracaso del A-4 no fue casual, sino producto de un sabotaje.

Gröttrup trató de hacer ver a los rusos que un fallo como el del primer cohete era habitual en aquel negocio y que un sabotaje le parecía del todo impensable.

En otoño de 1947 se lanzaron once A-4; cinco de ellos impactaron en el blanco y los otros no. Era, según Gröttrup, una tasa de éxito similar a la que tuvieron los disparos de las V-2 durante las operaciones militares en Alemania.

Tras los lanzamientos en Kapustin Yar muchos técnicos alemanes fueron transferidos de Moscú a la isla Gorodomlya y Gröttrup enseguida se unió a ellos. En mayo de 1948 en Moscú ya no quedaban alemanes, todos se incorporaron al grupo liderado por Gröttrup, dotado de instrumentación y laboratorios, aislado del resto de los equipos soviéticos del NII-88.

Koroliov había recibido el encargo de producir un misil similar al A-4, el R-1, y otro que lo superase ampliamente, al que le pondrían el nombre de R-2. Serguéi hubiera preferido ignorar el primer encargo, para concentrarse en el segundo, pero sus jefes querían ir paso a paso y de acuerdo con su propia estrategia.

El 7 de septiembre de 1948 comenzaron las pruebas del R1 en Kapustin Yar. Los alemanes no fueron invitados. El primer lanzamiento del cohete R1, fabricado íntegramente en la Unión Soviética, fracasó debido a un fallo en el sistema de navegación, pero el siguiente, el 10 de octubre, fue un éxito. De los nueve R-1 que se probaron siete alcanzaron el objetivo.

El alcance de 190 millas y el buen comportamiento del motor, RD-100, desarrollado por Glushkó, resultaron muy alentadores.

Serov sí estuvo allí y tomó buena nota de lo ocurrido.

Koroliov podía sentirse satisfecho porque el R-1 se había construido por completo en la URSS, con materiales propios, lo que demostraba que la nación estaba en condiciones de abordar con garantías de éxito el programa de misiles. Su fabricación, que se completó en tan solo un año, implicaría a 35 institutos y oficinas de diseño y 16 fábricas. Serguéi y su equipo fueron los responsables de coordinar aquel magnífico esfuerzo.

Koroliov demostró su extraordinaria capacidad para motivar y coordinar grupos técnicos muy cualificados, en una situación difícil. Con la ayuda de Mishin, a finales de 1947 Koroliov había conseguido rodearse de un entusiasta y valioso equipo de más de 300 ingenieros y técnicos, que sentían admiración por su líder. La situación económica del país era desastrosa y en Podlipki, además de gestionar las cuestiones técnicas, el Jefe de Diseño tenía que encargarse de muchos asuntos relacionados con la provisión de alimentos, medicinas y habitáculos para su gente.

Del R-1 se harían más pruebas para perfeccionarlo y en 1950 entró a prestar servicio en el Ejército.

Paso a paso, esa era la consigna. Eran las directrices de Stalin, pero también se siguieron sus métodos, o los de sus allegados, para motivar al personal.

Koroliov, a cambio del incuestionable servicio que había prestado a su país, recibiría un severo castigo emocional cuya finalidad no era otra sino la de insinuarle lo mal que le podrían ir las cosas si no triunfaba. El artífice no pudo ser otro que el propio Iván Serov. En Moscú fue llamado para que se presentara ante Beria, que lo recibió con estudiada displicencia y le preguntó por qué los del *otro equipo* obtenían mejores resultados que él. No había *otro equipo* y Koroliov lo sabía, pero al gran policía del Estado le entusiasmaban aquellas extrañas intimidaciones. La historia no terminó con la zafia bronca de Beria, sino que durante un tiempo recibió numerosas llamadas telefónicas nocturnas y una voz, que se parecía a la de Beria, le siguió haciendo las mismas preguntas.

A finales de 1948 Koroliov se preguntaba por qué los alemanes de Gröttrup tenían el encargo de sacar adelante un misil, el G-1, que era igual que su R-2 y que jamás llegarían a producir; desde su encierro en la isla Gorodomlya carecían de contactos y acceso al complejo entramado de instituciones soviéticas que poseían los medios para fabricarlo.

No tardó en saber cuál era la respuesta.

Huntsville y el proyecto Marte

Poco después de instalarse en Fort Bliss con su esposa María, Von Braun y muchos de sus colaboradores se vieron implicados en el proceso de Núremberg que juzgaba los crímenes de guerra nazis. Las autoridades estadounidenses recomendaron al grupo de alemanes, refugiado en su país, que pasaran lo más desapercibidos que pudieran mientras la opinión pública estaba pendiente de estos juicios y no consintieron que Wernher se desplazara a Alemania para declarar.

En junio de 1947, una delegación de militares que juzgaba en Dachau a prisioneros nazis, acusados de haber cometido crímenes de guerra, se trasladó a White Sands.

Wernher escribió una declaración en la que afirmó que nunca había trabajado en Mittlewerk y que las 15 o 20 veces que lo había visitado fue para atender a reuniones de trabajo. Era consciente de que, en un principio, las condiciones laborales allí fueron malas, pero después mejoraron. A su juicio, el máximo y único responsable de la gestión de los obreros en Mittlewerk fue Albin Sawatzki, un hombre rudo y cruel, que actuaba directamente bajo las órdenes del general Kammler. Von Braun justificó su pertenencia al partido nazi y a las SS, por las presiones que había recibido de las autoridades alemanas y, en particular, del propio Himmler que llegó a ordenar su detención.

Wernher no mencionó a Georg Rickhey, ni a Rudolph, que llegó a Nordhausen con 60 000 esclavos de Buchenwald para construir la fábrica, ni a su hermano Magnus, a quien él mismo envió a Mittlewerk, desde Peenemünde, para dirigir la producción de giróscopos.

Rickhey había desempeñado el cargo de director de producción y Arthur Rudolph de ayudante al director de la fábrica de Nordhausen en la que trabajaron unos sesenta mil prisioneros de los que más de veinte mil se dejaron allí la vida. Georg y Rudolph afirmaron que desconocían las ejecuciones y condiciones deplorables que padecieron los esclavos de Mittlewerk. Rudolph llegó a declarar que las «condiciones de trabajo eran buenas».

Georg Rickhey fue absuelto y Von Braun y el resto de sus colegas, que permanecían en Estados Unidos, no llegarían a ser investigados.

En un informe de la Oficina Militar del Gobierno, de septiembre de 1947, se afirmaba que Von Braun no era un criminal de guerra y que, aunque perteneció al partido y a las SS, nunca fue un «ardiente nazi».

Wernher y sus colaboradores alemanes, con la ayuda del Gobierno de Estados Unidos, lograron evadir sus responsabilidades derivadas de las atrocidades que los nazis cometieron en Mittlewerk.

En 1948, Von Braun tuvo tentaciones de abandonar el Ejército para incorporarse a la empresa privada y hubo momentos en los que sus relaciones con Hamill no fueron demasiado buenas. A principios de ese año le presentó una carta de dimisión, porque Ernst Steinhoff había recibido una orden para incorporarse a un programa de la Fuerza Aérea en Álamo Gordo sin que, a él, que era su jefe, se le notificara la decisión previamente. Wernher compartía con Koroliov la necesidad de ser el primero en enterarse de los asuntos que concernían a los proyectos que dirigía. Hamill no le hizo caso y echó la carta a la papelera. Walther Riedel también dejó a Von Braun: se fue a trabajar a la empresa North American Aviation —que poco después cambiaría el nombre por el de Rocketdyne— para desarrollar un motor cohete inspirado en el del A-4.

A pesar de que su equipo no se enfrentaba a ningún reto profesional de gran envergadura, todos se llevaron una gran alegría, en febrero de 1949, cuando el cohete A-4 con dos etapas (Bumper) se elevó en la atmósfera 393 kilómetros.

Wernher estaba muy disgustado por el poco apoyo del Gobierno a sus proyectos espaciales y de desarrollo de misiles. Llegó a la conclusión de que en Estados Unidos era prácticamente imposible, que un dirigente autorizase las costosas inversiones necesarias para abordar los programas que él tenía en mente, sin el apoyo de la opinión pública. Y decidió iniciar una campaña de movilización popular, a favor de la conquista del espacio. Esta iniciativa le recordó los tiempos de entre guerras, en Alemania, a Max Valier y la película *Frau in Mond*.

Von Braun contactó con Hermann Oberth —que pasaba una mala racha en Alemania— y con Eugene Sänger que vivía en París. Se intercambió cartas con personas interesadas en los viajes espaciales, dentro y fuera de Estados Unidos.

En 1949 fue elegido miembro de la Sociedad Interplanetaria Británica.

Como sus obligaciones profesionales no le imponían un horario demasiado exigente, Wernher tuvo tiempo para dedicarse a escribir una novela de ciencia ficción. Empezaba a escribir después de su jornada de trabajo, por las tardes, y continuaba de madrugada, casi hasta el amanecer. Nunca le gustó levantarse temprano. Enfrascado en la producción de aquella obra le dedicaría todo su tiempo libre, aunque hizo un receso durante las vacaciones navideñas cuando María dio a luz a su primera hija, Iris.

La novela de Wernher, *The Mars Project,* se desarrolla en un mundo gobernado por un Estado global, nacido después de un conflicto nuclear entre Estados Unidos y sus aliados occidentales contra la Unión Soviética. En la novela, la victoria contra el comunismo se logra, ya en una situación desesperada, gracias a la estación espacial Lunetta, de Estados Unidos, desde la cual se lanzan bombas atómicas contra el territorio soviético. Von Braun ya había advertido al Ejército estadounidense, que el país que primero construyese una base nuclear espacial, que orbitase alrededor de la Tierra, la dominaría. La nación que surgió al final de aquella guerra mundial fue Estados Unidos del Mundo, que contaba con un poderoso Ejército y una formidable Fuerza Aérea. Un gigantesco telescopio espacial, también situado en una órbita terrestre, descubrió la presencia de actividad en los canales de Marte, generada por una avanzada civilización. La Tierra corría el peligro de que aquellos seres organizasen una expedición y se apoderaran de la base espacial Lunetta, con lo que los seres humanos quedarían a su merced. Por este motivo, en su novela, Wernher organizó un viaje al planeta rojo en el que participaron 10 naves — con 70 astronautas a bordo— construidas en el espacio, con partes que habían colocado previamente en órbita terrestre otros vehículos. Cuando las naves llegaron a Marte, tres de ellas descendieron a la superficie marciana con 30 astronautas, mientras que el resto de la expedición se quedó en una órbita alrededor del planeta. Las tres naves que se posaron en Marte se denominaban *Oberth*, *Goddard* y *Tsiolkovsky*. Von Braun hacía así justicia a los padres de la Astronáutica, aunque se dejó al francés Esnault-Pelterie, quizá intencionadamente. Transcurrido un año, cuando finalizaron su misión, los expedicionarios terrestres regresaron con sus naves a las que orbitaban Marte para volver juntos al planeta azul. En total la aventura duró tres años, un tiempo que vendría marcado por la necesidad de emprender el regreso en un momento en el que Marte y la Tierra se encontraban en el lugar adecuado.

Hay que resaltar que Von Braun aún no había resuelto el problema del calentamiento de una cápsula espacial durante la reentrada en la atmósfera, por lo que sus vehículos estaban dotados de alas para efectuar esta maniobra planeando. Además, el propelente de sus cohetes era almacenable, hidracina y ácido nítrico, a pesar de su menor densidad energética comparada con el oxígeno líquido, debido a la dificultad de mantener a bordo durante tanto tiempo este comburente.

Von Braun elaboró un anexo, de unas 120 páginas, con todos los números que hizo auxiliado de una simple regla de cálculo, para dimensionar las naves, estimar los pesos, determinar las órbitas y trayectorias, evaluar las necesidades de combustible, los tiempos de vuelo, el empuje necesario de los cohetes y todos los detalles de la misión. Los cohetes de las naves eran realmente monstruosos, porque pesaban el doble y su empuje era cuatro veces mayor que el del gigantesco Saturn V, que llegó a diseñar el propio Von Braun, años más tarde. Incluso estimó que el coste de la operación sería del orden de dos mil millones de dólares. La cifra era muy elevada, pero no superior a lo que, según él, costaba algunos meses de cualquiera de las modernas guerras, en las que los occidentales se habían involucrado durante los últimos años.

En verano de 1949 Dornberger, que trabajaba en Dayton, visitó a los Von Braun en Fort Bliss. Leyó la novela y le pareció que sería una de las más vendidas en 1950, cuando se tradujera al inglés y se editase.

No fue así, porque a Von Braun le costó encontrar alguien dispuesto a publicar *The Mars Project*. En general los editores opinaban que carecía de historia, le sobraban muchos cálculos y era un libro que tan solo podría interesarle a quien tuviese la intención de construir naves espaciales de aquellas características; además, casi todos los editores echaban en falta una chica en la trama. Hasta dieciocho editoriales rehusaron publicarla.

Pero en 1949, ocurrieron otros acontecimientos que marcarían un nuevo rumbo en la vida de Von Braun.

La explosión, en agosto de 1949, de la primera bomba atómica soviética, hizo sonar todas las alarmas en los círculos militares estadounidenses y británicos. La sospecha de que el espionaje soviético, en el Reino Unido, había contribuido de una forma decisiva al desarrollo del armamento nuclear en la URSS, provocó un auténtico terremoto en los servicios de inteligencia occidentales. El 1 de octubre de 1949, a la manifestación de poder soviética se añadió la victoria de otro régimen comunista en China. El mundo estrenó una nueva forma de beligerancia: la *guerra fría*.

El Ejército estadounidense decidió enviar a los técnicos alemanes de Fort Bliss a Redstone Arsenal, en Huntsville, Alabama.

A finales de 1949, Von Braun aún no disponía de una documentación en regla, que le permitiera iniciar los trámites para solicitar la residencia o nacionalidad en el país que lo había acogido. El 2 de noviembre consiguió los permisos necesarios para cruzar la frontera en El Paso, presentarse en el consulado estadounidense de Ciudad Juárez con una solicitud de inmigración y volver a Estados Unidos; en la frontera le pusieran un sello de entrada, cuya fecha marcaba el inicio del plazo de cinco años, necesario para solicitar la ciudadanía estadounidense. Dos días después, se hizo público en El Paso que los alemanes abandonaban Fort Bliss para establecerse en Huntsville.

En Huntsville, Wernher decidió comprar una parcela para construir su casa. Invirtió 900 dólares en la adquisición del terreno. Por primera vez, desde que llegó a Estados Unidos, tuvo la sensación de que se le había asignado una tarea, importante para el Ejército, que su organización formaba parte del entramado industrial del país y que su puesto de trabajo se parecía al de un ejecutivo de cualquier organización militar. Ser dueño de una vivienda lo acercaba un poco más al perfil del ciudadano medio del país que había elegido para vivir con su familia y en el que deseaba convertir en realidad sus proyectos profesionales.

Wernher se incorporó al Centro de Misiles Guiados de Armamento y Construcción de Redstone Arsenal, cuya jefatura ostentaba el mayor James Hamill, como director de proyectos. Cuando se trasladó, el principal programa del grupo de Von Braun seguía siendo el misil de crucero supersónico estatorreactor, que a su juicio no tenía más sentido que mantenerlos ocupados, pero sabía que muy pronto le llegaría el encargo que había motivado el traslado.

En junio de 1950 se desencadenó la Guerra de Corea y el presidente Truman incrementó sustancialmente el presupuesto de Defensa. El proyecto de misil estatorreactor de crucero supersónico se hallaba muy lejos de alcanzar un estadio cercano a la puesta en servicio; el Ejército perdió por completo el interés en estos misiles. A cambio, en septiembre de 1950, remitió a Huntsville el mandato de diseñar un nuevo misil balístico.

Para Von Braun el camino más corto que le permitiría desarrollar aquel misil pasaba por mejorar el A-4. En Los Ángeles, North American Aviation, trabajaba en el desarrollo de un motor derivado del misil alemán, más liviano, de mayor empuje y con el mismo propelente: alcohol y oxígeno líquido. Wernher decidió que este motor serviría para propulsar al futuro misil que bautizaron con el nombre de Redstone. Sin embargo, para el diseño del sistema de navegación y control y de la estructura del cohete, no encontró ningún subcontratista cuya oferta le pareciese adecuada, por lo que decidió que estos sistemas se diseñarían en Huntsville. En cuanto a la fabricación, Wernher eligió las propuestas de las empresas Ford Instrument de Long Island para el equipo de navegación y control y la de Reynolds Metal para el fuselaje.

El ensamblaje final del misil se tenía que efectuar en una planta ajena a Redstone Arsenal, ya que la tradición del Ejército era la de separar el diseño de la producción. A Von Braun se le planteó el problema de que casi todas las empresas cualificadas tenían contratos con la Fuerza Aérea, la cual se oponía de forma radical a que el Ejército desarrollase misiles. La solución fue adjudicar la fabricación del Redstone a una industria automovilística, la Chrysler, pero como esta empresa tenía que poner en marcha una nueva línea de producción, para ganar tiempo, se decidió que las primeras unidades se fabricarían en Huntsville.

A finales de 1951, el equipo de Wernher estimaba que el Redstone podría transportar una carga explosiva de 3,1 toneladas a 293 kilómetros de distancia y que caería, la mitad de las veces, dentro de un círculo de 137 metros de radio cuyo centro estuviese en el blanco.

Conforme progresaban los trabajos de desarrollo del Redstone, el equipo de Von Braun en Huntsville aumentó considerablemente de tamaño. La mayoría de sus antiguos colaboradores de Fort Bliss siguieron con él y se incorporaron otros expertos que Wernher consiguió traer de Alemania, aunque también contrató personal norteamericano. Era difícil atraer ingenieros estadounidenses con experiencia a Huntsville, donde la gran afluencia de técnicos y contratistas que originó el crecimiento de las actividades en Redstone Arsenal dio pie a que escasearan las viviendas, además de que el clima húmedo no resultaba especialmente atractivo para muchos norteamericanos.

En general, los alemanes se sentirían bien en la ciudad. Poco a poco los habitantes de Huntsville aceptarían la profunda transformación que sufrió su ciudad durante los primeros años de la década de 1950. Los compatriotas de Von Braun se integrarían en la comunidad y organizaron sus propios lugares de encuentro: biblioteca, conciertos de música, fiestas, conferencias, sociedad astronómica y actos religiosos. Von Braun participó de forma activa en la formación de aquel entramado social.

En 1952 los *científicos alemanes* adquirieron la condición de personal civil al servicio del Ejército. Fue otro paso más hacia su plena integración en la sociedad estadounidense.

En 1953, Von Braun asumió el mando de una división, la División de Desarrollo de Misiles Guiados de los Laboratorios de Misiles de Armamento y Construcción que dirigía Holger Toftoy — ascendido a brigadier general. Para Wernher fue un considerable alivio librarse de James Hamill y su grupo de *jóvenes oficiales*.

Gorodomlya

A finales de 1948 el equipo de Gorodomlya fue llamado a la segunda revisión de diseño del G-1. Después de felicitaciones, aplausos y otros comentarios, los técnicos de Gröttrup no conseguirían que el NII-88 les aprobase el proyecto. Ellos sabían que Koroliov disponía de luz verde para seguir adelante con el R-2, del que no poseían casi ningún detalle, y sin embargo el líder soviético conocía a la perfección el diseño del G-1.

Para el desarrollo del motor cohete RD-100, que había propulsado el misil R-1, Glushkó contó con el apoyo de algunos técnicos alemanes; cuando inició el diseño del RD-101, que impulsaría al R-2, todos los colaboradores alemanes de Glushkó fueron recluidos en Gorodomlya.

La isla se había convertido en un lugar en el que los asesores aportaban conocimiento a los soviéticos, mientras que estos no los hacían partícipes de sus planes ni de sus progresos. Estaban allí para transferir su ciencia al equipo de Koroliov.

Serguéi, que se había opuesto al plan de deportación de Beria, comprendió que aquel forzoso exilio había sido el primer acto de un proyecto de mayor alcance. Gröttrup también se daría cuenta de que el aislamiento y la reclusión de sus actividades, al campo de la especulación y el asesoramiento, se debía a que de ellos tan solo se esperaba que evacuaran sus conocimientos.

A partir de 1949 el equipo de Gröttrup comenzó a sentir los efectos de la frustración.

El 9 de abril, el ministro de Armamento, Dimitri Ustinov, hizo una visita al grupo alemán, en la que los exilados tuvieron la oportunidad de exponerle sus preocupaciones.

El G-1 era un cohete diseñado para mejorar las prestaciones del A-4. Entre otras modificaciones se pretendía incrementar la presión en la cámara de combustión para que proporcionase mayor empuje y sustituir el generador de peróxido de hidrógeno —que servía para accionar las bombas de presión para inyectar el combustible y comburente en la cámara— por una turbina movida por los gases de escape. Ninguno de esos cambios podía introducirse sin efectuar experimentos para los que los alemanes carecían de medios.

En la entrevista, que se alargó hasta la noche, el ministro les pidió que trabajaran en el diseño de un nuevo misil, distinto a los que se habían fabricado hasta entonces, capaz de transportar tres toneladas de carga de pago a tres mil kilómetros de distancia. La historia volvería a repetirse y, al igual que el G-1, este nuevo proyecto que se bautizó con el nombre de G-4 fue objeto de tres revisiones durante un año, sin que sus diseñadores obtuvieran permiso para iniciar los trabajos de construcción.

En verano de 1949 Gröttrup recibió un nuevo y sorprendente encargo: un misil antimisil capaz de derribar misiles en vuelo. El alemán asumió la orden con serenidad y al final de la reunión preguntó con qué medios detectarían los soviéticos a los misiles atacantes, con cuánta antelación y cuál sería el tiempo de respuesta que se podría considerarse aceptable. La contestación fue que los detalles se le proporcionarían una vez que se iniciara el proyecto.

A Gröttrup no se le otorgó autorización para participar en Moscú en ninguna de las reuniones que hubo para analizar las propuestas de sus ingenieros y los alemanes jamás pudieron fabricar sus diseños, ni el del G-4 ni los de los proyectos que le siguieron.

En 1950, la situación llegó a un punto, en el que Ustinov decidió que los alemanes de Gorodomlya trabajaran exclusivamente en proyectos específicos, en vez de hacerlo en el desarrollo conceptual de cohetes. A partir de entonces recibirían encargos para diseñar sistemas giroscópicos, relojes de cuarzo, nuevos propelentes, medidores de altitud barométrica y otros similares.

A partir de esa misma fecha, al equipo que lideraba Gröttrup se incorporarían jóvenes estudiantes de ingeniería y recién titulados soviéticos que, después de permanecer con ellos algún tiempo, eran transferidos a otras unidades del NII-88.

El desánimo hundió la moral de Gröttrup y la de muchos de sus colaboradores alemanes, cada vez más desinteresados por el trabajo.

Helmut pasó temporadas enfermo, alejado de sus ocupaciones, y otras en las que buscó alivio en el alcohol. Las autoridades soviéticas se mostraron comprensivas con su actitud y no tomaron represalias, aunque se le redujo el salario y tuvo que abandonar su cómoda residencia, para irse a vivir a un apartamento.

El ministro Ustinov tomó la decisión de repatriar de forma progresiva a todos los colaboradores alemanes. A partir de junio de 1951 empezaron las devoluciones a su país de origen, en pequeños grupos.

Helmut Gröttrup y su familia cruzaron la frontera polaca a finales de noviembre de 1953. Con su marcha, la URSS dio por concluido el proceso de extracción de conocimientos de la tecnología de las V-2 a los técnicos alemanes.

La revista Collier's

De 1950 a 1954 Von Braun pasó de ser un extranjero clandestino, acogido en Estados Unidos porque su Gobierno no quería que cayera en manos de los soviéticos, a convertirse en un brillante ejecutivo que lideraba importantes proyectos militares confidenciales y el más famoso especialista de la exploración espacial, ante la opinión pública estadounidense.

Al mismo tiempo que Wernher tenía que lidiar en su jornada de trabajo con diseñadores, contratistas, técnicos de calidad, administrativos, obreros y oficiales del Ejército, la actividad de promoción de los viajes espaciales, que había iniciado con su novela *The Mars Project*, consumiría todo su tiempo libre.

En Estados Unidos no encontró ningún editor para su novela. En 1950 la American Rocket Society estuvo a punto de editarla, pero al final desistió por falta de recursos financieros. Sin embargo, en 1951, el empresario alemán Otto Wolfgang Bechtle se mostró dispuesto a editar la novela, primero en su versión alemana y después en inglés, si la reescribía Franz Ludwig Neher. Von Braun accedió, en principio, a figurar como coautor y en marzo de 1951 firmó un contrato con Bechtle.

La British Interplanetary Society tenía previsto celebrar, en septiembre de 1951, el Segundo Congreso de Astronáutica en Londres y los organizadores invitaron a Von Braun para que diese una conferencia en el evento. Wernher sabía que le iba a resultar muy difícil asistir, por falta de tiempo y también debido a que la construcción de su nueva casa, junto con la ayuda económica que prestaba a sus padres, consumían todos sus escasos excedentes financieros. A pesar de todo, escribió el texto de la conferencia para que otra persona la leyese. La American Rocket Society le sugirió que lo hiciera el teniente Frederick Durant, que había servido en el centro de misiles de la Marina y entonces estaba destinado en Washington. A Wernher, Durant le pareció un personaje interesante y aceptó que leyera sus papeles en Londres, sin tener la menor idea de que el oficial trabajaba para la Agencia Central de Inteligencia (CIA) y su misión consistía en recabar información sobre los programas extranjeros de desarrollo de cohetes y navegación espacial. En aquel congreso se pretendía constituir una Federación Internacional Astronáutica y Durant estaba muy interesado en seguir las actuaciones de dicho organismo, del que llegaría a ser presidente al cabo de pocos años.

Von Braun, en la intervención que leyó Durant en Londres resumió partes de su novela *The Mars Project* y su editor alemán, Bechtle, imprimió ejemplares para su distribución en el congreso y a los medios. El *New York Times*, la revista *Time* y varios periódicos de Londres reprodujeron la conferencia. *Popular Science* y el *Huntsville Times*, publicaron versiones artísticas de la gigantesca estación espacial que Von Braun había ideado en su novela, que consistía en una especie de rueda de 60 metros de diámetro, giratoria, capaz de crear gravedad artificialmente.

El incremento de la popularidad de Von Braun, durante aquella época, se debería a sus intervenciones en una serie de artículos publicados por la revista *Collier's,* cuya tirada alcanzaba los tres millones de ejemplares.

El 6 de noviembre de 1951, Von Braun atendió en San Antonio a una conferencia sobre medicina espacial organizada por la Fuerza Aérea, en la escuela de medicina de Randolph Field. Wernher no participaba como ponente en el evento y allí conoció a Cornelius Ryan, reportero de la revista *Collier's*, a quien hasta ese momento nada de todo cuanto había escuchado le causó un gran impacto. Por la tarde, Wernher coincidió en el bar con Ryan, Joseph Kaplan, un físico experto en la atmósfera y Fred Whipple, presidente del departamento de astronomía de Harvard. Después de unas copas y algunas horas de apasionadas intervenciones, el poder de sugestión de Wernher, ayudado por sus otros dos colegas, hizo mella en Ryan.

Cuando regresó a Huntsville, Wernher cumplió su promesa y le envió al periodista artículos suyos relacionados con los viajes espaciales. También le mandó otros al arquitecto Chesley Bonestell, que había conocido en San Antonio y se dedicaba a realizar las magníficas pinturas de los motivos espaciales que ilustraban los mejores libros de ciencia ficción norteamericanos de la época.

Después de la conversación con Wernher y leer algunos de los artículos suyos, en Cornelius se despertó un repentino interés por el espacio.

El 11 de diciembre Von Braun acudió a una importante reunión convocada por *Collier's*. Ryan quería manejar aquel asunto a lo grande y había convocado también a Whipple, Bonestell, Willy Ley, Heinz Haber (un alemán experto en medicina espacial) y dos ilustradores y artistas comerciales: Fred Freeman y Rolf Klep. Ryan advirtió que además de los presentes, otros dos expertos, Kaplan y Oscar Schatchter, este último era abogado de Naciones Unidas y había pronunciado conferencias sobre legislación espacial en el Hayden Planetarium, también participarían en el proyecto de *Collier's*.

El plan inicial consistía en lanzar tres oleadas sobre cuestiones relacionadas con el espacio, en cada oleada se incluirían varios números con artículos relacionados con un tema concreto, analizado desde distintos puntos de vista. Los textos debían dirigirse al gran público y era muy importante que se acompañaran de dibujos y gráficos de gran calidad artística.

A Von Braun la editorial le pagó el viaje a Nueva York. Con parte de los 1000 dólares que le pagaron por la redacción del primer artículo, Wernher se permitió el lujo de pasar unos días con María en Manhattan.

El día de Navidad de 1951, Von Braun envió a Ryan las 20 páginas del primer borrador de su artículo. Willy Ley y Ryan lo corrigieron. Querían que la gente entendiera la tecnología y los principios básicos de la navegación espacial. Los artistas, Bonestell, Freeman y Klep recibieron los dibujos de Von Braun de las lanzaderas y la estación espacial, a partir de los cuales desarrollaron sus propias versiones. Fred se desplazó a Huntsville, a principios de enero, para mostrarle a Von Braun las propuestas del equipo artístico y el alemán quedó impresionado por el trabajo con que se embellecerían sus cohetes.

Collier´s compró la idea de Von Braun de que la estación espacial era una plataforma de lanzamiento de bombas atómicas de una gran eficacia y alto valor estratégico, para garantizar la paz y en caso necesario, ganar la guerra.

A finales de febrero de 1952 Von Braun se desplazó a Washington para entrevistarse con el personal del departamento de Seguridad y Relaciones Públicas de Armamento y Construcción del Ejército. Sus próximas intervenciones públicas, así como los artículos que escribió debían pasar la censura militar y las intervenciones suyas en radio y televisión estarían sujetas a una estrecha vigilancia. Von Braun trabajaba en proyectos de defensa, clasificados y secretos. Al margen de las precauciones que el Ejército se tomaba con Von Braun, los militares también querían ganar publicidad y apoyo de la opinión pública para su causa a través del ingeniero alemán. La posición de Wernher era complicada, porque no podía hablar de su trabajo en Redstone

Arsenal, pero el Ejército no quería perderse la oportunidad de ganarse algunas simpatías.

Collier's organizó una serie de entrevistas y apariciones en los medios, en los que Von Braun actuaría como la estrella principal del equipo. Estos actos coincidirían con la primera oleada de artículos relacionados con la exploración espacial bajo el título: *El hombre conquistará el espacio pronto.* El 13 de marzo, Von Braun apareció en el programa de televisión *Camel News Caravan,* con una audiencia de 5,5 millones de espectadores y también intervino en otras dos emisiones de radio; al día siguiente compareció en el programa *Today* de la NBC y en la transmisión de televisión de CBS de media tarde.

En la primera oleada de artículos de *Collier's* sobre el espacio, se publicaron artículos de Von Braun (*Crossing the Last Frontier*), Willy Ley (*A Station in Space*), Fred Whipple (*The Heavens Open*), Joseph Kaplan (*This Side of Infinity*), Heinz Haber (*Can We Survive in Space?*) y Oscar Schachter (*Who Owns the Universe?*).

Collier's hizo llegar copias de su publicación a senadores, congresistas y creadores de opinión, a la vez que distribuyó resúmenes para los medios y expositores para librerías kioscos y tiendas.

El 19 de marzo, Von Braun pronunció una conferencia organizada por la American Rocket Society, en el Laboratorio Naval de Armamento y Construcción, en White Oak, Maryland. Tuvieron que poner altavoces fuera del recinto, porque la gente no cabía en el salón de actos y fue tal la afluencia de automóviles, que se bloquearon las carreteras.

Los dibujos de la estación espacial de Von Braun, publicados en *Collier's*, se convirtieron en el emblema de la conquista espacial durante muchos años: una plataforma destinada a portar bombas atómicas, en una órbita situada a unos 1700 kilómetros de la Tierra, capaz de causar estragos a cualquier enemigo y garante de la *Pax americana* en el mundo. Esta impresionante estación espacial costaría unos 4000 millones de dólares, pero Estados Unidos debía abordar su construcción para garantizarse el dominio espacial y su propia seguridad.

Las intervenciones de Von Braun y los artículos de *Collier's* provocaron una oleada de entusiasmo espacial que conmocionó al país. El interés provocó que sus impulsores recibieran centenares de propuestas de inventores, para la construcción de naves espaciales, de preguntas de gente que quería saber dónde tenía que acudir, para inscribirse como astronauta y de personas que deseaban conocer, en qué centros se impartían clases para aprender las tecnologías espaciales. Cuando Wernher regresó a su casa de Huntsville, a finales de marzo, se encontró con decenas de cartas que no podía responder por falta de tiempo.

En abril, Von Braun sufrió un grave episodio de sinusitis durante tres semanas. Fue entonces cuando recibió en Huntsville la visita de un personaje muy singular: Aristid V. Grosse, presidente del Temple University Research Institute de Filadelfia.

Grosse era un químico atómico, entrenado en Alemania, que había participado en el comité del presidente Roosevelt que planificó la puesta en marcha del proyecto Manhattan, cuya misión consistió en desarrollar la primera bomba atómica estadounidense.

Collier's había contactado con Grosse, a finales de marzo, para que tratase de averiguar si el presidente Truman estaba dispuesto a gastar dinero en la exploración espacial. Grosse atendió la solicitud de *Collier's* y el presidente le contestó que le preparase un informe.

Durante su breve estancia en Huntsville, Grosse y Von Braun, llegaron a la conclusión de que la exploración espacial debería iniciarse siguiendo los mismos pasos que la bomba atómica: con un estudio que diera lugar a un proyecto militar secreto. El químico tenía sus propias ideas con respecto a las prioridades del proyecto: en primer lugar, se lanzaría un satélite para que emitiese publicidad en las zonas asiáticas comunistas en conflicto con Estados Unidos; el *American Star*, que así lo había bautizado, podría también interferir las emisoras de radio enemigas.

En mayo, Von Braun se tomó unas vacaciones porque María dio a luz a su segunda hija, Margrit Cécile, y se llevó dos semanas a Florida a su hija mayor, Iris, para dejar a su esposa libre con la recién nacida. Sus padres ya se habían marchado a Alemania; Magnus no quería depender de sus hijos y pretendía que el

Gobierno le otorgase una pensión por los servicios que había prestado a su patria a lo largo de toda su vida, como funcionario público.

Enseguida que retomó al trabajo, Wernher aprovechó uno de sus viajes a California para hablar del asunto que había discutido con Grosse, con el comandante Robert Truax que era uno de los especialistas de la Marina en cohetes, un entusiasta de los viajes espaciales, antiguo amigo de Robert Goddard y activista en la American Rocket Society. También contactó con Karel Bossart, jefe de ingeniería del proyecto de misil balístico Atlas de la Fuerza Aérea, en la empresa Convair.

Los dos coincidieron en la conveniencia de proponer al presidente del Gobierno, a través de Grosse, la realización de un estudio, cuyo coste ascendiera a unos pocos millones de dólares y lo realizara un grupo de ingenieros y científicos, en el que se establecerían las actuaciones que debería llevar la nación para tomar una posición de supremacía militar en el espacio.

En julio, Wernher volvió a entrevistarse con Grosse y acordaron invitar a más expertos para organizar un comité, aunque sospechaban que aquel año no sucedería nada por la cuestión electoral —Truman no se presentaría a las elecciones presidenciales del próximo mes de noviembre— pero debían estar preparados para exhibirle un plan al nuevo presidente. La reunión tuvo lugar en las oficinas de *Collier's*, el 6 de julio.

Además de reunirse con Grosse, en Manhattan Wernher recibió un talón de 1500 dólares de la editorial, por el encargo de la segunda oleada de artículos espaciales de la revista, que tratarían sobre la Luna. Con ese dinero financió su viaje familiar a Nueva York de agosto, para recoger a la madre de María que acababa de llegar de Alemania para visitarlos.

Ese verano tuvo muchas noticias de Alemania. Su novela la había reescrito Neher, pero a Von Braun le parecía demasiado larga, aburrida y lo que era peor: contenía demasiadas incursiones en la política, algunas incompatibles con sus circunstancias personales. Decidió que no quería ser coautor de la obra y que, en el mejor de los casos, redactaría el prólogo. Otto Bechtle, su editor, le pidió que reflexionara sobre el asunto. La publicación de la novela quedó en suspenso. Otto no parecía tener mucha prisa en sacarla al mercado.

En Alemania, Rudolf Nebel daba conferencias en las que asumía que la V-2 había sido obra suya y que Dornberger y Von Braun le habían arrebatado la paternidad. Al mismo tiempo, Oberth también hacía declaraciones en las que dejaba en mal lugar a Von Braun, tachándolo de egocéntrico y le afeaba que durante el mandato de Hitler lo había relegado a un tercer plano.

A Von Braun le irritaron las afirmaciones de Nebel, pero las de Oberth le dolieron porque lo consideraba su maestro y sentía un gran respeto y aprecio por su obra y su persona. Wernher inició actuaciones legales contra Nebel, que nunca llegarían a nada, y con respecto a Hermann Oberth trató de disuadirlo para que cambiara de opinión, le escribió varias cartas y lo incluyó en el grupo de alemanes que pretendía incorporar a su equipo en Huntsville. Por entonces, Wernher tenía un ayudante, Eberhard Rees, en Alemania, reclutando posibles colaboradores ya que en Estados Unidos no encontraban suficientes ingenieros para cubrir todos los puestos de trabajo vacantes en Huntsville.

En 1952, Oberth vivía con su esposa y su hijo pequeño en la Spezia, Italia, adonde se había trasladado en 1950 para desarrollar un cohete de propergol sólido, similar al que había tratado de construir en Wittenberg, para la Marina italiana. Durante los últimos años, la situación financiera y personal de Oberth no había sido muy buena. Los apoyos que recibió después de la guerra fueron escasos. Von Braun tuvo la delicadeza de enviarle algunos víveres desde Estados Unidos. En Francia el departamento astronáutico de la Academia lo nombró miembro honorario en 1946, al tiempo que Eugen Sänger, otro científico alemán que se había refugiado en París, le enviaba cartas para darle ánimos. En 1948, Hermann Oberth decidió cruzar la frontera ilegalmente y se marchó a Suiza donde trabajó durante dos años, primero como ingeniero consultor para el Ejército y después en la fábrica pirotécnica de Hans Hamberger. De allí se marchó a Italia.

A pesar del interés de Von Braun en contratar a Oberth, los procedimientos burocráticos se demoraron y el científico tardaría bastante tiempo en poder inmigrar a Estados Unidos.

La Marina italiana abortó el programa del misil, porque llegó a la conclusión de que le resultaba más económico comprar la patente de un producto estadounidense que continuar con su propio desarrollo. En 1953, Oberth regresó a Alemania para dar clases y empezó a escribir su libro *El hombre en el Espacio* que se publicaría al año siguiente.

En 1955, se unió en Alabama al equipo de Von Braun, para trabajar como consultor del Ejército, y allí permanecería hasta 1958, año en que decidió regresar a Alemania. Aún volvió a Norteamérica en 1961 para colaborar con la empresa Convair, en San Diego, durante un año y retirarse después a vivir con su esposa en una pequeña casa que había construido en los terrenos del *castillo* de Feucht.

La disputa con Milton Rosen

El siguiente congreso de la Federación Astronáutica Internacional se celebraría en septiembre de 1952 en Stuttgart y aunque en principio, Von Braun había pensado en acudir, la visita de la madre de María y los comentarios que le había hecho Dornberger, sobre su estancia en Alemania, lo disuadieron. Su antiguo jefe, le dijo que los escoltas y guardias que le acompañaron en Alemania le hicieron el viaje harto incómodo, porque no le dejaban ir solo ni siquiera al cuarto de baño. Fred Durant, el agente secreto de la CIA que además entonces era vicepresidente de la American Rocket Society, volvió a presentarse como voluntario para leer su charla, Wernher accedió que lo representara en Stuttgart.

El 17 de septiembre, en Washington, ante un grupo de ilustres líderes de las grandes industrias del país, diplomáticos y algunos militares del Consejo Asesor de Negocios del Departamento de Comercio, en el hotel Mayflower, Von Braun pronunció una conferencia en la que describió su estación espacial y la forma de defenderla. Una estación, que Wernher consideraba como indispensable para garantizar la paz en el mundo o la victoria de Estados Unidos contra cualquier enemigo que le declarase la guerra. Su coste, que estimaba en 4000 millones de dólares, suponía una cifra irrisoria a cambio de la seguridad que proporcionaría a la nación. Von Braun insistió en que los bombarderos norteamericanos podrían ser abatidos por los modernos aviones de caza soviéticos y presentó varias estrategias para demostrar la invulnerabilidad de su estación espacial.

Después de la conferencia, Von Braun continuó defendiendo sus teorías en la barra del bar del hotel Mayflower, hasta altas horas de la madrugada, en un corro en el que no faltaron militares de alta graduación ni ejecutivos de los principales fabricantes de armamento del país.

La estación espacial, que era una idea de Oberth, se había convertido en el principal elemento del despliegue espacial que proponía públicamente Von Braun.

A la vez que Von Braun hacía proselitismo del interés militar que tenía el espacio, continuó manteniendo con Grosse una correspondencia regular a la que se incorporaría Dornberger, que entonces trabajaba para Bell Aircraft, en Buffalo.

A principios de octubre de 1952, Von Braun volvió a Nueva York para preparar el lanzamiento de la segunda oleada de artículos de *Collier's*. Esta vez el tema principal era la Luna y el siguiente debía ser Marte, pero Ryan había detectado que había otro asunto de gran interés para los lectores y era todo lo relacionado con los astronautas, su formación, entrenamiento y condiciones de vida en el espacio. Un tema sobre el que Von Braun daría su apoyo a otros intervinientes, pero Ryan no quería prescindir de él porque lo consideraba el mejor vendedor del equipo y le ofreció un contrato para que escribiese un artículo, de 5000 palabras por 4000 dólares, sobre *los hombres que conquistarán el espacio*.

Von Braun intervino en el programa de televisión de Kate Smith, uno de los de mayor audiencia durante el día en Estados Unidos, para preparar el ambiente antes de la publicación de los dos artículos de Von Braun (*The Journey*) y Willy Ley (*Inside the Moon Ship*), el 18 de octubre, y de Von Braun y Fred Whipple (*The Exploration*) y Willy Ley (*Inside the Lunar Base*), el 25 de octubre.

El viaje a la Luna concebido por Wernher era grandioso y audaz. Con tres naves y 50 hombres. Tardaron seis meses en ensamblar las naves en órbita terrestre y seis semanas en explorar la Luna. Los gigantescos cohetes los llevaron a la Luna y todos los exploradores regresaron en dos de ellos.

En medio de la campaña se celebró el segundo Hayden Planetarium Symposium. Von Braun fue uno de los participantes y se explayó en la descripción de los detalles de su magnífico viaje lunar, una expedición cuyo coste sería de unos 500 millones de dólares y que se podría realizar en 1977. Von Braun no se imaginó que la realidad adelantó a su pronóstico en ocho años y el coste verdadero, 20 000 millones, lo superó con creces.

Aunque las trayectorias de sus naves, el empuje de los cohetes, el peso, el consumo de combustible y las cifras que figuraban en los escritos de Wernher salían de su regla de cálculo, por las noches, después de duras jornadas de trabajo, al escritor de ciencia ficción que había en su interior, le producía una gran satisfacción diseñar los viajes espaciales, con la generosidad que jamás podía aplicar a sus proyectos en la vida real.

Milton Rosen criticó las propuestas de Von Braun porque las consideraba demasiado ambiciosas y opinaba que simplificaba los problemas. Era una crítica que también compartían muchos expertos en cohetes y miembros de la American Rocket Society, que habían vivido épocas en que los tomaron por lunáticos y deseaban mantener su discurso dentro del marco de un futuro realista.

Willy Ley quiso atemperar la intervención de Milton Rosen, para evitar que una disputa interna dañara la causa que todos pretendían servir, pero Von Braun se opuso. Era consciente de que la discusión trascendería y el evento ganaría en popularidad. En privado, Von Braun advirtió a Milton que de la forma que hablaba los vuelos espaciales no ocurrirían y que del modo que él lo hacía, conseguiría interesar a la gente y los dos se beneficiarían.

Al día siguiente, el *New York Times* publicó un artículo en el que recogía la discusión entre los dos expertos.

El 4 de noviembre Dwight Eisenhower ganó las elecciones presidenciales. Grosse no tardó en ponerse en contacto con Von Braun para decirle que le habían aconsejado que esperase un poco, antes de presentarle al presidente ningún plan. A mediados de 1953, Grosse despachó un informe que se perdió en los entresijos de la burocracia de Washington. El proyecto de llevar a la mesa del primer mandatario del país un plan de desarrollo militar espacial que fuera financiado en secreto por el Gobierno, al igual que se gestó el alumbramiento de la bomba atómica, fracasó. El nuevo presidente decidió acelerar el desarrollo de misiles balísticos intercontinentales (ICBM) con capacidad para transportar cabezas atómicas: el programa Atlas, liderado por la Fuerza Aérea.

En diciembre de 1952, la revista *Time* publicó un artículo que a Von Braun ya no le gustó tanto porque se mostró muy cáustico con sus proyectos espaciales y optó por apoyar las tesis de Milton Rosen, un hombre al que consideraba el reportero como eminentemente práctico. Un médico de San Antonio, Strughold, también afirmó que no estaba seguro de que los hombres pudieran trabajar con efectividad en ausencia de gravedad.

Quizá la peor de las críticas le llegó a través de una publicación anónima, en la que a Von Braun se le achacaba que su desarrollo de las V-2 dio a luz un misil costosísimo y de escasa eficacia militar, que únicamente serviría para arruinar al régimen de Hitler.

Muchos de los detractores de Von Braun eran políticos, o militares preocupados de que los viajes espaciales terminaran consumiendo los recursos de la Administración, en lo que consideraban un ejercicio inútil para la defensa del país.

En la tercera entrega de *Collier's,* Von Braun tuvo un papel menos importante. Se plasmó en cuatro artículos de Cornelius Ryan, publicados el 28 de febrero de 1953 (*Man's Survival in Space* y *Picking the Men*), el 7 de marzo (*Testing the Men*), y el 14 de marzo (*Emergency!*).

Al mes siguiente, en abril, *Collier's* suscribió otro contrato con Von Braun, para lanzar una publicación que no estaba en un principio prevista: un artículo sobre un pequeño satélite. Por este trabajo le pagó 2500 dólares. Se trataba de explicar cómo sería un primer satélite espacial, el primer paso en la conquista del espacio. De este modo, *Collier's* pretendía aplacar los ánimos de quienes habían criticado la grandeza de las aventuras anteriores. Von Braun no se privó de dotar a la pequeña estación espacial con una tripulación compuesta por tres monos.

El artículo se publicó el 27 de junio y lo firmaron Wernher von Braun y Cornelius Ryan (*Baby Space Station*).

Tres mil kilómetros y tres mil kilos

Con sus propias ideas y todas las que pudo extraer del equipo alemán, Koroliov se empleó a fondo en el desarrollo del misil R-2, aunque sabía que sus prestaciones distaban mucho de las exigencias militares para el lanzamiento de bombas atómicas.

Un mes antes de que Ígor Kurchatov hiciera explotar la primera bomba atómica de la URSS, en agosto de 1949, Stalin convocó a los responsables de los programas, nuclear y de misiles, para efectuar una revisión en profundidad del estado de ambos desarrollos. Durante la reunión, a la que asistió la plana mayor del dictador soviético, un militar de alta graduación se extendió en una serie de comentarios poco favorables a Koroliov: ¿qué valor militar tenían misiles incapaces de acertar un blanco con un error inferior a tres millas? ¿por qué gastar tanto dinero en semejantes armas? Ustinov soportó las críticas y tras la perorata del detractor, Stalin preguntó si alguien quería añadir algo. Koroliov no pudo contenerse y con firmeza y contundencia defendió sus actividades de desarrollo que exigían asumir riesgos y se comprometió a resolver los problemas, en no mucho tiempo. Para transportar las bombas de Kurchatov su departamento había concebido un nuevo misil, el R-3, que tendría un alcance de tres mil kilómetros y podría transportar una carga de tres toneladas. En aquel momento la primera bomba atómica de fisión soviética aún no había explotado y nadie sabía con seguridad cual sería el peso en su versión militar, ni cuando estaría a disposición del Ejército. Tres toneladas era una suposición que entonces se aceptaría como válida. Stalin concluyó la disputa ofreciéndole a Koroliov un margen de confianza para que continuara trabajando en sus misiles. Las palabras del máximo dirigente soviético le otorgarían a Serguéi Koroliov el aval que necesitaba para seguir adelante.

Ustinov le había pasado a los alemanes —en la reunión que tuvo con ellos en abril de 1949 en la isla Gorodomlya— las mismas especificaciones que se había impuesto Koroliov para el desarrollo del R-3. Los militares soviéticos querían un misil cuyo alcance fuera del orden de tres mil kilómetros, capaz de transportar una carga de pago de no menos de tres toneladas. Las prestaciones del R-2 se encontraban muy lejos de satisfacer aquellos requerimientos y el R-3 supondría, por tanto, un salto extraordinario.

A pesar de todos los peligros que encerraba la heterodoxa idea de la navegación espacial en la URSS de la posguerra, Koroliov mantenía su amistad y relaciones con Mijaíl Klavdilevich Tikhonravov, a quien conocía de la época del Grupo de Investigación del Movimiento a Reacción, anterior al tiempo que estuvo encarcelado. El científico ruso, que trabajaba en el NII-4, era un defensor a ultranza de la exploración espacial y pensaba que la URSS debía poner en órbita un satélite artificial. Sin embargo, las ideas de Tikhonravov no tenían una acogida muy favorable por parte de los militares soviéticos, que consideraban aquellos devaneos espaciales un desperdicio de tiempo y dinero, que desviaría a sus científicos y técnicos de la labor principal: fabricar un misil de largo alcance, capaz de transportar una bomba atómica.

Aun, así y todo, Koroliov se había presentado en la reunión con Stalin, previa al lanzamiento de la primera bomba atómica rusa, con la idea de plantearle al jefe del Estado que la URSS fuese la primera nación que pusiese en órbita un satélite. Dado el cariz que tomó dicha reunión, en la que se vio forzado a defender su propio trabajo frente a las críticas de algunos militares, Koroliov no se atrevió a plantear el asunto; sin embargo, a la salida de la reunión con Stalin en el Kremlin, se aproximó al general Mitrofán Ivánovich Nedelin, que era el jefe de la Dirección de Artillería, para preguntarle su parecer sobre el lanzamiento de un satélite. El militar le respondió que no hiciera mucho caso a Tikhonravov porque era un «soñador peligroso».

A pesar de las recomendaciones de Nedelin, Koroliov no dejó de relacionarse discretamente con Tikhonravov y meditar sobre sus ideas de cómo deberían ser los cohetes para transportar satélites y naves espaciales.

A Serguéi le interesaba conocer qué ocurría fuera de la URSS en lo relacionado con los misiles y coleccionaba artículos de revistas extranjeras. Sus conocimientos de inglés no eran muy buenos, pero con la ayuda de su querida Nina Ivanovna y un ingeniero, Koroliov se mantenía al corriente de lo que se publicaba sobre aquella materia fuera de su país.

En 1948, Koroliov solicitó el divorció a Ksenia, aunque en realidad ya vivían separados y el 1 de septiembre de 1949 contrajo matrimonio con Nina, lo que causó un gran disgusto a su exmujer. Las tensiones que generó el fracaso de su matrimonio afectarían a la hija de ambos, Natasha, que durante muchos años se negó a ver a su padre.

A finales de diciembre de 1949 el comité científico del RII-88 dio la luz verde para el desarrollo del misil R-3. El equipo alemán en Gorodomlya no participó en las pruebas del R-2 ni tuvo acceso al diseño del R-3, aunque los soviéticos trataron de aprovechar sus ideas a través del ejercicio que les impusieron con el diseño del G-4.

Las pruebas del R-2 demostraron que el misil tenía un alcance de unos 600 kilómetros, podía transportar 1,5 toneladas de carga de pago y su motor (RD-101), desarrollado por Glushkó, daba un empuje de 32 toneladas. El misil se había construido íntegramente sin la colaboración directa de los alemanes y, aunque mejoraba las prestaciones del R-1, estaba aún muy lejos de cumplir los requisitos exigibles a un misil balístico intercontinental.

En abril de 1950, se aprobó el diseño del R-3, casi al mismo tiempo que Koroliov fue promocionado y asumió la dirección de la oficina de diseño del N-II 88.

El ascenso de Serguéi estaba sobradamente justificado, tanto por sus logros y méritos profesionales como por sus dotes de mando. Poseía un gran carisma personal, una extraordinaria capacidad de trabajo, intuición para marcar el camino que permitiera resolver los problemas más complejos, habilidad para coordinar grupos de trabajo numerosos y heterogéneos, amplísimos conocimientos y facilidad para contagiar su entusiasmo a la gente que trabajaba con él. A estas virtudes se oponían muchos defectos: el afán por controlarlo todo, los arranques de furia cuando las cosas salían mal, el distanciamiento que solía marcar con casi todos sus subordinados —que contrastaba con su facilidad para puentear a los mandos— las amenazas de despido, la concesión de premios de forma arbitraria y generosa al personal que colaboraba con él y la permanente exigencia, a sus subordinados, de ser siempre, él, la persona a la que primero se informase de cualquier hecho relevante que ocurriese en el trabajo.

El entorno en el que se movía Koroliov era muy complejo. Al margen de las escaseces, propias de una economía de posguerra, para algunos aún era un personaje políticamente poco fiable. En el NII-88 existía un comité del Partido Comunista, que ejercía una labor de control y vigilancia sobre las personas y las actuaciones de todos los trabajadores del centro, incluidos los mandos. El comité lo había criticado abiertamente en varias ocasiones, por su individualismo, porque en los equipos de trabajo bajo su mando la gente cambiaba con frecuencia de ocupación y entre los que designaba para los puestos de responsabilidad había pocos miembros del Partido Comunista. A estas injerencias, muchas veces inducidas por intereses particulares, había que añadir las conspiraciones de las distintas familias del régimen, que luchaban por el poder y las persecuciones que fomentaba Stalin, como la de los judíos, que sería la principal causa por la que el director del NII-88, general Lev Gonor, fue reemplazado por Kostantín Rudnev. En esta purga, que tuvo lugar en 1950, Borís Chertok, que dirigía el departamento de sistemas de guiado en el NII-88, fue destituido y pasó a convertirse en el ayudante de un nuevo jefe: Mijaíl Yángel. En la arena política, Koroliov, contaba con un activo de incalculable valor: el soporte que el todopoderoso Stalin le otorgaría, desde que lo envió a Alemania —cuando era un joven y brillante ingeniero recién salido de las *sharashkas*— hasta la muerte del dictador en 1953.

Nada más recibir la noticia de su ascenso, Serguéi advirtió al ministro Ustinov que el R-3, el misil diseñado para llevar la bomba atómica soviética, requeriría un gran esfuerzo: necesitaría ingenieros de todo el país y una cantidad considerable de dinero. El general se mostró dispuesto a apoyarlo.

El futuro R-3 precisaba un motor con una única tobera y 120-140 toneladas de empuje, lo que excedía en mucho las 32 toneladas del motor RD-101 que propulsaba, con éxito, al R-2. Al incrementarse el tamaño de la cámara de combustión se creaban bolsas en las que el combustible no ardía de forma uniforme, lo que inducía explosiones y ondas de choque que alteraban el flujo de gases en la tobera. Los expertos de Glushkó se enfrentaban a un problema realmente complicado de resolver. Para simplificar el desarrollo, se planteó la posibilidad de un misil de menor alcance, como etapa previa, al que se designó R-3A. El R-3A se modificó y los técnicos desarrollaron otro concepto similar al que denominaron R-5.

En 1951, el R-2 fue comisionado para entrar en servicio en el Ejército. Koroliov transfirió todas las actividades de fabricación de los misiles R-1 y R-2 a una antigua fábrica de automóviles, en Dnepropetrovsk, Ucrania.

A lo largo de 1950 y 1951, el misil R-3 no logró encontrar ninguna forma definitiva en el tablero de dibujo y, en 1952, Koroliov empezó a plantearse seriamente la cancelación del programa, para introducir otro diseño, radicalmente distinto.

Los servicios de espionaje soviéticos seguían de cerca las iniciativas estadounidenses en todo lo relacionado con los misiles. Uno de los programas que captó la atención de la inteligencia soviética fue el Navaho, un proyecto de misil de crucero intercontinental, cuyo desarrollo se había iniciado en la empresa North American Aviation de California.

Los misiles de crucero, a diferencia de los balísticos, cuando alcanzaban su nivel de vuelo seguían una trayectoria rectilínea, en la atmósfera, a velocidades que podían ser supersónicas, impulsados por un reactor; al Navaho lo propulsaba un estatorreactor. Necesitaban alas y durante el lanzamiento alcanzaban la velocidad necesaria para que entrara en funcionamiento el estatorreactor, mediante un cohete.

Koroliov también había considerado esta tecnología y contaba con algunos estudios para desarrollarla. En 1952 recibió instrucciones para reactivar los proyectos de este tipo de misiles, sobre todo a la vista del progreso del Navaho estadounidense. Su equipo le dedicó tiempo a estudiar algunos misiles de estas características como el Burya.

Poco después, el servicio de inteligencia soviético centró su atención en un desarrollo norteamericano de la empresa Convair:

el misil balístico de largo alcance Atlas, concebido para transportar bombas nucleares. El programa Atlas, sería el responsable de que a Koroliov se le ordenase que transfiriera todas las actividades de desarrollo de misiles de crucero de su departamento, a otras unidades y que se concentrara en los proyectos de misiles balísticos. A partir de entonces, Koroliov leería con gran interés las noticias que la prensa estadounidense publicaba sobre Atlas y acostumbraba a enseñárselas a sus colegas, para estimularlos y hacerles ver que competían con la industria norteamericana y era su obligación ganar.

Las iniciativas de misiles de crucero soviéticas culminaron con éxito al cabo de algunos años, aunque a partir de 1957 estos proyectos se cancelaron porque estos misiles eran mucho más lentos que los balísticos y se podían detectar y abatir con mayor facilidad.

De 1950 hasta principios de 1953, Koroliov ordenó a su equipo la realización de múltiples estudios, pero ninguno aportó resultados suficientemente satisfactorios como para conseguir que el R-3 abandonara el tablero de dibujo.

La puesta en servicio en el Ejército Rojo de los misiles R-2, supuso para Koroliov un gran reconocimiento por parte del régimen y le permitió franquear la puerta de acceso, a la comunidad de privilegiados que pertenecían al Partido Comunista de la Unión Soviética (PCUS). En febrero de 1952, Koroliov ingresó en el PCUS. Era un honor que se reservaba a unos pocos elegidos, aunque en su oficina casi una tercera de los empleados lo ostentaba. El PCUS interfería en la gestión del NII-88 a través del comité, con el que Koroliov tenía que reunirse, dos o tres veces al mes, para tratar asuntos que atañían a los empleados, a los trabajos o a la estrategia de su oficina de diseño.

El ingreso de Koroliov en el PCUS se demoró tanto debido a su historial de antiguo condenado y cautivo en las *sharashkas*, pero era prácticamente inevitable, dada su posición, y algo que Serguéi deseaba para influir en las decisiones que tomaba el comité del NII-88.

En 1952, su traductora y esposa le hizo entrega de los primeros artículos de la serie de ocho entregas que, sobre el espacio, publicó la revista *Collier's*. Aquellos escritos de Von Braun y un grupo de entusiastas de los viajes espaciales, fueron un éxito de divulgación científica y en Estados Unidos los leyeron millones de personas. Koroliov y Nina siguieron con interés las cavilaciones de Von Braun, según las cuales un «despiadado enemigo», a bordo de una nave espacial que orbitase alrededor de la tierra a una velocidad de 24 000 kilómetros por hora, a 1700 kilómetros de altura, «podría someter al mundo». Las estaciones espaciales, las lanzaderas, la vida en un mundo sin gravedad, los trajes espaciales y la forma de recorrer los 384 000 kilómetros, en cinco días, que nos separaban de la Luna, a bordo de un cohete con tres etapas, también alimentaron la imaginación de Koroliov y su esposa.

Koroliov llegó al convencimiento de que el alemán había conseguido en Estados Unidos, los fondos necesarios para llevar a la práctica el cúmulo de sueños que desvelaba en sus escritos.

Impulsado por el deseo de encaminar su nuevo cohete hacia el espacio y por la necesidad de resolver el cálculo de trayectorias balísticas, para alcances de miles de kilómetros, Koroliov pidió ayuda a su amigo Tikhonravov. Al menos, necesitaba conocer la trayectoria exacta de un cohete, en función de la carga de pago, el impulso específico, la masa, y la velocidad de reentrada en la atmósfera, para un misil cuyo motor proporcionase un empuje de 120 toneladas.

En mayo de 1952, Koroliov se llevó una gran desilusión cuando Mijaíl Yángel —un subordinado suyo cinco años más joven, que había desembarcado en el NII-88 durante la purga antisemita de 1950 de la mano de Ustinov— fue promocionado para sustituir a Konstantín Rudnev, retirado, de la dirección del NII-88.

Yángel era un brillante ingeniero, graduado en el Instituto de Aviación de Moscú en 1937, que antes de la guerra había visitado en Estados Unidos las fábricas de Sikorski, Douglas y Vultee. Aunque su padre estuvo prisionero en Siberia por motivos políticos, Mijaíl era un fervoroso defensor del sistema soviético y militaba en el Partido Comunista. Sus conocimientos técnicos, talante y habilidad para manejarse en los entresijos de la política, favorecieron el desarrollo de su meteórica carrera profesional.

A Ustinov siempre le deslumbró la distinción, inteligencia y personalidad de Yángel; además, en un momento en el que el NII-88 era un hervidero de estudios de futuros misiles balísticos, Yángel acababa de finalizar un análisis completo de las distintas alternativas. Ustinov quedó gratamente impresionado por el trabajo del ingeniero.

Mijaíl Yángel era favorable a que los misiles balísticos emplearan propergoles *hipergólicos* (que se inflaman de forma espontánea al entrar en contacto), almacenables a temperatura ambiente, como la dimetilhidracina asimétrica (combustible) y el peróxido de nitrógeno (comburente) —líquidos extremadamente corrosivos y de muy difícil manejo. Estos propergoles permitían que los misiles se cargaran con rapidez y que pudiesen almacenarse en silos.

El combustible de los misiles de Koroliov era queroseno, y el comburente, oxígeno líquido criogénico. La mezcla había que encenderla para que se produjera la combustión. Estos propergoles poseían una mayor densidad energética, se manejaban con facilidad y resultaban menos peligrosos, pero la carga del cohete era lenta: tardaba en completarse alrededor de una jornada.

Glushkó también apoyaba las tesis de Yángel.

En las conclusiones del informe de Yángel se defendía la continuidad de los proyectos que usaban la tecnología de propergoles almacenables (R-11, R-14 y R-16), mientras que insinuaba la cancelación de los que utilizaban oxígeno criogénico (R-5, R-9 y los estudios iniciales de lo que se convertiría en el programa R-7).

A Koroliov, la decisión de Ustinov le sentó tan mal que ni siquiera se presentó a la primera reunión que organizó el nuevo director del NII-88 con todos sus mandos.

Stalin mantuvo su apoyo a Koroliov hasta sus últimos días. En febrero de 1953, poco antes de su muerte, el dictador ordenó que continuaran los programas de desarrollo de cohetes con propergoles almacenables y líquidos.

El 15 de marzo de marzo de 1953, diez días después de la muerte de Stalin, la versión reducida del R-3, el R-5, voló 1200 kilómetros desde Kapustin Yard. Sin embargo, Koroliov era consciente de que aquella configuración tampoco le serviría para construir un cohete de tres mil kilómetros de alcance con tres mil kilos de carga de pago.

Para Koroliov, 1953 fue un año que empezó con malas noticias, la muerte de su principal valedor, Stalin, y el nerviosismo de los militares soviéticos que acababan de enterarse del último experimento nuclear de sus enemigos: el 1 de noviembre de 1952, un pequeño atolón del Pacífico (Eugelab) había desaparecido al estallar la primera bomba de hidrógeno estadounidense.

Sin embargo, a Serguéi las dificultades jamás lo amedrantaron y en 1953 lograría desquitarse y renacer de sus propias cenizas como un auténtico ave Fénix.

El cohete Redstone

A pesar de las suposiciones de Koroliov, Von Braun se hallaba aún muy lejos de abordar en la práctica sus proyectos espaciales. Sus artículos de 1952 y 1953, en la revista *Collier's*, lo convirtieron en un personaje muy popular en Estados Unidos, pero aquellos sueños no contaban con el apoyo del Gobierno.

En agosto, Von Braun tuvo que prestar mucha atención a su trabajo en Redstone Arsenal. El misil RS-1 estaba listo para la primera prueba de lanzamiento. Media 19,2 metros de longitud, con un diámetro de 1,78 metros. Su motor, A-7, le suministraba un empuje de 34 toneladas y empleaba como combustible una mezcla de etanol y agua y como oxidante oxígeno líquido. Lo controlaba un sistema de guiado inercial, con giróscopos, y disponía de planos móviles de grafito para cambiar la dirección de los gases de la tobera, y timones en los bordes de salida de las cuatro aletas estabilizadoras colocadas en la base del cohete.

En el primer vuelo de prueba, que tuvo lugar el 20 de agosto de 1953 en el campo de misiles de la Fuerza Aérea en Cabo Cañaveral, falló y el misil RS-1 cayó en el océano a once kilómetros de la plataforma de lanzamiento; aún quedaban por depurar bastantes detalles. Sin embargo, en el ensayo se pretendía evaluar el comportamiento del motor y del fuselaje, por lo que Von Braun y sus colaboradores regresaron satisfechos a Huntsville.

A final de año, el misil realizó un vuelo aceptable. Tuvieron que transcurrir cinco años más para que el Ejército dispusiera de los primeros misiles de serie, operativos, pero mucho antes, los prototipos y sus derivados prestarían valiosos servicios a Estados Unidos en su carrera contra la URSS por la conquista del espacio.

Para Von Braun, el Redstone estaba muy lejos de satisfacer sus ambiciones y deseaba embarcarse en proyectos más avanzados y complejos.

La campaña de divulgación espacial de Von Braun se atemperó a lo largo de 1953, en septiembre ya había terminado el artículo sobre Marte, inspirado en su novela, pero *Collier's* no lo publicaría hasta el año siguiente.

En septiembre se publicó la novela que editó Bechtle en Alemania, con su prólogo, en el que hablaba de las dificultades para la elaboración de la obra, sin que aclarase que la trama y los nombres de los personajes los había sugerido él.

Los escritos sobre Marte de *Collier's* vieron la luz el 30 de abril de 1954, con la cubierta de Bonestell, y dos artículos, uno de Whipple (*Is There Life on Mars?*) y otro de Von Braun y Cornelius Ryan (*Can We Get to Mars?*).

Con esta publicación se cerró la primera parte de la campaña promocional de los viajes espaciales de Von Braun, que tendría una gran influencia sobre la opinión pública y le proporcionaría una extraordinaria popularidad, sobre todo en Estados Unidos y Alemania del Oeste. Wernher von Braun adquirió el estatus de gurú oficial en materia de exploraciones espaciales en el mundo occidental y lo conservaría hasta finales de los años 1960.

Un giro definitivo

En 1953 hacía ya cuatro años que el equipo de Koroliov había probado con éxito una versión avanzada del misil alemán A-4: el R-2; ese año salían las primeras unidades del R-2 de las fábricas de armamento soviéticas para equipar al Ejército Rojo con un arma nueva: los misiles balísticos.

El Ejército de Estados Unidos, con la ayuda de Wernher von Braun y su equipo, había construido un misil de características algo más avanzadas, el Redstone (RS-1), también era una copia mejorada del A-4, pero se encontraba en una fase de desarrollo todavía preliminar, aunque su sistema de guiado superaba notablemente al del R-2.

La empresa Convair de San Diego acababa de completar el diseño del Atlas, el misil de largo alcance balístico de la Fuerza Aérea de Estados Unidos concebido para transportar cabezas nucleares. Todavía se trataba de un proyecto, pero a Koroliov le inquietaba y lo seguía con interés.

La Marina estadounidense había desarrollado una familia de cohetes, los Viking, en el National Research Laboratory (NRL); se habían concebido para efectuar misiones científicas en la atmósfera, con cargas de pago reducidas.

En 1953, los soviéticos llevaban cinco años de ventaja a los estadounidenses, en el desarrollo práctico de misiles balísticos de uso militar, aunque con un alcance limitado a unos 600 kilómetros, y ese mismo año, Koroliov dio un giro definitivo al programa de desarrollo de estos misiles.

Una serie de acontecimientos políticos le permitieron realizar aquel cambio radical que, desde hacía ya algún tiempo, consideraba imprescindible para que sus misiles fueran capaces de lograr las prestaciones que los militares deseaban.

En marzo de 1953 había muerto Stalin. La lucha por la sucesión, entre Malenkov, Beria, Bulganin y Jrushchov se decantaría al final a favor del último, pero durante un corto periodo de tiempo Malenkov estuvo al frente del Gobierno.

El 12 de agosto, Andréi Sajárov consiguió hacer explotar la primera bomba atómica de fusión soviética en el polígono de Semipalátinsk, en Kazajistán.

En aquellos momentos de lucha por el poder y bajo el mandato de Malenkov, Vyacheslav Malyshev, uno de sus ministros, desempeñaba un papel importante en la industria armamentística de la URSS. El ministro fue a ver a Sajárov para preguntarle cuál sería el peso exacto de una cabeza termonuclear de la siguiente generación. El científico no lo sabía con precisión, pero aventuró una cifra: cinco toneladas.

En septiembre, Nikita Jrushchov fue nombrado Primer secretario del Comité Central del Partido Comunista de la Unión

Soviética y en octubre Malyshev se presentó en el despacho de Koroliov. Quería que los nuevos misiles balísticos fueran capaces de transportar una carga de pago de cinco toneladas, a miles de kilómetros de distancia.

El estado del arte de los misiles de la URSS, en aquel momento, permitía mover una carga de pago de una tonelada; Koroliov y sus colaboradores aún no sabían cómo levantar tres toneladas y Malyshev pretendía que fueran cinco.

Stalin llevó de manera muy personal la estrategia de los programas de misiles balísticos, una pieza que le parecía fundamental, junto al desarrollo de las bombas atómicas, en su planteamiento global militar y político. Cuando Jrushchov se hizo con el poder, sus conocimientos en esta materia eran bastante limitados. Era consciente de su importancia, pero carecía de un criterio propio por lo que no se atrevió a introducir grandes cambios. Conservó la fe oficial, que hasta entonces le había otorgado el poder soviético a Koroliov y le proporcionó apoyo, pero al mismo tiempo, también apoyó la idea de continuar con los desarrollos de cohetes de propergoles almacenables, a la vez que introdujo una novedad: descentralizar las tareas de diseño de cohetes mediante la creación de otros departamentos alejados de Podlipki.

Ustinov, cuya relación con Koroliov no siempre era fácil, se vio obligado a nombrar a otro director del NII-88 en 1953: Alex Spiridonov. Yángel se hizo cargo de los desarrollos científicos relacionados con los cohetes balísticos, otra vez bajo el mando de Koroliov.

Jrushchov y Ustinov aceptaron que Koroliov continuase con sus desarrollos de propergol líquido, pero también atendieron los razonamientos de otros técnicos expertos en cohetes, como Yángel y Glushkó, partidarios de las tecnologías almacenables. Otro asunto que les preocupaba era la excesiva concentración de las líneas de desarrollo de misiles balísticos en un solo centro, temerosos de que un ataque pudiera destruirlo. Decidieron abrir otros programas alternativos de misiles balísticos, con tecnologías distintas a las que proponía Koroliov, en lugares geográficos diferentes.

En 1954, Ustinov recolocó a Yángel, que se hizo cargo de la oficina de diseño de Dnepropetrovsk, en cumplimiento con las directrices políticas con las que se pretendía descentralizar la organización de diseño de misiles balísticos.

Todos los intentos de Serguéi por controlar esta nueva oficina fracasaron y Yángel mantuvo su independencia. En Dnepropetrovsk Yángel desarrolló misiles de propergoles almacenables (R-12, R-14 y R-16), en directa competencia con Koroliov, que fueron los preferidos por los militares. A pesar de los esfuerzos de Serguéi y Mishin por conseguir que un cohete de propergol líquido, el R-9, compitiese con el R-16, en cuanto a disponibilidad, y de que la primera prueba del primer R-16 provocó una terrible explosión en la que perdió la vida el mariscal Nedelin, fueron los R-16, los primeros misiles intercontinentales balísticos dotados de una cabeza nuclear que desplegó la Unión Soviética, años más tarde, en 1961.

Los misiles de Serguéi estaban destinados a viajar al espacio, aunque en 1954 Jrushchov no se lo imaginara. Ese mismo año, la oficina de Koroliov esbozó el diseño general del nuevo cohete. El misil contaría con dos etapas, tal y como había sugerido Tikhonravov para los vuelos espaciales y —como el equipo de Koroliov calculó que se necesitarían alrededor de 390 toneladas de empuje para levantar las cinco toneladas de una bomba atómica— se requeriría la asistencia de varios motores cohetes que funcionaran simultáneamente.

La V-2 se propulsaba con los gases procedentes de una cámara de combustión que salían por una tobera única. Para aumentar el empuje era necesario incrementar el tamaño de la cámara, pero al hacerlo resultaba muy difícil mantener la estabilidad de la combustión. El equipo de Koroliov optó por concebir un motor cohete con un sistema de alimentación de propergol único para cuatro cámaras de combustión, que vertían los gases en cuatro toberas. Dispusieron cuatro de estos motores según una circunferencia, y en el centro colocaron un quinto motor. Los cuatro motores de la circunferencia impulsarían al misil durante la primera etapa y el central durante la segunda.

Las dos etapas le plantearon a Glushkó el problema del encendido de la segunda. No estaba seguro de que pudiera activarla con seguridad, en vuelo, y en unas condiciones que eran difíciles de conocer. La solución fue encender los cinco motores desde un principio. En esas condiciones, el motor central, que seguía encendido después de que se apagara la primera etapa, tendría que funcionar durante unos 250 segundos, un tiempo que no soportarían los vanos de control de grafito.

Koroliov y Mishin decidieron sustituir los vanos de grafito por pequeños motores *vernier* que se encargarían de ejercer las funciones de control, pero Glushkó no estaba muy seguro de que aquello funcionase correctamente y no quiso encargarse del diseño. Mishin asumió aquella responsabilidad.

Otro problema que planteaba la nueva configuración era que cada motor, de forma inevitable, consumiría una cantidad diferente de combustible y los empujes no serían iguales. Este fenómeno produciría una inestabilidad de consecuencias fatales para el misil. Para evitarlo diseñaron un sistema de control de gasto de combustible muy sofisticado.

La decisión acerca del material a utilizar en la construcción de la cápsula, capaz de resistir las temperaturas de la reentrada en la atmósfera, no estaba tomada, y con respecto al sistema de guiado y control existían muchas incertidumbres.

El control del misil se efectuaba en parte vía radio y en parte gracias a los sistemas inerciales y giroscópicos de a bordo. Una vez lanzado el cohete, se hacía un seguimiento con los radares y cuando alcanzaba la velocidad deseada, se cortaba la ignición de los motores. A través de la radio se daba la orden para llevar a cabo las correcciones necesarias y durante la etapa final el sistema de navegación del misil lo dirigía al objetivo de forma automática. El uso de la radio era poco deseable ya que podía ser interceptado y perturbado con facilidad, por lo que el sistema de guiado del misil terminaría siendo el único responsable de que alcanzase el blanco.

A este nuevo misil, la oficina de Koroliov lo bautizó con el nombre de R-7 y su desarrollo fue aprobado por el Gobierno y el Comité Central del PCUS el 20 de mayo de 1954. El objetivo fue que estaría construido y probado en 1957.

Además de los problemas inherentes al misil, el equipo de Koroliov planteó otros relacionados con el lanzamiento.

Mishin dirigió el diseño de los brazos que lo sujetarían antes del lanzamiento y que después de encender los motores habría que soltar.

En cuanto al emplazamiento para hacer las pruebas, Kapustin Yar no era un lugar adecuado. En los vuelos de prueba, el R-7 recorrería unos 7000 kilómetros y no era deseable que sobrevolara zonas pobladas, además de que harían falta tres estaciones de radio, situadas en un lugar despejado y a centenares de kilómetros de la base de lanzamiento.

El punto elegido para ubicar la plataforma de lanzamiento para el R-7, Tyuratam, se hallaba junto a una vía de ferrocarril, en medio de un desierto remoto de Kazakhstan; un sitio inhóspito en donde en verano la temperatura alcanzaba los 60 grados centígrados y lo barrían tormentas de polvo y en invierno soplaban galernas heladas; solamente en primavera, el lugar presentaba un aspecto amable, cuando la arena se cubría de tulipanes amarillos. La ciudad de Baikonur quedaba a unos 400 kilómetros al noreste del emplazamiento. En 1955 se empezaron las obras en el cosmódromo para lo que se enviaron los dos trenes fabricados por Instituto Nordhausen en Alemania.

En agosto de 1956, Koroliov visitó Baikonur en donde se habían construido cinco barracas de madera en las que vivían 50 soldados en cada una de ellas. Serguéi se puso furioso al inspeccionar las instalaciones en las que sus ingenieros y técnicos deberían pasar muchas semanas durante las pruebas del R-7.

CAPÍTULO 6

Los grandes éxitos de Koroliov

El satélite artificial

En 1957 se celebraba el Año Internacional Geofísico y la Marina de Estados Unidos acariciaba la idea de festejarlo con el lanzamiento de un pequeño objeto con instrumental científico, de carácter civil, para conmemorar el evento. Hacía años que estudiaba en secreto la posibilidad de poner en órbita terrestre un pequeño satélite.

El jefe de la unidad de cohetes, Milton Rosen, había criticado a Von Braun abiertamente porque en sus artículos sobre el espacio simplificaba los problemas, pero Wernher contaba con una extensa red de amigos y admiradores dentro de la Marina. Uno de ellos, Fred Durant —agente de la CIA que había leído ya dos veces sus conferencias en los congresos de la Federación Astronáutica Internacional— se enteró, en la primavera de 1954, que el responsable de la Oficina de Investigación Naval, George Hoover, planeaba gastar unos 100 000 dólares del presupuesto del año siguiente, en un estudio para la puesta en órbita de un satélite artificial. Fred contactó con Von Braun para organizar una reunión con Hoover.

La entrevista tuvo lugar el 25 de junio de 1954. Entre los asistentes se encontraba también Fred Whipple de la universidad de Harvard, para tratar las cuestiones relacionadas con el equipamiento óptico del satélite. Von Braun afirmó que el misil Redstone, al que se le podían añadir algunas etapas con cohetes de combustible sólido, sería capaz de poner en órbita un satélite de unos 5 kilogramos de peso; era una configuración que ya se había probado con anterioridad y no ofrecía demasiado riesgo. A Hoover le pareció bien que el Ejército y la Marina trabajaran juntos en el proyecto. El programa de investigación científica lo lideraría el profesor James van Allen de la universidad de Iowa y Von Braun desarrollaría el cohete en Huntsville.

La reunión finalizó con un acuerdo por parte de Hoover y Von Braun de que ambos buscarían apoyos al proyecto en las altas esferas de la Marina y el Ejército, respectivamente.

A principios de agosto, Hoover visitó Redstone Arsenal y se reunió con Von Braun y Toftoy para sellar su alianza. Acordaron que el siguiente paso sería involucrar a la Fuerza Aérea en aquel plan conjunto para el lanzamiento de un satélite artificial de carácter científico.

En septiembre, el equipo de Von Braun finalizó el primer estudio de diseño del vehículo espacial cuyo peso sería de 2,3 kilogramos y para que durante el lanzamiento el cohete se beneficiara, en la mayor medida posible de la rotación terrestre, Von Braun propuso que se efectuase desde un portaaviones, o una isla, situado en el Ecuador.

Fred Durant estaba entusiasmado con el proyecto y por aquellas fechas se incorporó a una empresa privada. La agencia de inteligencia norteamericana continuó muy interesada en que el programa del satélite siguiera adelante. La CIA era de la opinión de que el lanzamiento del primer satélite artificial tendría un gran impacto sobre la moral de los ciudadanos y Estados Unidos debería protagonizar el evento. De no hacerlo, las consecuencias serían muy negativas para el país.

En enero de 1955, el Ejército y la Marina enviaron la propuesta de su satélite artificial al asistente del secretario de Defensa para la investigación y desarrollo: Donald Quarles. Von Braun había intentado, después de que se le autorizase y con todos los medios a su alcance, involucrar a la Fuerza Aérea que al parecer se mostraba muy reacia a que la Marina y el Ejército continuasen con sus proyectos de desarrollo de misiles.

En mayo, representantes del Ejército y de la Marina presenciaron el lanzamiento satisfactorio del cohete RS-10 en Cabo Cañaveral, el mismo mes que el Gobierno, en secreto, decidió aprobar la puesta en órbita de un satélite científico.

Los planes de Hoover se truncaron cuando intervino Eisenhower. El presidente había sido advertido por la CIA de que los soviéticos tenían planes para lanzar un satélite espía. No parece que fuera cierto, pero Eisenhower decidió que Estados

Unidos tendría que adelantarse. Sin embargo, antes de construir un satélite militar parecía razonable estrenarse con otro civil. A esta idea también contribuyó el informe secreto de James Killian, presidente del Massachusetts Institute of Technology elaborado por orden del presidente Eisenhower, que había estudiado el asunto de los satélites espía. Killian recomendó la fabricación de un avión capaz de volar a gran altura (24 000 metros), que se construyó en secreto y por orden de la CIA, para efectuar misiones de espionaje. Killian también recomendó la puesta en órbita de un satélite artificial científico. Esta iniciativa abogaría por la libre circulación de naves espaciales a gran altura, lo que facilitaría la apertura de las puertas del cielo a las aeronaves de la CIA: las U-2.

El Gobierno decidió apoyar el lanzamiento de un satélite civil y designó una comisión, liderada por el doctor Homer Joe Stewart, un destacado ingeniero del Jet Propulsion Laboratory (JPL) de California, para que estableciera la forma de hacerlo. La Comisión decidió que la competencia entre distintas unidades daría mejores resultados que la colaboración exclusiva entre la Marina y el Ejército, tal y como había planeado Hoover.

Así fue como la Comisión solicitó propuestas independientes a la Marina, al Ejército y a la Fuerza Aérea.

Milton Rosen, de la Marina, ofertó una solución con el cohete Vanguard, que se apoyaba en el misil Viking al que habría que añadir dos etapas. La Fuerza Aérea propuso otro proyecto que utilizaría el cohete Atlas, también en fase de desarrollo. El Ejército presentó la solución del Redstone auxiliado con cohetes de impulso (*boosters*) que actuarían en etapas adicionales.

El único concepto probado, con garantías plenas de éxito, era el Redstone del Ejército, que lideraba Von Braun, pero la Comisión se dejó influenciar por otras cuestiones. El Ejército había adquirido una posición de supremacía en materia de misiles y la excesiva participación alemana, en aquellos proyectos, no era del agrado de muchos nacionalistas. La decisión fue muy política y se inclinó a favor de la propuesta de Milton Rosen. De nada sirvieron las protestas de Von Braun y las advertencias de que la modificación del cohete Vanguard, en dos años, era una tarea muy poco viable.

El 23 de agosto de 1955, Von Braun y Milton Rosen comparecieron en Washington por última vez para defender sus respectivas propuestas. La intervención de Wernher fue contundente, porque la gran experiencia en desarrollos prácticos que había acumulado *El Profesor* le hacía ver con claridad que la oferta de Rosen era inviable. Sin embargo, la contundencia pudo molestar a los miembros del Comité que se sintieron tratados como alumnos inexpertos.

La recomendación de la Comisión Stewart fue que el Naval Research Laboratory (NRL), se hiciera cargo del desarrollo del cohete que llevaría el primer satélite estadounidense al espacio, aunque el propio Stewart votó en contra y estaba convencido de que Milton Rosen no lograría finalizar el desarrollo en el plazo convenido.

Disneyland

Con la publicación de la quinta oleada de artículos de la revista *Collier's* sobre Marte, en abril de 1954, se cerraba un conjunto de publicaciones que empezaron en 1952. Además de hacerlo famoso, a Wernher le habían ayudado a costear sus muchos gastos familiares. Su salario, de unos 10 000 dólares anuales no era malo, pero significativamente más bajo de lo que podía ganar un ejecutivo con responsabilidades similares en la industria privada. Por ese motivo, su hermano Magnus decidió abandonar el Ejército y Wernher le ayudó a colocarse en la fábrica de Chrysler en Detroit que fabricaba los cohetes Redstone.

Aunque a Von Braun le gustaba lo que hacía, también sentía la obligación moral de no abandonar a sus compañeros de Peenemünde y estaba imbuido de un cierto sentido trascendental de su misión, que difícilmente podía llevar a cabo fuera de una organización gubernamental. A *El Profesor*, no le seducía la idea de abandonar su puesto de trabajo, pero la cuestión económica no dejaba de ser importante y, por eso, cuando finalizó su colaboración con *Collier's*, buscó una fuente alternativa de ingresos.

En Beverly Hills contactó con un productor, Marché Goddard, que pretendía emitir en la cadena de televisión CBS una serie de

39 capítulos, de media hora, dedicados a los viajes espaciales. Von Braun firmó un contrato con Goddard para colaborar con él en la producción.

De otra parte, el escritor Willy Ley y el médico Heinz Haber, habían contactado con Walt Disney, que también tenía otros proyectos relacionados con el espacio. Para sufragar parte de los gastos de sus recientes inversiones en el parque de Anaheim, Walt Disney pensaba emitir varios programas dedicados a las cuatro secciones que lo componían: Adventureland, Frontierland, Fantasyland y Tomorrowland. Ward Kimball, un creador extravagante que vestía trajes de colores muy llamativos, se había encargado de la sección dedicada al futuro (Tomorrowland) y enseguida se percató de que las publicaciones de *Collier's* contenían materiales que podían interesarle. Primero contactó con Ley y después con Von Braun, pero este último le informó que tenía un compromiso con otro productor.

Willy Ley se encargó de que Kimball insistiera, una y otra vez, para que Von Braun cambiara de opinión. En el mes de junio, Goddard, debido a los retrasos que acumulaba su proyecto accedió a liberar de sus ataduras a Von Braun.

En julio, Von Braun se reunió en Los Ángeles con Kimball y firmó un contrato por un importe de 5500 dólares que luego se incrementaría en otros 1000 dólares. Disney pretendía emitir tres programas de 48 minutos, cuyos contenidos estarían relacionados con los viajes espaciales, desde el comienzo de los cohetes hasta una expedición a Marte, pasando antes por un viaje a la cara oculta de la Luna. El productor fabricaría modelos de la estación y las naves espaciales y generaría abundante material gráfico para ilustrar las intervenciones de los ponentes.

Ley y Wernher decidieron utilizar, como fuente principal, el trabajo que ya habían hecho para *Collier's* y decidieron aprovechar la oportunidad para reducir el tamaño de las naves, cambiar algunos detalles de su configuración para modernizarlas y diseñar unas misiones menos grandiosas, que aplacaran las críticas que se les había hecho anteriormente. Después, Von Braun se dio cuenta de que muchos de sus seguidores se quejaron de los cambios que sufrieron las naves, ya que pensaban que su configuración no debía alterarse, por razones técnicas.

En agosto, Von Braun reemprendió la tarea de escribir en su casa hasta altas horas de la madrugada. Era una experiencia que lo relajaba: en compañía de algunos martinis y buena música, Von Braun redactaba sus artículos por las noches, casi hasta el alba.

Wernher poseía una extraordinaria vitalidad. Entonces se había aficionado al submarinismo y decían en Los Ángeles que era capaz de trabajar con los subcontratistas del Ejército durante todo el día, por la tarde encerrarse con el equipo de Walt Disney para revisar los contenidos de las emisiones y por la noche irse a la isla Catalina a bucear hasta el día siguiente.

En octubre viajó con María a Los Ángeles. Consigo llevaba los borradores de los textos de las emisiones y dibujos de la estación espacial, las naves y trayectorias. Durante las muchas sesiones de trabajo que mantuvo con el equipo de Walt Disney, con su entusiasmo, aplomo y la deferencia con que trataba a las personas, Wernher se ganó el respeto y la admiración de todos los participantes.

Man in Space se emitió el 9 de marzo de 1955. Fue un éxito. Ese día, millones de norteamericanos descubrieron el rostro amable de Von Braun y escucharon su voz enérgica y tranquila, con el marcado acento alemán que siempre le caracterizó. Si antes era un personaje famoso, a partir de entonces su cara, para los norteamericanos, se convertiría en el símbolo de la conquista del espacio.

Al mes siguiente, el 14 de abril de 1955, Wernher y 102 compatriotas suyos celebraron su nacionalización como ciudadanos de Estados Unidos de pleno derecho. Von Braun llegó a decir, en su breve discurso, que aquel era el día más importante y feliz de su vida. Quizá fue una exageración deliberada, para congraciarse con las autoridades del país, pero no dejaba de ser algo por lo que había luchado desde que llegó a Estados Unidos.

Su nueva condición de estadounidense le daría acceso a la información clasificada y le facilitaría la autorización para manejar documentos altamente confidenciales. Esto le permitió estudiar los informes secretos sobre el estado de los misiles soviéticos, elaborados por los servicios de inteligencia estadounidenses y se sorprendió del alto grado de desarrollo que habían alcanzado.

El Jupiter C

Home Joe Stewart hubiera preferido que la decisión del cohete que debía impulsar el primer satélite estadounidense fuese el Redstone de Von Braun. No tenía ninguna confianza en el Vanguard del NRL y no tardó en presentarse en Huntsville, para estudiar la forma de garantizar que si Milton Rosen fracasaba, el país dispusiera de una alternativa.

El 26 de agosto de 1955, acordó con Von Braun que en Redstone Arsenal trabajarían para disponer de dos configuraciones del cohete que habían propuesto para el lanzamiento del satélite. En la configuración de pruebas de reentrada de cápsulas espaciales se montarían en la parte superior del cohete, a continuación de los depósitos de combustible, dos etapas dentro del fuselaje, la primera con once cohetes y la segunda con tres cohetes y encima de estas el cono con la carga artificial que simulaba la bomba atómica; en la configuración para transportar un satélite, la parte superior, en vez de llevar una cápsula alojaría otra etapa con un cohete y el satélite.

Von Braun reservó los misiles RS-27 y RS-29 y otros tres Redstone para efectuar las pruebas.

La principal misión del equipo de Von Braun en Redstone Arsenal, después de perder la oportunidad de lanzar el satélite, sería la de hacer las pruebas de materiales y reentrada atmosférica de las cápsulas espaciales con cohetes Redstone modificados. Tenía que agrandar los depósitos de los Redstone y cambiar el combustible, ya que el motor en vez de quemar alcohol y agua consumiría *hidina* (una mezcla de dimetilhidracina y dietilenetriamina). El sistema de guiado y control también sería distinto al del Redstone, más ligero y preciso. Las etapas que debían añadir se propulsarían con cohetes de combustible sólido, del tipo Seargent, aunque reducidos a escala.

A Wernher le preocupaba aquella situación de semiclandestinidad con una misión oficial que consistía en probar la reentrada en la atmósfera de las cápsulas espaciales y desarrollar materiales capaces de resistir la fricción, al tiempo que preparaban subrepticiamente otros cohetes capaces de poner un satélite en órbita terrestre como alternativa encubierta a Milton Rosen. El futuro de su equipo le parecía era muy dudoso, salvo que al Ejército se le asignara algún encargo de relevancia, relacionado con los misiles balísticos.

Pero las vicisitudes de la política internacional, la *guerra fría* y los informes del asesor presidencial, Killian, fueron los responsables de que, al secretario de Defensa Charles Wilson, le entraran las prisas por disponer de misiles balísticos de alcance medio (IRBM), para desplegarlos en buques, submarinos y bases aéreas situadas fuera del país. Los misiles de largo alcance (ICBM), que desarrollaba la Fuerza Aérea dentro de su programa Atlas, no estarían operativos hasta el año 1960 y el objetivo que estableció Wilson fue que los IRBM estuvieran listos en 1957.

El 8 de noviembre, firmó un decreto para encargar a la Fuerza Aérea el desarrollo del IRBM 1, a partir del Atlas, y a la Marina y el Ejército el desarrollo del IRBM 2, ambos misiles de idénticas características, por lo que el decreto abría una competición dentro de las Fuerzas Armadas del país.

Para Von Braun, aquello eran buenas noticias. Su equipo se enfrentaba a un verdadero reto.

El nuevo misil debía tener un alcance de unas 1500 millas náuticas con una bomba termonuclear en la cabeza que pesaría alrededor de 680 kilogramos. El de la Fuerza Aérea se bautizó con el nombre de Thor y el del Ejército y la Marina con el de Jupiter.

El encargo fue el responsable de que se produjeran importantes cambios en Redstone Arsenal. La organización de Von Braun se transformó y aunque siguió en el mismo emplazamiento, pasó a ser una entidad distinta que recibió el nombre de Agencia de Misiles Balísticos del Ejército (ABMA).

El 1 de febrero de 1956, el general John Bruce Medaris —un militar de aspecto duro, pelo engominado y mostacho— se hizo cargo de la nueva organización. Von Braun descubrió muy pronto que su nuevo jefe era un hombre apasionado, con gran energía, y entre los dos se estableció una buena relación. Wernher estaba acostumbrado a tratar con militares, lo había hecho toda su vida y los respetaba.

Los cambios y el nuevo proyecto que se asignó al centro supusieron un aumento importante del presupuesto y la necesidad de incrementar la plantilla. También implicaría una importante subida de salarios y categoría para los principales responsables de la gestión, Von Braun, su adjunto Eberhard Rees, su director técnico Arthur Rudolph y los jefes de los departamentos. De este modo, Von Braun pudo retener en ABMA el núcleo que formaban los profesionales más cualificados de su equipo.

Nada más asumir el mando de ABMA, Medaris recibió presiones de sus jefes para que acelerase el desarrollo del IRBM. El alto mando pretendía disponer de cualquier tipo de misil balístico de medio alcance, lo antes posible.

Von Braun le dijo a su jefe que estaba en disposición de hacer un lanzamiento de prueba muy pronto y Medaris convocó a los secretarios de Defensa y del Ejército para darles la noticia. La respuesta fue que efectuara el lanzamiento lo antes posible.

A los cohetes que construyó ABMA, con la configuración de tres etapas para probar la reentrada de las cápsulas espaciales, se los bautizó con el nombre de Jupiter C y de estos se hicieron tres lanzamientos. Los cohetes concebidos para transportar satélites se denominarían Juno 1 y su configuración, con cuatro etapas, consistía en un Jupiter C al que se le añadía la cuarta etapa y el satélite, dentro del cono que sustituía a la cápsula. En apariencia el Jupiter C y el Juno 1 eran iguales. Del Juno 1 se llegarían a efectuar 6 lanzamientos.

El primer lanzamiento del Jupiter C se realizó el 20 de septiembre de 1956, con prisas, porque a Medaris y Von Braun se les había hecho llegar el mensaje de lo urgente que era para la nación disponer de un misil balístico de medio alcance.

El Ejército y el Departamento de Defensa sabían que, si Von Braun montaba una cuarta etapa con el satélite, el Jupiter C podía ponerlo en órbita, por lo que se le advirtió de que bajo ningún concepto tolerarían que esto ocurriese. Antes del lanzamiento se realizaron inspecciones para verificar que nadie había tenido la ocurrencia de montar una cuarta etapa de forma casual.

El vuelo del primer Jupiter C fue un éxito. Con una carga de pago de 39 kilogramos, ascendió a una altura de 1098 kilómetros y el cono, alcanzó una distancia de 5400 kilómetros y una velocidad de 25 200 kilómetros por hora, antes de entrar en la atmósfera y desintegrarse.

Von Braun no pudo contenerse y bailó de alegría en la caseta desde donde siguió el lanzamiento en Cabo Cañaveral. Sabía que, con la cuarta fase, el Juno 1 estaba en condiciones de poner en órbita un satélite artificial.

A finales del verano de 1956 Von Braun vivía en Huntsville una época feliz. El trabajo, como siempre, era extenuante pero su equipo había recobrado la moral. En ABMA su departamento ocupaba a unas tres mil personas. Los padres de María habían viajado a Estados Unidos para conocer a sus nietas, poco después de que Alexander von Quistorp, su tío y suegro, *Allack*, fuese liberado por los comunistas tras diez años de confinamiento en campos de concentración. Wernher encontraba tiempo para cazar, navegar, practicar el submarinismo siempre que sus viajes lo acercaban al mar y pilotar aviones. La televisión y ABMA contribuyeron a mejorar sus finanzas y parecía que los cohetes balísticos de alcance medio habían llegado a Huntsville para darle un buen empujón a su carrera espacial.

El cohete de Milton Rosen se retrasaba y el coste inicial de 20 millones de dólares se había triplicado. Von Braun mantenía la secreta esperanza de ganarle la partida al NRL. En realidad, ya se la había ganado, porque su cohete Jupiter C estaba en condiciones de poner en órbita un satélite, aunque el Gobierno no le permitiera hacerlo.

Pero la suerte volvería a sembrar de oscuros nubarrones el brillante futuro que Wernher había vislumbrado durante el verano de 1956. La primera señal fue el silencio. Después del exitoso lanzamiento del Jupiter C del mes de septiembre, el Ejército no lo hizo público, el evento no se desclasificó. A Von Braun aquella actitud le causó extrañeza.

Sobre el programa Jupiter se cernían algunas sombras. La Marina cada vez se mostraba menos favorable a equipar sus barcos de superficie y submarinos con misiles de propelentes líquidos, entre los que se incluía el Jupiter, porque su manejo a bordo le parecía complicado y peligroso y el hecho de que Jupiter compitiese con Thor, para muchos implicaba que el Departamento de Defensa, terminaría decantándose por uno de los dos programas.

En noviembre, ABMA se vio sacudida por una oleada de rumores que daban por liquidado el programa Jupiter. El pánico cundió hasta el extremo de que Medaris envió un comunicado a sus jefes, en el que les hacía partícipes de la situación y les alertaba de que aquellas noticias podrían causar la disolución del equipo de Von Braun, un activo muy valioso para la nación.

La respuesta a Medaris no se demoró. El 26 de noviembre el secretario de Defensa decretó que tan solo la Fuerza Aérea desplegaría misiles con un alcance superior a 200 millas náuticas y días después aprobó que la Marina abandonase el programa Jupiter para centrar sus esfuerzos en un misil de menor tamaño con dos etapas y propelente sólido. Este misil sería el Polaris.

El 30 de noviembre Medaris reunió a todo el personal de ABMA y los conminó a que abandonaran su actitud negativa, porque el que la Fuerza Aérea tuviera la responsabilidad de desplegar los misiles Jupiter y que la Marina no fuera a utilizarlos, no implicaba que el programa se fuese a cancelar.

Von Braun y Medaris eran conscientes de que el Jupiter tendría que mostrar una clara superioridad con respecto al Thor para sobrevivir. A Wernher el asunto le preocupaba, pero creía que Thor estaba en manos de subcontratistas con poca experiencia en aquel campo, como Douglas y Ramo-Wooldridge y su equipo tenía muchas oportunidades de ganar aquella partida.

En enero de 1957 las noticias fueron más alentadoras para el personal que trabajaba en ABMA.

En primer lugar, el programa de Milton Rosen continuaba estancado; en segundo lugar, el Departamento de Defensa eligió el Redstone para la Operación Hardtack, que consistía en detonar bombas sobre el Pacífico, en altas capas de la atmósfera (32-80 kilómetros); en tercer lugar, a pesar del mandato del Departamento de Defensa el Ejército insistía en la necesidad de disponer de misiles balísticos de un alcance de 800 kilómetros, por lo que necesitaba reemplazar al Redstone.

En abril, los Von Braun volaron en un avión militar a Washington para que Charles Wilson entregara a Wernher el Premio al Servicio Civil Distinguido del Departamento de Defensa; una consideración que Von Braun valoraría tanto como las que le había dispensado el régimen de Hitler.

Mientras tanto, el equipo de *El Profesor* competía con dureza con la Fuerza Aérea para tomar una posición de liderazgo en la competición del IRBM.

El primer lanzamiento del Thor tuvo lugar el 25 de enero de 1957, en Cabo Cañaveral: se levantó unos dos centímetros del suelo. A este le siguieron otros dos lanzamientos en los que los misiles explotaron en el aire, por razones diversas. Los Jupiter, con la designación AM, corrieron una suerte similar hasta el tercero de ellos, que el 31 de mayo de 1957 alcanzó 2123 kilómetros y fue el primer IRBM que efectuó un vuelo. La competición entre ABMA y la Fuerza Aérea continuaría durante algún tiempo con el resultado final de que el Departamento de Defensa decidiría producir ambos misiles.

En el mes de mayo de 1957, el equipo de Von Braun se apuntó uno de los mayores éxitos de su historia: el segundo Jupiter C levantó una cápsula a una altura de 560 kilómetros y efectuó una reentrada en la atmósfera, con éxito. La cápsula no pudo recuperarse porque cayó al mar, pero el sistema de protección térmico diseñado por ABMA funcionó perfectamente.

La confirmación de que la coraza térmica —fabricada con resina fenólica, fibra de vidrio y asbesto— era capaz de soportar las altísimas temperaturas que generaba la fricción del aire con la superficie de la cápsula, al reentrar en la atmósfera a velocidades supersónicas, la proporcionó el último lanzamiento del Jupiter C, el 8 de agosto de 1957. La cápsula se recuperó a 2140 kilómetros de distancia de Cabo Cañaveral, con una carta en su interior del doctor Kurt Debus, responsable del equipo de lanzamiento de Von Braun en Florida. Era el primer objeto humano que regresaba del espacio exterior a la Tierra.

En el mes de julio, Wernher viajó a Alemania. Su estancia de 10 días en el país se mantuvo en secreto y a todas partes le acompañó un formidable dispositivo de seguridad. La inteligencia estadounidense temía que fuera raptado o asesinado. El motivo principal de su viaje fue firmar un contrato de 24 000 dólares con un productor de Múnich para actuar como asesor del rodaje de una película sobre su vida. También visitó a sus padres. Hacía doce años que Wernher no pisaba Alemania.

A su regreso a Estados Unidos Wernher comprobó que las últimas gestiones de Fred Durant, Homer Joe Stewart, e incluso Van Hallen, para que se cambiaran los planes y se lanzase el satélite científico estadounidense con la versión del Jupiter C con cuatro etapas (Juno 1), habían fracasado otra vez más.

En septiembre de 1957, Milton Rosen, aún no había logrado efectuar ningún vuelo con el misil Vanguard de la Marina, del que se esperaba que fuera capaz de poner en órbita terrestre, el primer satélite artificial de la historia, antes de que acabara el año.

Sputnik 1

El equipo de Koroliov, en la URSS, estaba ya muy cerca de conseguir lo que a Milton Rosen le resultaba imposible y a Von Braun le habían prohibido.

La noticia de que Estados Unidos preparaba el lanzamiento de un satélite artificial la hizo pública el presidente Eisenhower en julio de 1955.

Para Koroliov, la navegación espacial seguía siendo el reto de su vida y aquella era su gran oportunidad. El misil en el que trabajaba, el R-7, lo habían diseñado para transportar una carga de más de 5 toneladas a miles de kilómetros y con ese cohete no tendría ningún problema en poner en órbita terrestre un objeto de varias decenas de kilogramos. Serguéi planteó el lanzamiento del satélite artificial como una prueba más de las necesarias para validar el misil balístico militar, de largo alcance.

En enero de 1956 el Consejo de Ministros aprobó el lanzamiento de un Objeto D de 1300 kilos de peso; fue el extraño nombre que le dieron al satélite para enmascarar la decisión. Todo cuanto se relacionara con el programa de misiles, el espacio y el armamento nuclear, en la URSS se protegía con un histérico secretismo. La nueva base de lanzamiento de los R-7, Baikonur, se encontraba en realidad a 400 kilómetros de distancia de aquella ciudad; el nombre simplemente pretendía desorientar al público.

La autorización de un Gobierno proclive a mostrar con tibieza cualquier apoyo a la investigación espacial no le pareció a Koroliov un compromiso suficientemente sólido y buscó la ayuda de su amigo, Mstislav Kéldysh, que presidía el comité formado por la Academia de las Ciencias para tratar los asuntos del satélite soviético. El 14 de septiembre de 1956, Kéldysh informó a sus colegas de la Academia sobre las posibilidades que los satélites abrían a la investigación científica: exploración de la composición de la atmósfera en sus capas más elevadas, de la radiación solar y cósmica, del campo magnético terrestre...El llamamiento de Kéldysh a todos los académicos, para que se interesasen por el satélite y acelerasen el diseño y preparación de la instrumentación necesarios para efectuar los experimentos espaciales, tuvo un doble efecto. De una parte contribuyó a acrecentar el apoyo al programa y reactivar las tareas del entorno científico, pero de otra desencadenó una oleada de peticiones de retrasar el lanzamiento para preparar mejor los ensayos.

Jrushchov visitó las instalaciones del NII-88 donde le mostraron una maqueta, a escala real, del R-7. Los más de 30 metros de altura del cohete, impresionaron al mandatario y sus acompañantes. El gobernante le preguntó directamente a Koroliov si el lanzamiento del satélite entorpecería el desarrollo principal, que era el misil balístico de uso militar. Serguéi le contestó que de ninguna manera y Jrushchov le dijo que entonces podía seguir con el proyecto. La bendición del primer ministro lo protegía, aunque se trataba de una autorización sujeta con imperdibles.

En 1956, Koroliov contaba con el máximo apoyo para convertir en realidad las ilusiones que lo habían motivado desde la década de los años 1930. Seguía muy de cerca lo que ocurría fuera de la URSS, en las revistas especializadas y la prensa en general. Tikhonravov y su equipo habían sigo asignados a su oficina para elaborar el complejo cálculo de las trayectorias del cohete.

En septiembre, cuando Von Braun lanzó el primer Jupiter C desde Cabo Cañaveral, Koroliov lo interpretó como un intento fracasado de poner un satélite en órbita, por parte de los americanos. Nunca pudo imaginar que aquél vuelo se hizo con otra intención y que hasta se tomaron medidas para evitar que llevase un satélite artificial al espacio.

Las pruebas del R-7, que se habían programado para principios de 1957, se pospusieron al mes de marzo. Glushkó tenía que resolver algunos problemas con los motores.

Otro asunto que asunto que le preocupaba a Koroliov era el Objeto D. Los científicos soviéticos habían diseñado un paquete instrumental que equiparía el satélite para analizar la radiación cósmica y ultravioleta, la atmósfera y el campo electromagnético terrestre. Sin embargo, los distintos organismos e institutos que trabajaban en el satélite no estaban bien coordinados y el conjunto no terminaba de encajar unas veces por peso, otras por volumen. Tikhonravov recomendó simplificar el problema y prescindir de todas las complejidades en aquel primer satélite. Sugirió que una carcasa esférica —fabricada con una aleación de aluminio, de unos 83 kilogramos, con antenas y un transmisor en su interior que emitiera señales de radio— serviría para anunciar al mundo la presencia del primer satélite artificial; no pasaría desapercibido, y sería suficiente. La idea contó con el beneplácito del Gobierno.

Koroliov puso un gran empeño en que la esfera, plateada, se puliera para que fuese extraordinariamente brillante.

Las pruebas del R-7 se demoraron hasta el mes de mayo. Un mes antes de que a Koroliov le dieran la grata noticia de su plena rehabilitación: los jueces reconocieron que los crímenes que lo habían llevado al Gulag, jamás existieron y que Serguéi siempre fue inocente.

En mayo, en la plataforma de Baikonur, el R-7 se había ensamblado por completo en posición horizontal y después lo levantaron para fijarlo con el dispositivo ingeniado por Mishin: cuatro sujeciones en forma de pétalos de tulipán que se abrían en el momento en que despegaba el cohete.

El 15 de mayo el lanzamiento fracasó. El cohete se incendió poco después de abandonar la plataforma. Las pruebas se suspendieron hasta el mes de junio. Otros tres fracasos consecutivos, el 9,10 y 11 de junio, pusieron a prueba los nervios de Koroliov y consiguieron desquiciar a Glushkó y al general Nedelin que amenazó seriamente a Koroliov con ordenar su regreso a Moscú para que revisara el proyecto entero.

Serguéi había anticipado a Nina, en una carta, que los lanzamientos podrían ir mal: «Probablemente no será un éxito…la verdad es que nuestro objetivo nunca se ha alcanzado antes en toda la historia de la tecnología».

El 11 de julio lo volvieron a intentar. El cohete despegó bien, pero empezó a moverse de forma errática y explotó. Después de aquella colección de fracasos, quizá lo más prudente hubiera sido estudiar con detalle los motivos de los fiascos y buscar remedios poderosos; las causas eran siempre pequeños fallos. Si regresaban a Moscú el proyecto se retrasaría demasiado y eso lo sabían todos, incluyendo a los más furiosos como Nedelin y Glushkó. En la plataforma tan solo quedaba un cohete y decidieron lanzarlo el 21 de agosto. Esa vez, el vuelo fue un éxito: el R-7 voló de Baikonur a Kamchatka, unos 6000 kilómetros, con una carga que simulaba una bomba atómica de hidrógeno.

La agencia soviética TASS dio la noticia del lanzamiento del R-7: un cohete que marcó un hito muy singular en la carrera espacial.

En aquel momento Von Braun tuvo la seguridad de que los soviéticos estaban ya muy cerca de colocar un satélite en el espacio. Hubo un último intento desesperado del Ejército para que el Departamento de Defensa autorizase el lanzamiento de un satélite a bordo del cohete Jupiter C que El Profesor tenía listo en Cabo Cañaveral. La respuesta fue la misma de siempre: no.

El 3 de octubre Koroliov y los mandos que se habían congregado en la plataforma de Baikonur para el lanzamiento del Objeto D simplificado, acompañaron, como era costumbre, al R-7 desde el hangar al lugar en que lo levantaban, para sujetarlo con los pétalos de Mishin. El cohete había pasado todas las pruebas y en su cabeza llevaba la bola de plata con el transmisor, ideado por Tikhonravov. Koroliov avisó a su equipo de que el lanzamiento se produciría a las 22:28 horas. Serguéi había visto con sus ojos cómo casi todos los anteriores ensayos fracasaban. Ahora, el R-7 transportaba un satélite y el fallo sería mucho más doloroso porque «había estado esperando ese momento toda su vida».

A la hora prevista, en punto, el cohete se encendió y una persistente luz, acompañada de un ruido ensordecedor y una nube de humo, rasgó el silencio de la fría noche en la base de Baikonur. Desde su refugio, Koroliov, su equipo y las autoridades que habían acudido a presenciar el lanzamiento, contemplaron atónitos el espectáculo.

El cohete remontó el vuelo y se perdió de vista.

Al cabo de unas dos horas, todos estaban pendientes de lo que sucedía en una pequeña estación de radio. Cuando escucharon una débil señal, *beep-beep*, supieron que el Sputnik 1, o bola de plata de Tikhonravov, se encontraba sobre sus cabezas después de haber dado una vuelta al mundo.

Al día siguiente, satisfecho, Serguéi Koroliov tomó un avión de vuelta a su casa de Moscú, mientras el mundo entero hablaba del Sputnik 1.

Ese mismo día, 4 de octubre, Von Braun, en Huntsville se hallaba de casualidad con el nuevo secretario de Estado de Defensa, Neil McElroy, en una reunión en la que celebraban su nombramiento, cuando se enteraron de que, sobre Estados Unidos, cada dos horas, pasaba un satélite de la URSS. Furioso, Von Braun le advirtió al mandatario:

«Todo el mundo cuenta con el Vanguard. Yo le digo a usted ahora, que el Vanguard nunca lo conseguirá».

Wernher se percató inmediatamente de la importancia del lanzamiento soviético. La prensa rusa no lo hizo el primer día. El *Pravda* dedicó al suceso una modesta columna en la que informaba con un texto de carácter educativo, sin resaltar la trascendencia de la noticia. En el artículo consignó la inclinación de la órbita, la frecuencia en la que se podía escuchar el *beep-beep,* el peso del satélite y también hizo mención a Tsiolkovsky por haber demostrado, muchos años antes, la viabilidad de la puesta en órbita de un objeto mediante el uso de cohetes. No mencionó el nombre de ninguno de los principales responsables del equipo que había realizado el trabajo, ni dejó el menor rastro que pudiese servir para que los lectores establecieran contacto con ellos. Todo cuanto rodeaba al asunto pertenecía al copioso arsenal de los secretos de Estado soviéticos.

Ni siquiera Jrushchov se emocionó, para él se trataba de otro más de aquellos lanzamientos de Koroliov.

La vehemente reacción del mundo occidental, la sensación que produjo el éxito soviético en Estados Unidos —que se podía resumir en la frase de un periodista, «Rusia ganó la competición»— despertó el interés por el suceso en la Unión Soviética.

Al día siguiente *Pravda* dedicaba toda su primera página a la noticia titulada «El primer satélite artificial de la Tierra creado en la nación soviética».

Jrushchov despertó de su breve letargo para incorporarse en un lugar destacado a la fiesta en la que se celebraba el gran éxito comunista.

La reacción de la prensa occidental y de muchos políticos europeos y norteamericanos fue de sorpresa y pesimismo. Cundió la idea de que la Unión Soviética había vencido a Occidente, que poseía unas capacidades extraordinarias para conquistar el espacio y que era necesario que el llamado mundo libre pusiera en marcha algún plan para cambiar el curso de los acontecimientos. Al mismo tiempo que Europa y Norteamérica felicitaban a la Unión Soviética, sus ciudadanos se dejaron llevar por sentimientos de amargura y pesimismo.

Estos sentimientos se encontraban muy lejos de reflejar, con objetividad, el estado de la tecnología en Estados Unidos y la Unión Soviética.

A finales de 1957 los dos países desarrollaban cohetes balísticos de largo alcance. Estados Unidos llevaba el liderazgo en el campo de las armas nucleares cuyo peso, alrededor de tonelada y media, era significativamente inferior al de las rusas. En la Unión Soviética, aún no estaban seguros de cuál sería el peso final de sus bombas de hidrógeno. Estimaron que podría alcanzar las cinco toneladas y Koroliov desarrolló el misil R-7 con ese objetivo en mente, mientras que, en Estados Unidos, su competidor era el

Atlas al que se le había impuesto un requisito de carga de pago inferior. Si el R-7 se había diseñado para transportar una mayor carga de pago que el Atlas era porque la tecnología de las armas termonucleares estaba más avanzada en Estados Unidos que en Rusia.

Si comparamos el diseño de los cohetes R-7 y Atlas de 1957, el norteamericano era tecnológicamente superior al soviético en lo relativo a los sistemas de guiado, electrónica en general y materiales, lo que también lo hacía más ligero y menos exigente en cuanto al empuje de sus motores para transportar una carga de pago determinada.

Si se tenían todos estos datos, no era muy difícil llegar a la conclusión de que el éxito del Sputnik 1, frente al frustrado primer satélite estadounidense, no se debía a la superioridad tecnológica de los soviéticos sino al contrario, a ciertas deficiencias técnicas, y a la voluntad y astucia de un excepcional ingeniero: Serguéi Pávlovich Koroliov.

Laika

Después del lanzamiento del Sputnik 1, Koroliov, Mishin y un grupo de colaboradores suyos se fueron a descansar a una *dacha* en Sochi. El asueto se interrumpió a los cinco días cuando Serguéi recibió una orden urgente para que se presentara en el Kremlin. Allí se entrevistó con un Jrushchov exultante que le dijo:

«Nunca pensamos que lanzarías un *sputnik* antes que los americanos. Pero lo hiciste. Ahora, por favor, lanza algo nuevo al espacio para el próximo aniversario de nuestra revolución».

Koroliov no disponía de mucho tiempo: el 7 de noviembre de 1957 se conmemoraba el 40 aniversario de la Revolución de Octubre. Serguéi, sabía que el siguiente paso importante en la aventura espacial consistía en colocar a un hombre en una órbita terrestre. Antes tendría que probar con animales. La respuesta al jefe del Gobierno fue que lo podrían celebrar enviando al espacio a un perro. En realidad sería una perra que recogieron en las calles de Moscú: Laika.

Koroliov tuvo que reunir otra vez a sus colaboradores, a toda prisa, para que preparasen un cohete R-7 y una cápsula espacial que esta vez llevaría a bordo un ser vivo. Serguéi redujo las pruebas inmediatas al lanzamiento al mínimo y obvió muchos controles de calidad. Sus ingenieros dieron instrucciones a los técnicos sin apenas documentarlas.

El 3 de noviembre Laika viajó al espacio, aunque apenas sobrevivió unas horas debido a un fallo en el sistema de regulación de temperatura en la nave. Las sociedades protectoras de animales protestaron.

La carga de pago del Sputnik 2, 508 kilogramos, superó ampliamente a la del lanzamiento previo.

Jrushchov sabía que Estados Unidos pensaba lanzar en breve su propio satélite, con un cohete Vanguard. El 6 de noviembre, en uno de sus discursos con motivo del 40 aniversario de la Revolución de Octubre, no perdió la ocasión para mandar un mensaje a su país y al mundo entero:

«Parece que el nombre Vanguard reflejaba la confianza de los americanos de que su satélite sería el primero en el mundo, pero fueron los satélites soviéticos los que probaron que estaban en cabeza, que estaban en la vanguardia…Al orbitar nuestra Tierra, los sputniks soviéticos proclaman las alturas del desarrollo de la ciencia y la tecnología y de la entera economía de la Unión Soviética, cuya gente está construyendo una nueva vida bajo el estandarte del marxismo-leninismo».

Después de este segundo esfuerzo, la salud de Koroliov se resintió seriamente y su corazón acusó el terrible estrés a que había estado sometido durante los últimos meses. Serguéi tuvo que recluirse durante un tiempo en un sanatorio.

El primer satélite artificial de Estados Unidos

Cuando Von Braun se enteró de que los soviéticos acababan de poner en órbita un satélite artificial, el recién nombrado secretario de Defensa Neil McElroy, acompañado del secretario del Ejército, Brucker, se encontraban de visita en ABMA. *El Profesor* se comprometió a que en 60 días lanzaría el satélite estadounidense; McElroy guardó silencio.

La noticia del Sputnik 1 tuvo una gran repercusión en Estados Unidos y casi todos los medios coincidieron en que marcaba el inicio de la *Era Espacial*. El Departamento de Defensa impuso la ley de silencio a sus funcionarios, pero a la prensa ya se había filtrado que el Vanguard se retrasaba y que el cohete de ABMA podría haber puesto el satélite estadounidense en órbita desde hacía ya algunos meses.

El 9 de octubre, el presidente Eisenhower apareció en la televisión y a lo largo de su intervención trató de restar importancia al logro soviético, lo achacó a la ayuda que había recibido de los técnicos alemanes y también comentó que, en caso de que hiciera falta, Vanguard recibiría el apoyo de ABMA.

Von Braun volvió a acaparar la atención de los periódicos. En la revista del *The New York Times* del 20 de octubre ocupaba la primera página y en el interior aparecían fotos suyas que lo mostraban como un ciudadano ejemplar estadounidense, de origen alemán, rodeado de su familia, bajo el título de *Profeta de la Era Espacial*.

Si el Sputnik 1 conmocionó al país, el Sputnik 2, con *Laika* a bordo, revolvió la fibra sensible de la gente y a los que se fijaron en los números les causó cierto vértigo saber que, aquel satélite no era una pequeña esfera metálica, sino una nave espacial que pesaba más de media tonelada.

El 7 de noviembre, el presidente Eisenhower compareció en televisión para tranquilizar al país. Aseguró a los ciudadanos que el poder de disuasión del arsenal nuclear norteamericano era abrumador; que el adelanto de los soviéticos en la puesta en órbita de un satélite no suponía que contaran con ninguna ventaja tecnológica, con respecto a Estados Unidos; y que, en marzo de 1958, el país dispondría de un satélite propio, en una órbita terrestre. La noticia del Sputnik 1 había causado alarma social en la nación. Si los rusos podían adelantarse a los norteamericanos en algo así, eso significaba que su tecnología estaba más avanzada y quizá poseyeran misiles nucleares de muy largo alcance y un poderoso arsenal nuclear capaz de destruir

Norteamérica. El Gobierno de Estados Unidos, gracias a sus aviones espías U-2 y a los servicios de inteligencia, sabía con toda seguridad, que eso no era cierto, pero no podía demostrarlo.

El 8 de noviembre, Medaris recibió la orden de preparar el cohete de ABMA, por si el Vanguard fracasaba.

La presión de los medios obligó al Departamento de Defensa a levantar la ley de silencio que había impuesto a personas como Von Braun y el 9 de noviembre, Wernher fue entrevistado por la *Associated Press.* En sus declaraciones, achacó la ventaja soviética al parón en el desarrollo de misiles, que se produjo en Estados Unidos de 1945 a 1951, a los recortes presupuestarios de 1957 y a la ausencia de un programa espacial centralizado. Von Braun, también criticó la excesiva burocracia de la Administración y se mostró muy preocupado, por el avance comunista en ciencia y tecnología.

A Eisenhower le incomodaron las declaraciones de Von Braun, porque los demócratas las aprovecharon para denostar la política espacial republicana. El presidente no quería hablar de un programa espacial centralizado, ya que eso supondría habilitar un nuevo capítulo de gastos, para misiones de dudoso valor militar, en un momento en que los gastos de defensa devoraban las arcas del Estado.

Von Braun también escribió un artículo, *El significado de la superioridad espacial,* en el que afirmaba que, en el futuro, el dominio del espacio asumiría el papel que entonces desempeñaba la supremacía aérea. Wernher aseguraba que un misil lanzado desde una plataforma espacial impactaría en el blanco, con una precisión muy superior a la de otro misil disparado desde tierra.

El 4 de diciembre, Walt Disney aprovechó la coyuntura para emitir el capítulo sobre Marte, en el que Wernher apenas participaba.

Dos días más tarde, el 6 de diciembre de 1957, con las televisiones de todo el mundo en Cabo Cañaveral, el cohete Vanguard de Milton Rosen fracasó en su intento por colocar en órbita un pequeño satélite.

Fue una página que muchos políticos de aquel país nunca quisieran haber leído, aunque en Huntsville los hombres de Von

Braun no pudiesen ocultar su alegría al leer en la prensa los nombres con que se bautizó al cohete de la Marina: *Kaputnik, Flopnik* y *Stayputnik.*

Los demócratas habían organizado una interpelación en el Senado en la que se analizó la cuestión de los misiles. Von Braun intervino el 14 de diciembre. Dijo que para dominar el planeta era necesario controlar el espacio que le rodea, y que, para los soviéticos, la conquista del espacio era algo así como la de los mares en la época de los siglos XVI al XVIII. En su discurso ante los políticos, Wernher se reafirmó en la necesidad de crear una Agencia Nacional del Espacio que se hiciera cargo de todos los programas espaciales, civiles y militares de la nación, ubicada dentro o fuera del Departamento de Defensa; la Agencia requeriría un presupuesto de 1500 millones de dólares anuales.

Resulta llamativo que, meses antes del lanzamiento de los Sputniks soviéticos, Von Braun había apoyado la idea de la Agencia Nacional del Espacio, que también proponía la American Rocket Society, para la que se pedía una dotación de 100 millones de dólares anuales.

Von Braun estaba en condiciones de justificar el presupuesto: en 1962 se enviarían 2 hombres al espacio, en 1965 una estación con 20 individuos a bordo orbitaría la Tierra y en 1967 los hombres pisarían la Luna.

La Fuerza Aérea estadounidense, celosa de sus atribuciones, no estaba en contra de la Agencia, siempre y cuando dependiera de ella.

Por fin, el 31 de enero de 1958, el Explorer 1—el primer satélite artificial estadounidense, de 13,97 kilogramos de peso, lanzado por la Army Ballistic Missile Agency (ABMA)— consiguió orbitar alrededor de la Tierra a 2550 kilómetros de altura.

Von Braun siguió el lanzamiento de Cabo Cañaveral en las oficinas de Washington. Debido a la extraordinaria expectación del evento, los políticos requirieron su presencia allí para atender a los medios, así como la de Pickering del Jet Propulsion Lab (JPL) y Van Hallen.

Durante algunos minutos, Wernher creyó que la misión había fracasado porque las estaciones de escucha terrestres no detectaron las señales del satélite.

El Explorer 1 se situó en una órbita más alta de lo previsto. El satélite, propulsado por el cohete Juno 1 —una versión del Jupiter-C al que se le había incorporado una cuarta etapa— no estaba dotado de un sistema de guiado final, una solución sencilla, pero con el grave inconveniente de que la órbita no podía determinarse con exactitud.

Estados Unidos celebró el éxito de Von Braun con un júbilo desmedido. El peso de la carga útil del Sputnik 2 (508 kilogramos) casi multiplicaba por 50 la del Explorer 1; los cohetes de Koroliov llevaban una ventaja considerable a los de Wernher von Braun.

Sin embargo, el Explorer 1, con un contador Geiger a bordo, detectó la existencia de los cinturones de radiación que se denominarían de Van Allen, en honor al científico que los había estudiado mediante globos y que ideó el experimento en el satélite.

A Von Braun el éxito del Explorer I lo impulsó hasta la cima de su popularidad, que se produjo entre 1958 y 1960.

Su rostro apareció en la primera página de la revista *Time* y en la publicación alemana *Der Spiegel*. Los textos de estos medios dulcificaban su pasado al servicio de Hitler, sin hacer la menor referencia a su militancia en las SS, o el uso de trabajadores esclavos en las fábricas que produjeron las V-2. En el periódico de la British Interplanetary Society también se publicó una edulcorada biografía. *The American Weekly*, con una tirada de más de diez millones de ejemplares, publicó otra biografía de *El Profesor*, *Space Man —The Story of My Life*.

Columbia quiso participar en la película de su vida que preparaba el productor alemán, Friedrich Mainz, y a las dos partes les costó mucho reconstruir un perfil coherente del protagonista.

Von Braun también escribió numerosos artículos relacionados con la política y la religión. Además de su aparición en los medios, Von Braun, a través de una oficina de intermediarios profesional, se dedicó a dar conferencias por las que cobraba 2500 dólares. Era un magnífico orador, capaz de cautivar a su auditorio y empezó a dar tantas charlas que Medaris tuvo que llamarle la atención y sugerirle que las limitara, a pesar de que el Ejército, durante aquella época, fue muy permisivo con sus actividades de divulgación técnica y promoción personal porque favorecían la imagen pública de ABMA.

Von Braun disponía de un pequeño equipo coordinado por su secretaria Bonnie Holmes, responsable de gestionar su complicada agenda, al que se incorporó un ingeniero, Frederick Ordway —cuya misión principal era la de elaborar borradores de los discursos y conferencias— Ruth Saurma, políglota, que respondía la correspondencia extranjera y un ayudante militar.

Los libros, los artículos en la prensa, sus intervenciones en la televisión, las conferencias y, sobre todo, la película, fueron para Von Braun una importante fuente de ingresos en aquella época. Cambió la residencia familiar y Wernher compró un automóvil Mercedes Benz, del que se mostraba especialmente satisfecho.

Sin embargo, María, su esposa, no se sintió muy cómoda con aquella permanente exposición a los medios y sus hijas se lamentaban de que Wernher pasaba demasiado tiempo fuera de casa.

El satélite Explorer I fue un buen negocio para *El Profesor*, tanto desde el punto de vista económico como social.

La cara oculta de la Luna

El 3 de febrero de 1958, el equipo de Koroliov fracasó en su primer lanzamiento del Sputnik 3; el segundo, el 15 de mayo de 1958, fue un éxito y puso en órbita a este satélite que se conocía como el Objeto D y llevaba casi una tonelada y media de instrumental científico.

Como la comunicación vía radio con la Tierra, tan solo se establecía cuando el satélite pasaba por encima de las estaciones ubicadas en territorio soviético, se dispuso que la cápsula estuviera dotada de una grabadora, para almacenar la información. La grabadora falló y apenas se recuperó una pequeña parte del voluminoso paquete de datos científicos que se captaron en los numerosos experimentos que se realizaron a bordo del satélite.

Serguéi, en estrecha colaboración con Tikhonravov, había planeado un programa espacial de gran alcance para la URSS. En aquel espléndido proyecto figuraba el lanzamiento de sondas a la Luna y Venus la puesta en órbita de una nave tripulada, el viaje a la Luna, la construcción de una estación espacial y la exploración de Marte.

El primer problema que planteaban las naves tripuladas y que aún no estaba resuelto era el regreso a la Tierra. La cápsula espacial debía contar con unos retrocohetes que la frenaran hasta el punto de que, al perder velocidad, se precipitara sobre la Tierra. La reentrada debía hacerse con un ángulo, dentro de una estrecha ventana, porque si era pequeño, la cápsula rebotaría para regresar a una órbita superior, y si era demasiado grande, descendería a gran velocidad y el calentamiento la destruiría. Las altas temperaturas a que se vería sometida la nave espacial, durante la reentrada, debido a la fricción con el aire de la atmósfera, planteaba importantes cuestiones que habría que resolver.

Tikhonravov diseñó una cápsula con el frontal semiesférico, que ofreciera resistencia al avance, para frenar la nave, y que facilitara la formación de una onda de choque frontal que la mantuviera, hasta cierto punto, aislada del aire que incidía a gran velocidad.

El tiempo de encendido de los retrocohetes era crítico para lograr un ángulo correcto de reentrada.

En resumen, para que la cápsula regresara a la Tierra después de un viaje espacial habría que tener en cuenta su forma, el control del tiempo de actuación de los retrocohetes y el material de que estuviera hecha.

Sin embargo, los planes de Koroliov y Tikhonravov no coincidían, en sus prioridades, con los del estamento militar ni con los de la mayoría de los políticos de su país. Del espacio, lo urgente para estos últimos, era la puesta en servicio de una estación espía de observación, o satélite de reconocimiento.

Koroliov tomó buena nota de que «el satélite de reconocimiento es lo más importante para la madre patria» y en noviembre de 1958 consiguió que le aprobaran la cápsula espacial Vostok para alojar el satélite espía, aunque él tuviera en mente darle otros usos complementarios.

La aventura espacial estaba llena de dificultades. Durante 1958 hubo 22 lanzamientos, en total, sumando los de los soviéticos y estadounidenses. Cinco los hicieron los rusos, de los que tres serían intentos por alcanzar la Luna con una sonda, ninguno lo consiguió, de los otros dos el primero fracasó y el segundo fue el del satélite científico malogrado por el fallo del sistema de grabación; a los norteamericanos tampoco les iría muy bien, de sus 17 lanzamientos, tan solo 5 tuvieron éxito.

Para Serguéi, alcanzar la Luna era *un sueño* y por eso les llamaba *metcha* (sueño) a las sondas que envió al satélite terrestre. En 1958 hizo tres lanzamientos con sondas lunares que fracasaron. Los soviéticos no les asignaron ningún nombre.

A principios de 1959, en un cuarto intento, enviaron una sonda lunar que recibió el nombre de Luna 1. Transportaba una caja con 72 piezas en las que se había grabado la hoz y el martillo junto con la fecha del lanzamiento. Para observar el punto en que alcanzaría la Luna, también llevaba a bordo un kilogramo de sodio que al incendiarse produciría una gran nube amarilla. Esta era una idea de Goddard. El cohete erró la trayectoria; la inmensa nube amarilla pudo verse a unos cien mil kilómetros de donde estaba la Luna, y la sonda se perdió en el espacio para convertirse en otro pequeño objeto que orbitaba alrededor del Sol. Fue un hito involuntario, que la imaginación de Jrushchov transformó en un gran acontecimiento: el primer objeto humano en órbita solar.

A pesar de los fracasos, las sondas lunares soviéticas descubrieron que nuestro satélite natural carece de campo magnético.

A lo largo de 1959, el mandatario soviético aún tuvo motivos para presumir de la tecnología espacial comunista.

El Luna 2, lanzado el 12 de septiembre, llegó a la parte este del Mare Imbrium, en la Luna. El radio telescopio Jodrell Bank del Reino Unido siguió el vuelo de la nave soviética y confirmó la noticia.

Jrushchov no dejó pasar por alto a Eisenhower que su Pioneer 4 —la sonda estadounidense que más se había acercado a la Luna hasta la fecha— había pasado a unos 60 000 kilómetros de distancia.

Alcanzar la Luna con una nave espacial, por primera vez, fue un hito extraordinario, pero quizá la noticia espacial que captó mayor atención del público aquel año, fue la que distribuyó las imágenes de la cara oculta de la Luna que fotografió el Luna 3 soviético, lanzado el 4 de octubre. Las fotografías de la cara oculta de la Luna le proporcionaron a Serguéi varias docenas de botellas de vino francés, que acostumbraba a regalar a sus colaboradores como recompensa especial por algunos de sus trabajos. El vino se lo enviaría la Academia de las Ciencias de la Unión Soviética que, a su vez, lo había recibido de París. Un francés había ofrecido mil botellas de vino a quien le enseñara las fotos de la cara oculta de la Luna —algo que le parecía imposible de que ocurriese— y cumplió con su promesa, regalándoselas a la Academia de las Ciencias soviética.

Von Braun tomó nota de que aquellas misiones lunares exigían cohetes con un empuje de más de 250 toneladas.

Con habilidad, Koroliov desarrollaba su programa espacial, aprovechando el espontáneo, y no programado, interés de Jrushchov por utilizar sus logros con fines publicitarios.

De 1958 al 15 de diciembre de 1960, Estados Unidos lanzó seis sondas *Pioneer,* con destino a la Luna y ninguna consiguió alcanzarla.

En reconocimiento a su labor, Serguéi y Nina recibieron una magnífica vivienda en Podlipki, con un jardín en el que Koroliov disfrutaría en verano de la sombra de un viejo roble y, durante casi todo el año, de la magnífica chimenea con la embocadura de mármol, la biblioteca y algunos cuadros.

La NASA y el programa Mercury

El lanzamiento del Sputnik 1 introdujo una nueva variante política en el escenario mundial. El público, estaba interesado en los asuntos del espacio, desde hacía mucho tiempo, pero aquellas cuestiones se limitaban a un cúmulo de conjeturas virtuales sobre el espectáculo gestionado por un desorganizado grupo de escritores de ciencia ficción, ingenieros, artistas gráficos y cineastas, cuya cabeza visible, últimamente, era el doctor Wernher von Braun. La aparición del Sputnik 1 transportó del mundo virtual a la realidad nuevas inquietudes de los ciudadanos, capaces de influir en las votaciones. La situación que se había creado entró de lleno en el terreno de la política.

El presidente Eisenhower sabía que Estados Unidos llevaba una clara ventaja a los soviéticos en la carrera nuclear y que la tecnología soviética tampoco había superaba a la norteamericana, sobre todo en equipamiento electrónico y materiales. Los misiles balísticos estadounidenses de largo alcance no necesitaban el empuje de los rusos, porque las bombas termonucleares norteamericanas pesaban menos, se construían con materiales más ligeros y el equipo de navegación y guiado que los controlaba era más preciso y liviano. El bajo nivel de desarrollo de las tecnologías soviéticas nuclear, de materiales y electrónica, en comparación con la estadounidense, explicaba el desmedido empuje de sus cohetes balísticos. La construcción de grandes estaciones espaciales y la puesta en órbita de naves tripuladas, exigía cuantiosas inversiones que, desde una perspectiva militar, carecían de sentido. La exploración espacial no era una prioridad en la agenda del Departamento de Defensa del Gobierno de Estados Unidos; tampoco la era para los soviéticos.

Pero, de otra parte, Eisenhower era consciente de que no podía consentir que cundiera en el país la desmoralización, ni el convencimiento de que la ciencia y la tecnología comunista habían dejado atrás a la norteamericana, aunque no fuera cierto.

El 7 de febrero de 1958, Eisenhower creó la Advanced Research Projects Agency (ARPA), que se responsabilizaría de la gestión de los proyectos espaciales. Fue una medida urgente, una respuesta política a la demanda popular de que el Gobierno hiciera algo para frenar el imparable avance espacial soviético. También fue una medida provisional, que desembocaría en la fundación de la NASA el 29 de julio de 1958.

Al comienzo de 1958 Von Braun tenía la responsabilidad de sacar adelante varios proyectos (Pershing, Redstone y Jupiter) además del Explorer 1 y la Operación Hardtack para el lanzamiento de bombas atómicas en la atmósfera. Pershing era un misil de combustible sólido, pequeño, para el Ejército, que sustituiría al Redstone y al Jupiter.

Hasta entonces su equipo había trabajado con un único proyecto principal que coordinaba él mismo; el nuevo escenario, con varios proyectos, hizo que Wernher cambiara la organización y designó dos jefes de proyecto: Arthur Rudolph se hizo cargo del Pershing y Redstone, y Konrad Dannenberg del Jupiter.

Con la creación de ARPA, a Von Braun y a Medaris le asaltaron las dudas de si la Agencia pretendería absorber ABMA, pero cuando comprendieron que no era así, ambas organizaciones iniciaron una buena relación.

ARPA asumió la financiación de las sondas espaciales a la Luna y a otros planetas (programa Pioneer) y de los satélites Explorer. ABMA se comprometió a ser el mejor subcontratista de ARPA.

Durante los primeros meses de 1958, Von Braun recibió nuevos encargos para ABMA, hasta el punto de que su cartera de pedidos excedía los recursos de que disponía. El Departamento de Defensa le asignó el proyecto Argus, que consistía en detonar bombas atómicas en la atmósfera a gran altura, que se lanzarían desde buques en el Atlántico Sur, después de las explosiones nucleares a baja altura (Hardtack). Con estas pruebas, se pretendía estudiar el efecto de las detonaciones nucleares en la atmósfera y se combinaron, en secreto, con las aparentes misiones científicas del Explorer 4 y Explorer 6, cuya principal misión sería efectuar las correspondientes mediciones.

Desde hacía tiempo, Von Braun quería impulsar una misión espacial tripulada, que se limitara a un vuelo suborbital parabólico, sin que la nave entrase en órbita. Para ello servían las cápsulas que ya había probado, impulsadas con un cohete Redstone modificado. Para ganar apoyos a este proyecto, Wernher escribió a Fred Durant —entonces ya debía saber que su amigo se comunicaba con facilidad con la CIA— y contactó con la Marina y la Fuerza Aérea. El proyecto se titulaba Man Very High. La Fuerza Aérea contaba con otro proyecto similar: Man in Space Soonest. Era un programa con el que se pretendía crear un grupo de pilotos para tripular naves que volaran a gran altura. El Ejército cambió el nombre del proyecto de vuelo suborbital y pasó a llamarse Adam, o primer hombre. Para ABMA, la justificación de la iniciativa era que una variante de la nave que se desarrollase para Adam, en el futuro, impulsada por un misil balístico de gran alcance, transportaría con extraordinaria rapidez soldados a cualquier parte del mundo.

ARPA no aprobó la propuesta Adam y Wernher, en el mes de abril, se quejó en el Congreso porque los estadounidenses tenían que ser los primeros en mandar un hombre al espacio.

El presidente del National Advisory Commitee for Aeronautics (NACA), Hugh Dryden se expresó en términos muy negativos para con el proyecto Adam; le pareció un ejercicio circense y lo comparó con el que se ofrecía en muchos circos con mujeres que salían volando, disparadas por un cañón. Al Congreso no le hizo gracia la broma de Dryden y su salida de tono le costaría la presidencia de la futura NASA. El presidente Eisenhower compartía la opinión de Dryden y le parecía una frivolidad que ABMA gastara dinero en un programa de esta naturaleza.

Las bombas termonucleares estadounidenses cada vez pesaban menos, por lo que los cohetes de propelente líquido estaban empezando a quedar obsoletos para este tipo de aplicaciones. Sin embargo, eran los únicos que podían aportar el empuje necesario para llevar a cabo misiones espaciales.

El 15 de agosto de 1958 Von Braun logró que ARPA aprobase su propuesta de *booster* de propelente líquido, concebido por Von Braun como la primera etapa de los futuros cohetes espaciales, cuyas misiones exigirían un empuje muy elevado (680 toneladas). Era un proyecto concebido expresamente para facilitar la exploración espacial. La designación inicial de este *booster* fue Juno V y el diseño aprovechaba al máximo la tecnología disponible en aquel momento, para reducir el tiempo de desarrollo ya que se pretendía empezar con las pruebas estáticas en 1959. El *booster* estaba formado por un cuerpo central con la base de un cohete Jupiter, al que se añadía en su perímetro un anillo de ocho cohetes Redstone. Como estaba diseñado para continuar con la línea iniciada por el Jupiter, Von Braun lo bautizó, a principios del año siguiente, con el nombre de Saturn.

Cuando ARPA encargó a ABMA el desarrollo de Saturn, que entonces aún se llamaba Juno V, Eisenhower acababa de crear la

National Aeronautics and Space Administration (NASA). Su misión era la de mantener el liderazgo de Estados Unidos en lo relativo a las ciencias espaciales. Keith Glennan fue nombrado administrador de la nueva organización.

La NASA era una organización civil. La Fuerza Aérea sería responsable del desarrollo de misiles balísticos, naves y satélites, de carácter militar.

NACA y los tres laboratorios que dependían de la misma (Langley, Lewis y Ames), pasaron a integrarse en la NASA y su presidente, Hugh Dryden, fue nombrado adjunto de Glennan.

Eisenhower y Johnson estaban seguros de que la Fuerza Aérea sería la responsable de los grandes proyectos espaciales, mientras que la NASA estaría sometida a importantes restricciones presupuestarias y desempeñaría un papel secundario. A efectos de imagen pública y relaciones internacionales, la división entre programas espaciales militares (ARPA) y civiles (NASA), les pareció indispensable.

En el verano de 1958, Von Braun estuvo muy ocupado. María y sus hijas viajaron a Alemania, para visitar a sus familiares en el mes de julio. Von Braun salió para la isla Johnson, en el Pacífico, donde se harían los lanzamientos de la Operación Hardtack, aunque hizo una breve escala en Hawái. Regresó a Cabo Cañaveral para presenciar el lanzamiento del Explorer 4 y volvió otra vez al Pacífico. Allí, contempló con sus propios ojos la explosión de una bomba atómica a 70 kilómetros de altura.

El 17 de agosto, un cohete Thor, que transportaba una sonda con destino a la Luna, explotó 77 segundos después del lanzamiento. El fracaso, televisado, sirvió para aumentar ante la opinión pública el descrédito de las actividades espaciales estadounidenses. Un mes más tarde, un cohete Atlas volvió a fallar en otro segundo intento por alcanzar el mismo objetivo. Koroliov, en Rusia, también había errado en dos lanzamientos con destino a la Luna, pero los malos resultados soviéticos no se publicaban nunca.

En 1958, Estados Unidos logró un gran éxito con su primer satélite artificial, Explorer 1, pero aquel año, de un total de 17 lanzamientos, tan solo cinco alcanzarían sus objetivos. Tantos fracasos, en un momento que la opinión pública mostraba una gran sensibilidad con respecto a lo que ocurría en el espacio, le plantearon a la NASA una complicada situación de partida.

En octubre, el presidente de la NASA, Glennan, acompañado de su adjunto, visitó ABMA.

Von Braun se enteró de que la NASA se había hecho cargo de los centros de investigación de NACA y de algunos de los programas que financiaba ARPA, Explorer y Pioneer, así como del programa Man in Space. Wernher comprendió que, en lo sucesivo, la NASA podía convertirse en un cliente importante. Esa era una posibilidad, la otra que ABMA se integrara en su totalidad en la NASA. Lo que no podía imaginar Von Braun es lo que sucedió a continuación.

Keith Glennan salió de la reunión con los directivos de ABMA, convencido de que su nueva organización —que no estaba autorizada a nutrirse de recursos, con experiencia en el desarrollo de misiles, asignados a la Fuerza Aérea— solamente podía dotarse de personal cualificado si absorbía el JPL de Pasadena y ABMA, en Huntsville. Sin embargo, tenía un problema y era la falta de presupuesto, porque la organización de Von Braun contaba con cerca de 4000 empleados. Entonces, llegó a la conclusión de que solicitaría absorber el centro de Pasadena y 2000 técnicos de Von Braun.

Cuando la propuesta llegó al despacho del secretario del Ejército, Brucker se encolerizó. En Huntsville la noticia afectó seriamente a Von Braun, que amenazó con marcharse con sus técnicos a trabajar para las empresas privadas del país. Medaris filtró la noticia a la prensa con el mensaje de que partir en dos el equipo de Von Braun, equivaldría a perderlo y la nación, en aquel momento, no podía permitirse el lujo de destruir un activo tan valioso. Glennan se vio obligado a ceder y renunció a tomar la mitad del equipo de Von Braun, pero el Jet Propulsion Laboratory de Pasadena sí pasó a formar parte de la NASA.

La NASA asignó el programa Man in Space al Space Task Group dirigido por Robert Gilruth, ingeniero aeronáutico, del centro de investigación Langley. Este grupo crecería de forma sustancial hasta dar pie a la formación del Centro Espacial de Houston. Gilruth nunca mostró ninguna simpatía por Von Braun, por su pasado nazi, y la misma antipatía hacia *El Profesor* la compartía con uno de sus subordinados, Christopher Columbus Kraft, inventor del control de misión.

Para Von Braun el tripulante de una nave espacial era un piloto, responsable del vehículo, así lo había concebido en todas sus fantásticas exploraciones espaciales y desconfiaba de la idea de controlar una misión espacial desde un sofisticado centro en la Tierra. Kraft pensaba que Von Braun era un personaje acostumbrado a que le dieran la razón en todas partes y que se creía que sabía más que nadie de cualquier asunto relacionado con el espacio. En una fiesta, la discusión entre Wernher y Kraft subió de tono hasta el punto de que María intervino para separarlos.

El proyecto Man in Space de la NASA, se transformó en el proyecto Astronaut, pero como la designación a Eisenhower, poco partidario de enviar gente al espacio, no le gustaba, se cambió el nombre por el de Mercury. Se aprobó en octubre de 1958 y su objetivo era poner en órbita un astronauta para evaluar el comportamiento del cuerpo humano en condiciones de ingravidez. En las primeras reuniones entre el Space Task Group y ABMA, Von Braun trató de convencer a sus colegas de la NASA de que usaran cohetes Redstone para probar las cápsulas Mercury y también retomó su idea de efectuar un vuelo suborbital tripulado (la propuesta Man, que ARPA le había rechazado), como un paso previo a la puesta en órbita de un astronauta.

La NASA había contratado la cápsula Mercury con McDonnell y necesitaba hacer lanzamientos de prueba para comprobar el funcionamiento de los procedimientos de emergencia, sobre todo durante el despegue, y verificar el comportamiento de la nave durante la reentrada en la atmósfera. La oferta de Von Braun a la NASA de utilizar el Redstone no acabó de prosperar, aunque la idea de hacer un ensayo de vuelo suborbital con un astronauta, al Space Task Group no le pareció del todo mal, pero aún quedaba tiempo para tomar una decisión.

A finales de 1958, ABMA se encontró con serias dificultades económicas. El programa de misiles balísticos IRBM, Jupiter, se recortó a 45 misiles que se desplegarían en Italia y Turquía, el misil

Pershing se había subcontratado a la empresa Martin, ARPA disponía de un presupuesto limitado para el *booster* de gran empuje Saturn y NASA tampoco contaba con recursos para financiarlo.

Durante las Navidades, Von Braun mantuvo varias reuniones con sus colaboradores más próximos para discutir sobre su futuro. Llegaron a la conclusión de que lo mejor sería reconvertir ABMA en una empresa privada. Integrarse en la NASA les preocupaba, porque sentían pavor de los asfixiantes trámites burocráticos inherentes a las organizaciones gubernamentales, como NACA. A ellos les había costado mucho lograr cierta autonomía en ABMA y temían perderla. Wernher escribió un informe para Medaris que recogía estas inquietudes y fue más lejos: envió a personas de su confianza para que trataran el asunto con empresas privadas, como Raytheon y Solar Aircraft.

Medaris no hizo mucho caso del informe de Von Braun porque sabía que el Ejército, en aquellos momentos, jamás aprobaría la línea de actuación que proponía.

En enero de 1959, los soviéticos pusieron en órbita solar el primer objeto humano, según el mensaje que lanzó al mundo Jrushchov cuando la sonda lunar rusa no consiguió hacer blanco en su objetivo. La revista *Time* se tomó muy en serio el asunto y afirmó que la carrera espacial decidiría si la libertad tenía futuro.

Von Braun regresó a las primeras páginas de la prensa norteamericana el 3 de marzo. El Pioneer IV, impulsado por el cohete Juno II de ABMA también puso otro objeto artificial en una órbita solar porque tampoco acertó con la superficie de la Luna. Fue una gesta que llenó de esperanzas a un país «cuya libertad en el futuro», según Time, se veía amenazada.

Para celebrar el éxito del Pioneer IV, los paisanos de Von Braun, en Huntsville, le organizaron una fantástica cabalgata, con una caravana de automóviles que recorrió la ciudad engalanada, al compás de una banda de música, en la que, junto a sus hijas Iris y Margrit, sentado en la parte de atrás de un descapotable, fue ovacionado por la gente.

En primavera, se empezó a montar en ABMA el banco de pruebas para el *booster* Saturn en el lugar donde antes se fabricaban los misiles Jupiter, cuya producción se había transferido a Chrysler en Detroit. Los trabajos progresaban con lentitud, debido a las limitaciones presupuestarias. La única misión que se le había asignado al Saturn era la del lanzamiento de un pesado satélite de comunicaciones para el Departamento de Defensa.

Mientras Von Braun pasaba dificultades, la NASA seguía adelante con sus planes: en abril de 1959 presentó oficialmente a los siete astronautas del proyecto Mercury. Eran las personas elegidas para hacer realidad el sueño americano de conquistar el espacio antes que los rusos. Encarnaban las virtudes que distinguían al ideal humano de la sociedad estadounidense de la época. Su aspecto era limpio, sus esposas los adoraban, poseían estudios técnicos, eran magníficos pilotos y gozaban de excelentes condiciones físicas.

En mayo de 1959 los astronautas visitaron las instalaciones de la fábrica McDonnell, donde se construía la cápsula Mercury, en St Louis. La nave espacial no disponía de controles ni ventanas. Al contemplarla, los héroes se sintieron relegados al papel de simples conejos de indias y solicitaron con vehemencia que se les dotara a bordo con cierta capacidad de control y que se abriera una ventanilla en las paredes de la Mercury. Al igual que Von Braun, pensaban que las probabilidades de éxito de la misión aumentarían si participaban de forma activa durante el vuelo.

Los astronautas, durante el mes de mayo, presenciaron el lanzamiento de un cohete Atlas, de la Fuerza Aérea, similar al que estaba previsto que los transportase al espacio. En Cabo Cañaveral, desde el búnker, vieron con sus propios ojos como el cohete explotaba en el aire. Uno de ellos, Shepard, comentó: «Bien, me alegro de que se lo hayan quitado de encima…espero que arreglen el problema».

En la reunión que los astronautas mantuvieron con Von Braun, *El Profesor* los escuchó y se interesó por sus opiniones. Después les habló de un amplísimo repertorio de asuntos que cubrían casi todos los aspectos del vuelo espacial y de otros temas. El arsenal de ideas que almacenaba Wernher en su prodigiosa memoria y su capacidad para entretener, interesar y cautivar a las personas, conquistó a los pilotos que salieron del encuentro con una magnífica opinión del legendario ingeniero.

En junio, comenzó el ensamblaje en Cabo Cañaveral, de otro cohete Atlas, con la cápsula Mercury. El 9 de septiembre se lanzó. El cohete subió demasiado rápido, la cápsula se separó tarde, no consiguió alcanzar la posición correcta de reentrada y la prueba fracasó. Después de este segundo fiasco, la NASA decidió descartar el Atlas de la Fuerza Aérea y utilizar el Redstone de Von Braun que tenía menor empuje, pero era más fiable. Con este cohete no se podría poner en órbita una cápsula Mercury, tendría que limitarse el experimento a un vuelo parabólico suborbital, en el que se alcanzaría una altura de más de 200 kilómetros (como se considera que la frontera del espacio está a unas 60 millas de la Tierra, el viaje se podría considerar espacial). Con esta decisión, favorable a los intereses de ABMA, resucitaba la idea de Von Braun del proyecto Adam, aunque ahora bendecida en el programa Mercury. Era lo que Hugh Dryden —entonces adjunto del presidente de la NASA— había considerado como una *operación circense*.

A finales de agosto de 1959 Von Braun se desplazó a Alemania para tratar asuntos relacionados con su película y dar algunas conferencias. Durante su ausencia, Medaris recibió, de varias fuentes, la información de que ARPA tenía intención de cancelar el programa Saturn para sustituirlo por Titan, el cohete balístico de largo alcance de la Fuerza Aérea, desarrollado en paralelo con Atlas por si este se retrasaba. Medaris le pasó la mala noticia al secretario del Ejército, Brucker. A los pocos días Medaris recibió, a título de respuesta, otra interrogación porque su jefe le preguntó qué ocurriría con la plantilla de la organización si efectivamente Saturn se cancelaba: el director de ABMA estimó que, en un plazo de dos años, la plantilla de Von Braun quedaría reducida a un veinticinco por ciento de la que entonces tenía.

Medaris contactó con el presidente de la NASA, Keith Glennan, y el 3 de septiembre los dos se reunieron en Huntsville para tratar del asunto de una hipotética suspensión del programa Saturn. Glennan le dijo al director de ABMA que apoyaba el proyecto, le parecía que Saturn era necesario, pero su presupuesto no alcanzaba para mantenerlo; no se atrevió a plantearle una transferencia de la mitad de los activos de Von Braun a la NASA, como había intentado a finales del año anterior, por temor a levantar otra escandalera.

En ABMA cundió la alarma. Si los rumores se confirmaban, la situación era crítica.

Von Braun seguía en Europa. El presidente del Gobierno alemán, Theodor Heuss, lo había condecorado por su contribución a la mejora de la imagen de los alemanes en América y pronunció discursos en el ministerio de Defensa en Bonn y en la iglesia de San Pablo, en Fráncfort. Se reunió con sus padres, Magnus y Emmy, y también con su hermano Sigismund y su familia. Fue la última vez que vio a su madre, ya que Emmy murió víctima de un cáncer de colon a finales de diciembre.

A la vuelta del viaje a Alemania, Wernher se encontró en Huntsville con el cúmulo de incertidumbres que se cernían sobre el futuro de su equipo.

El 14 de octubre, Von Braun defendió en Washington el programa del *booster* Saturn. La ayuda más eficaz en aquella campaña se la prestaron los soviéticos: ese mismo día, una sonda espacial rusa alcanzó la Luna por primera vez en la historia (Luna 2). La hazaña comunista volvía a recordarle a los norteamericanos quien llevaba la delantera en la improvisada carrera espacial. Von Braun, dejó bien claro que, el *booster* Saturn era la única baza estadounidense para disponer de un cohete cuyo empuje pudiese competir con los de los comunistas.

En Washington, entre la Fuerza Aérea y la NASA cundió el pánico por salvar el *booster* Saturn. Von Braun mantuvo contactos con la Fuerza Aérea y con la NASA y de pronto descubrió que ambas organizaciones tenían un gran interés en el proyecto.

Joseph Charyk, asistente al jefe de Investigación y Desarrollo de la Fuerza Aérea le dio garantías a Wernher de que, si se incorporaba a la Fuerza Aérea, a su organización la dotarían de medios financieros para llevar a cabo el desarrollo del Saturn y otros proyectos. Por el contrario, Glennan reconoció que no disponía de presupuesto para toda la organización de Von Braun, pero le dijo que, si la decisión última era la de incorporarla a la

NASA, no tenía la menor duda de que al mismo tiempo se habilitarían los fondos necesarios.

El lema de Wernher, en aquellas conversaciones, fue: «todo lo que quiero es un tío rico» —un comentario que ya había hecho a la prensa a principios de año. Hubo algunos funcionarios que apreciaron cierta repulsión por el oportunismo de Von Braun. El secretario del Ejército, Brucker, se sintió incómodo por la facilidad con que *El Profesor* se dejaba cortejar por las dos organizaciones, después del apoyo incondicional que había recibido del Ejército desde su llegada a Estados Unidos. Medaris fue más condescendiente con Wernher, creía que se había visto envuelto, sin quererlo, en aquella disputa y atendía a las reuniones por cortesía. El director de ABMA deseaba que el ganador del altercado fuera la NASA.

La pelea trascendió a los medios durante el tiempo que tardó en reunirse el Consejo Nacional de Aeronáutica y del Espacio, que presidía Eisenhower y a quien correspondía resolver la cuestión. La decisión se hizo pública el 21 de octubre y ordenaba que el equipo completo de Von Braun pasara a depender de la NASA.

Von Braun se alegró, aunque durante algunos momentos pensó que la opción de trabajar para la Fuerza Aérea era más interesante, porque una agencia civil nueva, igual que se había constituido podría desaparecer. Sin embargo, la NASA era una organización creada para realizar vuelos espaciales mientras que la Fuerza Aérea tenía otros objetivos que de forma circunstancial estaban conectados con el espacio.

Medaris decidió retirarse, aunque permaneció en su puesto un tiempo para facilitar el traspaso de la mayor parte de ABMA a la NASA.

La NASA quería el *booster* Saturn para lanzar sondas, satélites y naves tripuladas al espacio. Von Braun y todo su equipo habían conseguido situarse en el lugar que durante tantos años soñaron: en la organización concebida para hacer posible los vuelos espaciales. Su papel en la empresa no podía ser menos importante: asumir la responsabilidad de diseñar los cohetes que llevarían al hombre al espacio.

Una de las primeras recomendaciones que recibió Von Braun en su nueva organización se la dio el jefe de operaciones espaciales de la NASA, Abe Silverstein, y consistía en que para la segunda etapa de Saturn, empleara motores cohete cuyo combustible fuera hidrógeno líquido, aunque el comburente siguiera siendo oxígeno líquido. Von Braun era conservador, al igual que sus colaboradores con los que consultó la sugerencia. El hidrógeno, se mantiene en estado líquido criogénico a temperaturas muy bajas y su manejo es complicado, pero al final, dado su mayor poder energético, aceptaría la propuesta. La petición de Silverstein contenía un mensaje importante que a Wernher le satisfizo: confirmaba la extraordinaria sensibilidad de la nueva organización con respecto al empuje de sus cohetes.

La noticia de la incorporación a la NASA de Wernher von Braun y su equipo, fue bien recibida por la opinión pública y por los políticos, empeñados en hacer de los lanzamientos espaciales una carrera contra los soviéticos de cuyo resultado dependería la supervivencia del mundo occidental.

La NASA también se benefició muy pronto del fichaje de Von Braun, dada su capacidad para influir en el Senado. Lyndon Johnson solicitó un incremento de 100 millones para el presupuesto del equipo de Wernher. El presidente Eisenhower, a regañadientes, autorizó una importante subida: de 140 millones de dólares en 1960 a 230 millones en 1961. Las dotes persuasorias de Von Braun, su capacidad oratoria, su carisma, la indiscutible autoridad que se le atribuía en asuntos espaciales y la amenaza comunista, hacían que cualquier petición que formulase en el Congreso tuviese una excelente acogida.

El 1 de julio de 1960 se creó el George C. Marshall Space Flight Center en Huntsville, Alabama, dependiendo de la NASA, al que se incorporó el personal del Army Ballistic Missile Agency (ABMA), bajo la dirección de Wernher von Braun. Era el centro más grande de la NASA, con más de 6000 trabajadores. Las instalaciones del nuevo centro seguían en los terrenos de Redstone Arsenal.

Por fin, el ingeniero de origen alemán conseguía un puesto de trabajo en la recién nacida industria espacial, que tanto había contribuido a inventar. Era la primera vez que dirigía su propio centro y que no trabajaba a las órdenes directas de un militar.

Von Braun tuvo motivos para sentirse feliz aquel verano, un mes antes, en junio, María había dado a luz a su hijo Peter Constantine; el nombre se lo puso en memoria de su antiguo amigo Constantine Generales. Para celebrar las buenas noticias, el recién nacido se quedó al cuidado de una enfermera y María y Wernher, el 23 de julio, volaron a Suiza para pasar unas vacaciones en Europa. Después de visitar a la familia y viajar a Estocolmo, el matrimonio se desplazó a Múnich donde estaba previsto que se estrenara la película de la vida de *El Profesor*, el 19 de agosto de 1960. Para el acontecimiento, el Ejército estadounidense desplegó un vistoso escenario con banda de música, grandes cartelones y una fila de misiles desarmados. En torno a la entrada del local, donde se iba a proyectar la película, se aglomeró una muchedumbre de curiosos a la que se sumó un grupo de pacifistas, que desplegaron carteles con leyendas contrarias a las armas nucleares. El actor, Curd Jürgens, y Von Braun fueron el centro de atención del evento, en el que la presencia de un excesivo destacamento de policía no fue ajena a que se produjesen algunos altercados.

La película *I aim at the stars* (Yo, apunto a las estrellas), era una autorizada biografía de Von Braun interpretada por el alemán Curd Jürgens. Para el productor alemán, Friedrich Mainz, aquella sería una de las películas más difíciles de su vida, debido a la coordinación con la coproductora norteamericana, Columbia, al tratamiento que se daba a los militares estadounidenses y sus disputas internas entre el Ejército y la Fuerza Aérea (para que no le crease problemas al protagonista), a las limitaciones impuestas por su trabajo, confidencial, en Estados Unidos y la tramitación de las correspondientes autorizaciones del Gobierno. Su estancia en Alemania, bajo el régimen de Hitler, planteó a los productores la dificultad de dar verosimilitud a la figura de un científico, democrático, liberal y soñador, obligado a trabajar para los nazis. La parte de su vida en Alemania quedó bastante desfigurada: los productores añadieron unos cuantos años a su esposa María para justificar un inexistente noviazgo en Peenemünde, se inventaron una larga relación con Hermann Oberth y la figura del protagonista se parecía más a la de un científico que a la del líder de un gran equipo de técnicos. A los cineastas les resultó muy difícil que Von Braun no reflejara en la película su talante oportunista. Durante el estreno de la película los pacifistas produjeron incidentes también en el Reino Unido; dos hombres abrieron una gran pancarta: «Las V-2 nazis de Von Braun mataron y lisiaron a 9000 londinenses». En Estados Unidos la crítica fue más favorable. La película se estrenó en Washington, el 28 de septiembre, en una sesión en beneficio de las viudas del Ejército, a la que asistió Von Braun llevando del brazo a la primera dama, Mamie Eisenhower. El Ejército la promocionó por considerarla que beneficiaba su imagen, pero también sirvió para remover otra vez el pasado de Von Braun en la Alemania nazi de Hitler.

Wernher, en privado, reconoció que no le había gustado mucho la película. La obra no contribuyó a mejorar la imagen pública de Von Braun, porque también removió su pasado en Alemania y las conexiones entre las V-2 y los trabajadores esclavos en Nordhausen. La gente terminó por olvidar la película, pero la frase de un famoso cómico pasaría a formar parte del bagaje legendario de *El Profesor*: *Apunto a las estrellas, pero a veces le doy a Londres.*

El año 1960 estuvo lleno de acontecimientos importantes para Von Braun: el nacimiento de su hijo Peter Constantine, su nombramiento como director del George C. Marshall Space Flight Center y la inauguración del centro, a la que asistió el presidente Eisenhower, el estreno de su película y la incorporación del cohete Redstone, como sustituto del Atlas, al programa Mercury. Este último acontecimiento lo llevaría directamente a desempeñar un papel decisivo en otro estreno: el de los viajes espaciales de los astronautas estadounidenses. Pero quizá, el más importante de los acontecimientos de aquel año, para los planes de Von Braun, fue la elección de un nuevo presidente.

A pesar de los fantásticos viajes espaciales que Von Braun había descrito en sus intervenciones ante el gran público, en su trabajo práctico era muy conservador. Desde que, en 1958, obtuvo la autorización para diseñar el *booster* Saturn, Von Braun no había dejado de promocionar en ARPA y la NASA, la idea de una expedición tripulada lunar. Cuando Eisenhower tomó la decisión de incorporar ABMA a la NASA, el equipo de Von Braun finalizó su estudio (A Lunar Exploration Program Based upon Saturn-Boosted System) en el que se proponía un viaje tripulado a la Luna con cohetes de la familia Saturn. Aunque Von Braun, en su obra de ficción, *Men to the Moon,* describió un viaje lunar en el que la nave espacial realizaba un *ascenso directo* a la superficie de la Luna, desde una órbita terrestre, en el informe, la nave espacial se ensamblaba en la órbita terrestre antes de viajar a la Luna. Este modo de efectuar el trayecto, en vez del *ascenso directo,* se denominaría *cita en órbita terrestre* y permitía que se pudiese abordar la misión con un *booster* de menor empuje. El lanzamiento de una nave espacial, desde la Tierra, con todo el equipamiento necesario para alcanzar la Luna en un *ascenso directo,* implicaba el uso de un cohete cuyo empuje era de una magnitud que entonces parecía inasequible. A este gigantesco e imaginario cohete lo bautizaron con el nombre de Nova.

En el mundo real, Von Braun también había abandonado sus imaginarios proyectos de construir una gran estación espacial y una lanzadera con alas para traer y llevar carga al espacio. Sabía que la única forma de conseguir fondos para su causa consistía en proponer hitos que demostrasen a la opinión pública, que Estados Unidos ganaba la carrera espacial a los comunistas. Un viaje tripulado a la Luna podía ser definitivo. La NASA opinaba lo mismo y en 1960 propuso el programa Apollo, con timidez, porque planteaba un primer viaje de circunvalación a la Luna que culminaría con el alunizaje en 1970. Sin embargo, Eisenhower no apoyaba la idea, para el presidente de Estados Unidos, con el programa Mercury finalizarían las aventuras con astronautas.

Von Braun era consciente del poco interés del republicano Eisenhower por el espacio, pero sabía que todo cambiaría si los demócratas ganaban las elecciones. El senador Lyndon Johnson parecía ser un entusiasta de la exploración espacial y el candidato a la presidencia, John Fitzgerald Kennedy, era un individuo de gran carisma a quien había tenido la oportunidad de conocer y le merecía confianza. Ese fue el motivo por el que los Von Braun votaron a favor de los demócratas en las elecciones de 1960.

El 9 de noviembre, Kennedy ganó las elecciones presidenciales a su rival republicano, Richard Nixon, por un estrecho margen.

Pocos días después, Von Braun se desplazó a Cabo Cañaveral para presenciar desde el búnker, la primera prueba de lanzamiento de la cápsula Mercury con el cohete Redstone, que tuvo lugar el 21 de noviembre.

El ensayo se convirtió en un espectáculo deplorable.

El cohete principal se encendió y cuando se había levantado unos 10 centímetros de altura los motores se apagaron y el cohete, con su cápsula Mercury en la cabeza, se desplomó sobre la base.

Entonces se activaron los cohetes de emergencia de la cápsula que salió disparada, dejando al cohete en tierra. Se elevó 1200 metros, se abrieron los paracaídas y descendió suavemente para aterrizar a unos 370 metros de la plataforma donde el cohete Redstone seguía erguido, milagrosamente, sin que los técnicos supiesen que hacer.

Las explicaciones que Von Braun dio a la prensa no convencieron a nadie.

El 19 de diciembre se efectuó otro lanzamiento con una cápsula Mercury vacía. El vuelo suborbital alcanzó 220 kilómetros de altura y la cápsula se recuperó en el océano Atlántico. Un éxito que le permitiría a Von Braun disfrutar de unas alegres vacaciones navideñas.

Wernher no estaba seguro de que el presidente Kennedy autorizase seguir adelante con el programa Mercury. La muerte de un astronauta, emitida en directo por todas las cadenas de televisión al país, era un riesgo que quizá no estuviera dispuesto a correr.

Las dudas de Wernher se disiparon cuando supo que el jefe del proyecto Mercury, Bob Gilruth, había seleccionado a Alan Shepard para el primer vuelo tripulado de la NASA, Gus Grissom realizaría el segundo y John Glenn asumiría el papel de reserva para los dos.

Antes de enviar un hombre al espacio, los médicos exigieron hacer una prueba con un chimpancé. Había varios entrenados para este menester y escogieron al número 65, Ham. El 31 de enero de 1961, Ham partió de Cabo Cañaveral a bordo de una nave espacial Mercury. El sistema de control de empuje no funcionó bien y la cápsula alcanzó 252 kilómetros de altura en vez de los 185 programados. A pesar de todo, el chimpancé sobrevivió a la experiencia, aunque la misión lo sometió a una aceleración superior a la que se había previsto.

Gilruth y Kraft de la NASA y el propio Shepard no veían ninguna razón para aplazar el vuelo del astronauta, programado para el 21 de marzo de 1961. Sin embargo, los técnicos de Von Braun se mostraron contrarios a enviar un hombre al espacio sin hacer otra prueba. La disputa llegó al despacho del general de la Fuerza Aérea, Don Ostrander, que era el jefe de lanzamiento de vehículos espaciales de la NASA.

El 14 de febrero el presidente Kennedy había nombrado a un nuevo administrador para dirigir la NASA, James Webb, un abogado y ex piloto de la Marina y en aquel momento prevaleció la opinión de Von Braun sobre la de Gilruth.

El nuevo presidente de la NASA, Webb, y su adjunto Hugh Dryden, se entrevistaron con el presidente Kennedy dos días antes de la fecha prevista para la repetición del lanzamiento que había solicitado Von Braun. El presidente no tenía nada que objetar al respecto, pero en términos generales no se mostró excesivamente entusiasmado con el programa Apollo.

El 24 de marzo se lanzó otro Redstone y la misión se desarrolló sin ninguna incidencia.

La NASA ya estaba en condiciones de lanzar a Shepard, pero al astronauta le faltaba muy poco tiempo, para perder la oportunidad de ser el primer hombre en la historia de la humanidad que viajó al espacio, algo que nunca le perdonaría a *El Profesor*.

Yuri Gagarin

Koroliov no existía para el público. Obsesionados por los secretos, temerosos de que la inteligencia capitalista asesinara al máximo responsable del programa de desarrollo de misiles soviético, las autoridades de la URSS mantuvieron su identidad en la más oscura de las penumbras. Koroliov no tenía rostro, era un mito sin cuerpo; se había convertido en el espíritu que movía el complejo entramado de ciencia e ingeniería de una de las naciones más poderosas del mundo, para fabricar las gestas que le exigían los políticos.

Sin embargo, junto a la falta de simetría entre la popularidad de Von Braun y la de Koroliov, coexistía otra realidad igualmente asimétrica: mientras Koroliov era el auténtico vértice del entramado espacial de su país, Von Braun desempeñaba en el del suyo un papel importante, pero coral. Por eso Koroliov sentía sobre su conciencia todo el peso de la decisión que había tomado: Yuri Gagarin viajaría al espacio, cuando él diese la orden, cuando él decidiera que todo estaba en condiciones para que lo hiciese.

El 12 de abril de 1961, en la base de lanzamiento de Baikonur, los astronautas Yuri Gagarin y Guerman Titov desayunaron con Serguéi Koroliov. El Jefe de Diseño no había dormido muy bien. A las dos de la madrugada le sirvieron un té con galletas y a las cinco había hablado por teléfono con su esposa Nina. Su rostro reflejaba un profundo cansancio. El médico le había recomendado que descansara porque su corazón daba signos de agotamiento. Pero aquel era el día señalado por el Comité Central del Partido Comunista para que, desde la base de Baikonur se enviara un cohete con un astronauta a bordo, orbitase alrededor de la Tierra y regresara, sano y salvo, a la madre patria. Y Koroliov fue quien había propuesto la misión, porque creyó que era el momento.

Desde el mes de mayo de 1960, en que se llevó a cabo la primera prueba de vuelo con el cohete R-7 y la cápsula espacial Vostok acoplados, hasta el 12 de abril de 1961, su equipo trabajó sin descanso.

Había transcurrido casi un año desde que el jefe de la Comisión del Estado, general Nedelin estuvo en Baikonur, para comprobar cómo fallaron los retrocohetes que controlaban la reentrada en la atmósfera. La cápsula rebotó y en vez de regresar a la Tierra, saltó a una órbita superior. Dos meses después, dos perras, Chaika y Lisichka perdieron la vida en otro cohete cuando explotó a los 30 segundos del despegue. En agosto de 1960, tuvieron un éxito al colocar a Belka y Strelka, una pareja de perras, en órbita y traerlas vivas a la Tierra. Un eufórico Jrushchov en una reunión de Naciones Unidas, en Nueva York, prometió regalarle a Eisenhower un cachorro de Strelka para la Casa Blanca.

Nedelin lo festejó y quizá aquella fue una de sus últimas celebraciones. El 23 de octubre de 1960, también allí, en Baikonur estaba previsto el lanzamiento del R-16 propulsado mediante una combinación de líquidos *hipergólicos* y Nedelin acudió para presenciar el lanzamiento del cohete diseñado por Yángel. Una terrible explosión, imprevista, acabó con la vida del general y la de unas 150 personas más. De Nedelin recogerían sus medallas y lo identificaron por la estrella de oro de Héroe de la Unión Soviética. Yángel se salvó porque en ese momento estaba fumando en el búnker.

El desgraciado accidente paralizó temporalmente los lanzamientos hasta el 1 de diciembre. Ese día, otras dos perras, Pchelka y Mushka, completaron 17 órbitas a la Tierra, en una cápsula Vostok; durante la maniobra de reentrada los retrocohetes funcionaron menos tiempo del necesario y la cápsula inició un descenso que la llevaba a caer fuera de la URSS; hicieron que la nave explotara en pleno vuelo.

Antes de que finalizara 1960, el 22 de diciembre, en otro lanzamiento con dos perros a bordo, la tercera etapa del cohete falló, aunque la cápsula se separó y pudieron recogerla con los animales vivos en Siberia.

En todos aquellos vuelos Koroliov había estado pendiente hasta del último detalle y, después de cada fallo, había sometido a su equipo a un profundo análisis para estudiar las causas y diseñar remedios.

A lo largo de 1961 hubo dos vuelos más, el 9 y el 24 de marzo, en los que todo funcionó bien. En ambos, además de un perro, ratones y reptiles, voló un curioso personaje: Iván Ivanovich, un muñeco que representaba la figura de un astronauta, a escala natural. Con estos dos éxitos, Koroliov pensó que había llegado el momento de solicitar permiso para lanzar un astronauta soviético al espacio. El Comité Central le otorgó la correspondiente autorización y la fecha del lanzamiento se había fijado para el día 12 de abril.

Gagarin y Titov sentían un profundo respeto por Koroliov. El aspecto que tenía el Jefe de Diseño aquella mañana del 12 de abril, los impresionó. Hacía poco tiempo que ellos le habían pedido una entrevista para decirle que muchos de los fallos en los lanzamientos podrían evitarse si a bordo de la cápsula espacial los astronautas tuvieran la capacidad de asumir el mando de la nave.

La gran diferencia entre los programas de selección y entrenamiento de astronautas rusos y estadounidense era que mientras los segundos se habían entrenado para desempeñar tareas a bordo, los primeros no tenían que hacer nada. Ambos astronautas debían poseer unas excelentes condiciones físicas, pero a los americanos se les exigía formación técnica y experiencia de vuelo, mientras que a los rusos bastaba con que fueran pilotos de caza militares. En general los astronautas norteamericanos tenían unos diez años más que sus colegas soviéticos.

El programa espacial de la Unión Soviética no contaba con que sus astronautas efectuaran nada a bordo de las cápsulas espaciales, entre otras cosas por temor a que la experiencia del viaje mermase su capacidad mental; solamente en casos excepcionales los astronautas soviéticos podían asumir cierto control a bordo de la nave espacial y para ello era necesario que se les enviara una contraseña, o código secreto, desde el centro de control de tierra.

Koroliov tomó la decisión de pasarle la contraseña secreta a Gagarin antes de que iniciara el vuelo, contraviniendo el procedimiento que él mismo había aprobado. No podía quitarse de la cabeza que de los últimos 17 lanzamientos del cohete R-7, con los mismos motores, 8 habían fracasado. Gagarin era consciente de la situación, pero él había asumido hasta entonces todas las responsabilidades y quiso compartir con su elegido las últimas.

El día anterior, por la tarde, Serguéi había estado un largo rato a solas con Yuri Gagarin en la cápsula Vostok explicándole con detalle el proceso del lanzamiento hasta que se sintió tan mal, que no tuvo más remedio que interrumpir la sesión para retirarse a su habitación. El médico le recomendó que descansara, apenas lo hizo y, sin embargo, aquella mañana tuvo fuerzas para retomar el trabajo.

Tras el desayuno, Gagarin subió a la cápsula espacial y Koroliov se refugió en el búnker. Los dos se mantuvieron en contacto por radio durante las comprobaciones previas al despegue. A ratos Yuri Gagarin canturreaba canciones folklóricas rusas. Hijo de campesinos, hacía poco más de un mes que había cumplido 27 años.

A Koroliov le caía muy bien aquel muchacho que, a pesar de su buen carácter y aspecto sonriente, había tenido una vida dura. Serguéi no podía eludir el pensamiento de que, quizá, lo estaba enviando a la muerte.

A las 09:07 Koroliov apretó el botón de encendido y el cohete inició el despegue. El corazón de Gagarin latía 157 veces por minuto. Koroliov pensaba, angustiado, en todas las posibles complicaciones. Las que más le agobiaban tenían que ver con fallos en los motores de las etapas superiores. Si no funcionaban los retrocohetes podría regresar después de 11 o 12 días de permanecer en órbita, para los que disponía de recursos vitales en la cápsula Vostok.

Koroliov mantuvo el contacto con Gagarin durante unos 7 minutos; a partir de ese momento la cápsula pasó a comunicarse con otra estación de seguimiento. Koroliov habló por teléfono con Jrushchov y pasaron la noticia a la agencia TASS.

Gagarin, desde la Vostok, empezó a describir el horizonte curvado, el color de la Tierra, la negrura del cielo y el brillo de las estrellas.

En el centro de Baikonur estaban pendientes de las noticias de la radio. Al cabo de 50 minutos las emisoras distribuyeron la nota de la agencia:

«El primer satélite Vostok con un ser humano ha sido puesto en órbita alrededor de la Tierra desde la Unión Soviética. El piloto astronauta de la nave espacial satélite Vostok es un ciudadano de la Unión de Repúblicas Socialistas Soviéticas, mayor de aviación: Yuri Alekséyevich Gagarin».

Cuando la Vostok iba a completar una vuelta a la Tierra para sobrevolar otra vez la URSS, a las 10:25 horas, desde tierra activaron los retrocohetes. Entonces la cápsula, de forma inesperada empezó a girar sobre sí misma, a una velocidad de unos 30 grados por segundo. El problema, que el centro de control no pudo advertir, se debió a que el módulo de instrumentos, unido a la Vostok, no se había separado de la cápsula. Sin embargo, el incremento de temperatura de la reentrada quemó los cables y el módulo se desligó de la Vostok. Yuri tuvo que soportar una aceleración de 8 g. El paracaídas se abrió a 6000 metros de altura, saltó la escotilla y Gagarin fue lanzado al espacio sujeto a la silla de vuelo que se desprendió para liberarlo y permitir que iniciase el descenso final con su paracaídas. A sus pies pudo contemplar la grandeza del Volga y una vez en tierra a unos sorprendidos campesinos, que no daban crédito a lo que veían con sus ojos, hasta que alguien exclamó: «lo están diciendo en la radio».

Koroliov no tenía palabras cuando se encontró con él, otra vez, en el campo, y el muchacho lo saludó para comentarle que todo había ido bien.

El 14 de abril fue declarado día de fiesta en la URSS; miles de personas acudieron a la Plaza Roja para celebrar el gran acontecimiento. La gente que se arremolinaba en la gran explanada contempló a un sonriente Yuri Gagarin acompañado del exultante Jrushchov y de Brézhnev. Koroliov no ocupó ningún lugar de honor en la ceremonia que celebraba el triunfo. Ni siquiera pudo asistir al acto multitudinario en la Plaza Roja, porque se le rompió la correa del ventilador del coche, cuando se dirigía al centro de Moscú. No llegó a tiempo.

Era la segunda vez que la Unión Soviética, con su pequeño David, ganaba otra etapa en la carrera espacial al país que lideraba el llamado mundo libre, gracias a que un hombre invisible, solitario y exhausto, continuaba moviendo los hilos del teatro espacial de su país.

CAPÍTULO 7

Enviaremos un hombre a la Luna

Enviaremos un hombre a la Luna

Dos días después que Gagarin viajara al espacio, Kennedy convocó a James Webb, presidente de la NASA, otra vez, a su despacho. Los 40 000 millones de dólares del presupuesto Apollo le parecían a Kennedy una cifra excesiva, pero tenía la convicción de que algo debería hace Estados Unidos para contrarrestar la ofensiva espacial soviética, sobre todo por el impacto que tenía sobre la opinión pública del país.

El 19 de abril, tras el fracaso de la invasión de la Bahía de Cochinos, en Cuba, por las tropas entrenadas por la CIA, Kennedy mantuvo una importante entrevista con su vicepresidente Johnson. Insistió en que la NASA debía hacer algo, montar una estación espacial, enviar un hombre a la Luna, que varios astronautas le dieran la vuelta o el país debía acometer otra gesta que no estuviera relacionada con el espacio, pero que devolviese a la opinión pública la sensación de que el liderazgo tecnológico mundial lo ejercía Estados Unidos.

La derrota militar en Cuba de las fuerzas invasoras a manos de Fidel Castro, la rapidez con la que los soviéticos lograron desarrollar las bombas nucleares de fisión y de fusión, la alianza de la URSS con el régimen chino y la presión militar comunista sobre Vietnam del Sur, configuraban un escenario político en el que la aparente supremacía espacial soviética resultaba insoportable para Kennedy.

Von Braun fue convocado directamente por Johnson a una importante reunión el 24 de abril en Washington. Wernher acudiría como representante del Ejército, lo que parecía una excusa para justificar su presencia, ya que James Webb y Dryden asistieron por parte de la NASA. El vicepresidente Johnson apreciaba a Wernher. En la reunión participaron generales, almirantes y los presidentes de los principales grupos industriales del país relacionados con la aviación y el espacio. De aquella reunión y las sucesivas que tuvieron lugar, a varios niveles, surgiría la propuesta de actuación espacial que Johnson trasladó a Kennedy pocos días después.

Von Braun hizo un análisis detallado de la situación y le envió a Johnson una carta, con recomendaciones, que llegó cuando el vicepresidente ya había elaborado su informe a Kennedy.

El balance de la carrera espacial soviético-estadounidense, en aquel momento, era muy desfavorable a los norteamericanos. El primer satélite artificial (Sputnik1) lo había lanzado la URSS cuatro años antes, el 4 de octubre de 1957; pesaba 83,6 kilogramos. Estados Unidos consiguió poner en órbita su primer satélite (Explorer 1), cinco meses después, aunque su peso no llegaba a 14 kilogramos. El reciente logro espacial soviético, del 12 de abril de 1961, había sido colocar en órbita al primer astronauta de la historia: Yuri Gagarin, con una nave Vosjok cuyo peso era de 4725 kilogramos. La Mercury de Gilruth pesaba 1800 kilogramos y aún no había realizado, con Shepard a bordo, el vuelo suborbital que tenía previsto, en vez de orbital como el del astronauta ruso. Y, todos aquellos éxitos se apoyaban en el mayor empuje de los cohetes rusos.

Para ganar la carrera espacial sería necesario establecer la meta fuera del alcance de los cohetes soviéticos. El proyecto Apollo de enviar un hombre a la Luna, requería *boosters* diez veces más potentes que los de entonces. Una misión que obligaría a los soviéticos a desarrollar otra familia de cohetes, muchísimo más potentes que sus R-7, algo en lo que Von Braun ya había comenzado a trabajar y que los comunistas, por falta de recursos económicos, tecnología y organización, no lograrían ensamblar antes que lo hicieran ellos. Estas ideas, compartidas por todos los ejecutivos de la NASA, fueron las que tomarían forma en el documento que Johnson entregó a Kennedy a finales del mes de abril.

Todavía faltaba que Alan Shepard llevara a cabo su misión, cosa que hizo con éxito el 2 de mayo. Wernher y María acudieron a Cabo Cañaveral para presenciar el lanzamiento. Von Braun habló con Alan, cuando ya había entrado en la cápsula, antes del despegue; lo encontró más sereno de lo que estaba él. El cohete partió de la plataforma a las 09:34 horas y después de un corto vuelo de 15 minutos y 20 segundos cayó en el Atlántico a 480 kilómetros de Cabo Cañaveral. Von Braun volvió a intercambiar unas palabras por teléfono con Shepard, para felicitarlo cuando lo recogieron.

Nadie pudo negarle a la NASA que su astronauta viajara al espacio, pero fue una corta visita, en un vuelo suborbital, que siguió una trayectoria parabólica, similar a la que efectúa el proyectil disparado por un cañón.

A lo largo del mes de mayo, la NASA revisó el cronograma de su proyecto Apollo y llegó a la conclusión de que la fecha más temprana en que podría mandar un hombre a la Luna sería 1967. Ese año en la Unión Soviética se celebraría el cincuenta aniversario de la Revolución Bolchevique, por lo que cabía esperar que tratara de sorprender al mundo con alguna hazaña espacial. Aun, así y todo, Webb quiso ser más cauto y recomendó que el presidente Kennedy, si tomaba la decisión de que la NASA enviase un hombre a la Luna, dejara la fecha abierta: antes de que finalizara la década.

El 25 de mayo de 1961, el presidente de Estados Unidos, Kennedy, sorprendió al mundo con una inaudita declaración en el Congreso:

«Primero, yo creo que esta nación debería comprometerse a conseguir el objetivo de enviar un hombre a la Luna y traerlo sano y salvo a la Tierra, antes del fin de la década. Ningún proyecto espacial en este periodo sería más excitante, o más importante para la exploración a gran distancia del espacio, y ninguno será tan difícil o costoso de llevar a cabo».

La nación asumió el reto de su presidente como una cuestión de gran importancia para el país y prácticamente nadie protestó ni se preocupó por el coste.

La magnitud del esfuerzo que planteaba aquella tarea, comparada con la probabilidad de un fracaso que convirtiese la aventura en *el funeral más caro de la historia de la humanidad*, hacía casi impensable que un político poseyera el temple necesario para asumir la responsabilidad de poner en marcha semejante iniciativa. John Kennedy era un presidente muy singular.

Tras aquel estado de cosas se hallaban dos personajes que, hasta ese momento, habían desempeñado un papel clave en el desarrollo de la industria espacial de los dos países: el ruso Serguéi Koroliov y el que ya era ciudadano estadounidense, de origen alemán, Wernher von Braun.

Cuando Kennedy anunció el viaje a la Luna, Koroliov en Rusia, controlaba la mayor parte del sistema de producción de misiles balísticos de largo alcance y el programa espacial, mientras que en Estados Unidos Von Braun todavía no llevaba un año como director del Marshall Space Flight Center (MSFC) de la NASA, responsable del desarrollo y diseño de los cohetes de gran empuje (*boosters*). Si Koroliov ocupaba una posición de máxima responsabilidad en el programa espacial soviético, Von Braun compartía las decisiones con un grupo de altos funcionarios gubernamentales norteamericanos.

En 1957, la URSS empezó a lanzar sus objetos espaciales con cohetes, R-7, mucho más potentes que los estadounidenses. Sin embargo, en 1961, Estados Unidos ya había iniciado otros desarrollos, como el Saturn 1 de la NASA y el Titan II de la Fuerza Aérea, que no tardarían en dotar al programa espacial norteamericano con cohetes, también de gran empuje.

La URSS partía, en aquella carrera hacia la Luna, desde una posición, tan solo en apariencia, más ventajosa que la de Estados Unidos.

En el vértice del entramado espacial soviético se encontraba Serguéi Koroliov, un personaje desconocido por la opinión pública. Un hombre, cuyo interés por el espacio fue, al mismo tiempo, el mejor aliado de sus éxitos y la principal razón de sus dificultades. Sus grandes cohetes R-7 quemaban una mezcla de oxígeno líquido criogénico y queroseno. La carga del oxígeno a baja temperatura llevaba, al menos, una jornada completa de trabajo; demasiado tiempo para los militares que, muy pronto, le pedirían que ensayara el empleo de comburentes almacenables, en vez de oxígeno criogénico. Koroliov, a quien le interesaba, por encima de todo, el espacio, se mostró muy reticente a iniciar aquella vía de investigación, que consumiría muchos de sus recursos sin aportar ventajas al programa espacial. Otros investigadores soviéticos, como Cheloméi y Yángel, aprovecharon la actitud de Koroliov, hasta cierto punto displicente con los militares y políticos, para iniciar proyectos de misiles balísticos propulsados con mezclas almacenables, lo cual sería del agrado de las autoridades soviéticas.

La apertura de líneas alternativas de investigación, el progresivo deterioro de la relación personal de Koroliov con Glushkó y la falta de un planteamiento político de carácter estratégico del programa espacial soviético, ya habían empezado a mermar de forma gradual la ventaja que le llevaba la URSS a Estados Unidos en el desarrollo de cohetes de largo alcance.

A todo lo anterior, habría que añadir el precario estado de salud de un Koroliov sometido a un estrés insoportable durante mucho tiempo.

Las fisuras del sólido y aventajado sistema de producción de misiles soviético se transformaron en grietas que lo debilitarían con el tiempo, mientras que en Estados Unidos la organización espacial acrecentaba su impulso en la medida en que sus esfuerzos se reconducían en una dirección única. Si bien, el punto de partida en el momento del desafío espacial que lanzó Kennedy era favorable a los soviéticos, se daban circunstancias que apuntaban a que la situación iba a cambiar, a corto plazo.

Von Braun fue consciente, desde el primer momento, de que la decisión del presidente Kennedy planteaba un reto colosal, incomparable con el último logro de la tecnología espacial norteamericana. Alan Shepard apenas se había asomado al espacio, en un vuelo de 15 minutos en el que recorrió 487 kilómetros; la cápsula espacial, Mercury, pesaba menos de 2 toneladas y su cohete, Redstone, generaba un empuje de unas 75 toneladas. La expedición lunar duraría más de una semana para recorrer dos veces los 384 400 kilómetros que separan la Luna de la Tierra; en la nave espacial viajarían dos o tres astronautas; el cohete tendría que elevar una carga útil de más de 100 toneladas; su empuje, en la primera etapa, podría alcanzar 5500 toneladas, mediría unos 125 metros de altura y su diámetro sería de 15 metros, todo ello según los análisis preliminares del super cohete que la NASA ya había bautizado con el nombre de Nova. Unas cifras capaces de convertir el sueño en un imposible.

Von Braun comprendió mejor que nadie la magnitud de la complejidad asociada a un proyecto, que él mismo se había atrevido a recomendar al presidente Kennedy. La nave y el cohete necesarios para emprender el viaje tripulado a la Luna, en nada se parecerían a los que la NASA había construido hasta entonces; incluso, para formular sus especificaciones con detalle era necesario resolver algunas cuestiones básicas sobre las que no existían aún suficientes conocimientos o consenso. Nadie sabía cómo era la superficie lunar, si estaba cubierta de polvo inconsistente o de formaciones rocosas ¿cómo tenía que ser una nave capaz de posarse sobre un terreno desconocido?

En cuanto al viaje, Von Braun siempre había planteado la conveniencia de montar una estación en órbita, alrededor de la Tierra, donde se podrían ensamblar naves y desde la que se iniciarían las expediciones espaciales. Construirla llevaría demasiado tiempo.

La NASA desechó muy pronto la idea de la estación espacial y tampoco tardó en descartar lo que Von Braun denominaba *ascenso directo*. Esta maniobra consistía en situar la nave en una órbita terrestre desde la que se impulsaba hasta la superficie lunar, directamente, luego despegaba y regresaba a la Tierra. El *ascenso directo* exigía un cohete de unas dimensiones realmente grandes, el Nova, y Von Braun tenía serias dudas de que se pudiese construir en el plazo previsto para la misión.

Para reducir el tamaño del *booster* se pensó que lo más conveniente era efectuar dos lanzamientos y colocar en órbita terrestre dos partes de la nave, que se ensamblarían en el espacio y a partir de ese momento el viaje se haría igual que en el caso del *ascenso directo*. Esta modalidad se denominó *cita en órbita terrestre* (*earth-orbit rendezvous*, EOR). A finales de 1961 la modalidad EOR era la que contaba con el apoyo de Von Braun y Gilruth.

El administrador de la NASA James Webb, organizó la agencia con una cúpula que ocupaba el triunvirato formado por él mismo, su adjunto Hugh Dryden y el director general, Robert Seamans, de quien dependían los distintos centros y laboratorios. Los tres centros más importantes eran el Marshall Space Flight Center (MSFC) de Von Braun, el Manned Space Center (MSC), que se ubicó en Houston bajo la dirección de Gilruth, y la plataforma de lanzamiento de Cabo Cañaveral que dependía de Kurt Debus, un antiguo colaborador de Wernher en Peenemünde.

El triunvirato decidió que para el proyecto Apollo sería conveniente designar un jefe de programa y consideraron la candidatura de Von Braun. Wernher mantuvo varias reuniones con el triunvirato para tratar este asunto y planteó sus condiciones, entre las que figuraba la de seleccionar a su propio equipo. Seamans amenazó a Webb con retirarse si Wernher era el elegido para el puesto y finalmente, el nombramiento recayó sobre un ejecutivo de la empresa privada: el doctor Brainerd Holmes. A Wernher le hubiera gustado liderar el programa que representaba el sueño de su vida, viajar a la Luna, pero sus jefes recelaron de *El Profesor*. El triunvirato confiaba en Wernher, pero también conocía su capacidad para influir en el Congreso y en los medios, lo cual era un arma de doble filo que podía ayudar o entorpecer el futuro del proyecto.

Brainerd asumió una posición que le confería autoridad directa sobre el cohete, la cápsula espacial y sus tripulantes y la plataforma de lanzamiento.

Desde su incorporación a la NASA, Wernher se limitaba en sus conferencias a tratar sobre asuntos relacionados con la agencia y había abandonado por completo las digresiones sobre temas militares y el lanzamiento de misiles termonucleares desde el espacio. A pesar del cambio en el tono de sus intervenciones, a Webb no le parecía correcto que invirtiera tanto tiempo en estas actividades privadas. En noviembre, tuvo una conversación con Von Braun y limitó su labor de conferenciante privado a tres o cuatro charlas anuales; hasta entonces solía dar quince o veinte cada año. También le advirtió que actuase en el Congreso con mucha prudencia.

A pesar de todo, Von Braun admiraba a James Webb por su extraordinario olfato político y habilidad para conseguir que la NASA navegara en las turbulentas aguas del Congreso con éxito.

El 21 de julio de 1961, el astronauta Virgil Grissom, *Grus,* realizó otro vuelo suborbital en una cápsula Mercury propulsada por un cohete Redstone del MSFC. El vuelo fue bien, pero al caer al océano, el mecanismo de eyección automática de la escotilla de la cápsula se disparó. Grissom estuvo a punto de ahogarse y la nave se hundió en el océano. El resto de los vuelos del programa Mercury se realizarían con cohetes Atlas de la Fuerza Aérea, porque los Redstone carecían del empuje necesario para poner a las naves en órbita terrestre.

Von Braun se molestó con Gilruth, cuando seleccionó el cohete Titan II de la Fuerza Aérea para impulsar las cápsulas del programa Gemini, con las que se efectuarían pruebas para evaluar el comportamiento de los astronautas y el equipamiento espacial, en misiones de varios días de duración. El programa Gemini también pretendía ensayar el acoplamiento entre naves y las excursiones de astronautas, fuera de las cápsulas, con trajes espaciales. Todas estas operaciones eran necesarias para llevar a cabo la misión lunar y como la nave definitiva, Apollo, tardaría aún en fabricarse, se concibió el programa Gemini, con una nave más sencilla, para realizar aquellas pruebas. Wernher, creía que su cohete Saturn hubiera sido la opción más adecuada para el lanzamiento de las cápsulas Gemini.

El 27 de octubre de 1961, Wernher tuvo la satisfacción de presenciar el primer vuelo del *booster* Saturn I, que suministraba 683 toneladas de empuje y ascendió a 154 kilómetros de altura. Von Braun y Kurt Debus bailaron de alegría en el búnker de Cabo Cañaveral. A partir de ese momento, la NASA ya disponía de un cohete más potente que el R-7 de los soviéticos.

A finales de 1961 la NASA sabía cómo sería el cohete que Von Braun tenía que diseñar para ir a la Luna. El Saturn contaría con tres etapas. En la primera (S-1C) quemaría un derivado del petróleo (RP-1) con oxígeno líquido, La propulsarían cinco motores Rocketdyne F-1, con un empuje de 3,4 millones de kilogramos fuerza (kgf). La segunda etapa (S-II) emplearía cinco motores J2 cuyo propelente sería hidrógeno y oxígeno líquidos, de North American Aviation, y suministraría un empuje de 0,45 millones de kgf. La tercera (S-IVB) se impulsaría con un motor J2 (90 000 kgf de empuje).

En la Navidad de 1961, Von Braun decidió tomarse unas vacaciones un poco más largas de lo habitual con un amigo, Carsbie Adams, para aprovechar el viaje de trabajo que tenía que realizar a Australia. Primero voló a Londres y de allí a Múnich para ver a su padre. Después fueron a Nueva Delhi, donde celebró el año nuevo, y pasó unos días en Nepal, antes de visitar Bangkok y aterrizar en Australia a final de enero.

En Washington, mientras Wernher practicaba el turismo en Asia, Brainerd Holmes contrató a un brillante ingeniero, Joseph Shea, graduado en Michigan, que trabajaba en los Laboratorios Bell. Shea visitó el Manned Space Center (MSC) de Gilruth y el Marshall Space Flight Center (MSFC) de Von Braun, y la impresión que obtuvo es que los laboratorios y los centros trabajaban bastante descoordinados y la tensión entre los dos centros era palpable, más acusada por parte de Gilruth.

La falta de coordinación entre ambos había sido la causa de que el informe de John Houbolt del centro Langley, que llevaba un año dando vueltas por la NASA, no se hubiera estudiado con más detenimiento. Houbolt proponía una alternativa al modo *cita en órbita terrestre* (*earth-orbit rendezvous,* EOR) que parecía ser el que se había adoptado para ejecutar el vuelo a la Luna. El ingeniero de Langley sugería que se realizara una *cita en órbita lunar* (*lunar-orbit rendezvous,* LOR). Si a la nave espacial, que partiera de la Tierra, se le incorporaba un pequeño módulo espacial —con capacidad para descender desde una órbita lunar, con uno o dos astronautas, a la Luna y después regresar a la nave principal para volver a la Tierra— se podría ahorrar todo el combustible necesario para que alunizara y despegara de la Luna la gran nave, lo que reduciría considerablemente el peso en el lanzamiento inicial. Shea volvió a replantear el dilema EOR-LOR para que se analizasen en profundidad las dos alternativas.

En la primavera de 1962, los directivos de la NASA, incluido Von Braun, llegaron a un acuerdo en cuanto al modo de desarrollar la misión. Aceptaron la propuesta de Max Houbolt, del Langley Research Center, según la cual la nave espacial llevaría un módulo que se desacoplaría, una vez situada en órbita alrededor de la Luna, para descender a la superficie del satélite terrestre y regresar después a la nave principal (LOR). No fue fácil consensuar el perfil de la misión, pero al final todos se convencieron de que la idea de Houbolt era la mejor de cuántas se les habían ocurrido. Von Braun desempeñó un papel importante para que su equipo apoyara la decisión que se había tomado, porque en el MSFC cundió la opinión de que aquel modo operativo les restaba protagonismo.

En septiembre, el presidente Kennedy visitó el centro de Von Braun, acompañado de su asesor científico Jerome Wiesmer —que no era partidario del LOR. En un momento determinado de la visita surgió el tema del modo operativo y Kennedy dejó a Wiesmer que discutiera con Wernher sobre el asunto. Un periodista de *Time* escuchó la disputa y la publicó en la revista. Kennedy se fiaba de Webb y no trató de modificar la decisión.

Al mes siguiente, en octubre, Estados Unidos y la Unión Soviética se enzarzaron en la crisis de los misiles de Cuba. Von Braun creyó que el país se encontraba al borde de la guerra nuclear. Sus misiles Jupiter se desplegaron en Italia y Turquía. A raíz de aquel desafortunado incidente, Wernher decidió construir un refugio subterráneo en su vivienda de Huntsville.

Unas semanas después de la crisis, Kennedy llamó a su despacho a James Webb, Dryden, Seamans y Holmes para revisar la marcha de la NASA. Los costes se habían disparado. El presidente les aclaró que su único interés era político y que tan solo pretendía ganar a los comunistas la batalla del espacio.

Tras la conversación con el presidente, Holmes tuvo algunas discusiones con Webb porque quería que el administrador recortase drásticamente otros proyectos de la NASA, para aumentar las dotaciones de Apollo. Como Webb se resistió, entre ambos ejecutivos se produjo un cierto distanciamiento.

En junio de 1963, Webb prescindió de Holmes. Von Braun trató de involucrar a Gilruth para hacer frente común frente a Webb y pedirle que redujese los procedimientos burocráticos, que les había impuesto Holmes, pero el director del MSC no aceptó la invitación de Wernher, por temor a que el administrador creyese que participaba en alguna conspiración en contra suya.

Mientras en el programa Saturn del MSFC se disparaban los costes y Von Braun continuaba contratando personal, en Huntsville la situación social y política se había enrarecido con las intervenciones del gobernador de Alabama, Georges Wallace, que se oponía frontalmente a la política de integración racial del presidente Kennedy. Wernher procuraba no entrar en aquel delicado asunto, ya que por una parte no le resultaba cómodo enfrentarse a las autoridades locales de Huntsville y por otra, aún le hacía sentirse menos cómodo imaginar que sus jefes pensaran que apoyaba a Wallace. El 24 de junio, el vicepresidente Johnson le envió una carta conminándolo a que presionara a sus subcontratistas para que contrataran más afroamericanos. Wernher pronunció una conferencia en la Cámara de Comercio de Huntsville, en la que dijo que las autoridades locales deberían apoyar las políticas del Gobierno en materia de integración racial, o correrían el riesgo de que el MSFC cambiase de ubicación.

Las actuaciones de Von Braun en defensa de los derechos de los afroamericanos y los esfuerzos por incrementar la plantilla de MSFC con gente de color, apenas tuvieron resultados. Los ingenieros de raza negra, recién titulados, al último sitio que querían ir a trabajar era Alabama.

Además de la pelea contra los racistas, Von Braun estaba embarcado, aquel verano de 1963, en otra batalla contra los costes del programa Saturn. El Congreso se mostró muy crítico con las desviaciones presupuestarias de la NASA. En agosto, Wernher recibió la visita de George Mueller, que había sustituido a Holmes. Como responsable de la Oficina de Vuelos Espaciales. Mueller era el auténtico jefe del programa Apollo en la NASA, aunque James Webb, el administrador, le había dicho que Von Braun, Gilruth y Debus eran intocables. Reemplazarlos tendría un coste excesivo.

El 20 de septiembre, Kennedy ofreció a los soviéticos ir a la Luna juntos, en un discurso que pronunció en Naciones Unidas. La oferta desconcertó al personal de la NASA porque de algún modo suponía una velada amenaza a un proyecto, cuya escalada de costes lo había puesto en peligro.

A raíz de las peticiones, que Wernher ya había recibido de Webb para contener los costes, *El Profesor* reorganizó el MSFC. Los laboratorios los agrupó en una organización de Investigación y Desarrollo, que incluía a la mayoría del personal, y los programas en otra, de Operaciones Industriales, en la que los jefes de programa manejaban casi todo el presupuesto y eran los responsables del coste y los plazos. Mueller sugirió a Von Braun que reforzara Operaciones Industriales con ejecutivos de la empresa privada.

Mueller instauró un Consejo de Dirección formado exclusivamente por Von Braun, Gilruth y Debus.

Además de reorientar el sistema de control de costes y la gestión de la configuración de los desarrollos, Mueller planteó una exhaustiva revisión de todo el plan de verificación y vuelos de pruebas, para eliminar las redundancias y vuelos que considerasen innecesarios. De estos últimos, el equipo de Von Braun había programado bastantes. A pesar de la resistencia del MSFC, muchas pruebas que se habían planificado se eliminaron del cronograma con el apoyo de Wernher, que terminó por reconocer el mérito de las técnicas de Mueller.

A finales de 1963, el programa Apollo empezó a tomar su forma definitiva y los esfuerzos del gigantesco equipo, se centraron en un objetivo común.

El 16 de noviembre, Kennedy visitó las instalaciones de Cabo Cañaveral. Von Braun le enseñó el Saturn I con la segunda etapa S-IV que se lanzaría en el mes de enero del año siguiente. Wernher continuaba pensando que su presidente era un hombre extraordinario.

Pocos días después, el 22 de noviembre, Kennedy fue asesinado en Dallas. Su secretaria reconoció que, la única vez en la vida que vio llorar a Wernher, fue cuando se enteró, a través de la televisión, de la muerte del presidente.

El nuevo presidente, Johnson, siempre había mantenido una excelente relación con Von Braun.

Durante la visita del canciller de Alemania Occidental, Ludwig Erhard, a Estados Unidos, los días 28 y 29 de diciembre de 1963, Johnson invitó al político alemán a Stonewall, su rancho particular, en Texas. También le dijo a Von Braun que acudiera al rancho y antes de que se marchase le regaló un sombrero *cowboy* para que lo enviase a la Luna.

Todos contra Koroliov

En la Unión Soviética, el panorama espacial seguía por otros derroteros. Mientras los norteamericanos centraban sus esfuerzos en llegar a la Luna antes del final de la década, Koroliov no contaba con la aprobación de un proyecto a tan largo plazo.

En 1961, Jrushchov le urgió para que antes del 13 de agosto, el astronauta Titov llevase a cabo un importante vuelo espacial. Aparentemente fue un éxito, porque con una semana de antelación a la fecha establecida por el mandatario, la nave soviética con Titov a bordo, completó 12 órbitas a la Tierra. La realidad fue que el vuelo tuvo que interrumpirse porque el astronauta se sintió indispuesto, pero ante la opinión pública 12 órbitas terrestres fueron muchas. El 13 de agosto, con la noticia espacial en la prensa de tapadera, Jrushchov levantó el muro de Berlín. Para el presidente soviético, los logros espaciales de Koroliov servían exclusivamente para evidenciar las bondades del régimen comunista y desviar la atención del público.

Los grandes proyectos que Koroliov tenía en mente, con los que pretendía vencer a los norteamericanos en su carrera hacia la Luna, no contaban con el necesario apoyo de la cúpula del poder en la URSS, cuya prioridad era militar.

Desde hacía algunos años, Koroliov había esbozado el diseño de una nueva nave espacial para sustituir a la Vostok: la Soyuz, con capacidad para acoplarse a otra nave. Y también tenía en mente un cohete de gran empuje y carga de pago, el N1. Estos dos elementos constituían su respuesta al cohete que había empezado a desarrollar Von Braun, el Saturn V, y las nuevas naves espaciales norteamericanas, Gemini y Apollo, que sustituirían a las Mercury.

Yángel, Cheloméi e incluso el experto en motores cohete de la URSS, Valentín Glushkó, eran partidarios de los comburentes almacenables, y en febrero de 1962 se reunieron todos con Jrushchov, en su dacha, para revisar los proyectos en curso.

Cuando Koroliov planteó su nuevo cohete, el N1, Glushkó ya se había negado a construir el motor, propulsado con oxígeno líquido, tal y como deseaba Koroliov. Serguéi le pidió a Jrushchov que, un ingeniero de menor prestigio, Nikolái Dimitrievich Kuznetsov, se encargara de la motorización de los cohetes N1. Nada satisfechos, Jrushchov y su plana mayor marginaron la propuesta de Koroliov. De la reunión surgió un victorioso Cheloméi y su proyecto: el cohete UR-500.

Sin apenas medios económicos, Koroliov logró mantener a su equipo y trató de convencer a militares y políticos de la necesidad que tenía la Unión Soviética de construir un cohete como el N1, incluso para transportar cabezas termonucleares.

En octubre de 1962, Koroliov se desplazó a Baikonur para presenciar el lanzamiento de una sonda a Marte. Durante aquel año ya había lanzado, sin éxito, tres sondas con destino a Venus y aquella era la primera con la que pretendía alcanzar el planeta rojo. Víctima de un resfriado se refugió en su vivienda mientras en la plataforma ultimaban los preparativos del cohete que de pronto interrumpió el coronel Anatoli Kirillov —segundo jefe militar de la base de Baikonur— porque había recibido la orden de Moscú de preparar un cohete balístico con una cabeza nuclear. En aquellos momentos, el presidente Kennedy y Jrushchov mantenían serias discrepancias sobre el envío, ordenado por el primer ministro soviético, de barcos a Cuba para emplazar en la isla misiles nucleares. En plena crisis, el Ejército Rojo había dado la orden de preparar la base de Baikonur para el lanzamiento de misiles militares. A Koroliov le llegó la noticia cuando se encontraba en su casa y en pocas horas se juntaron allí con él, Kéldysh, Smirnov, Chertok y otros personajes, que aprovecharon las horas comiendo sandía mientras esperaban un ataque termonuclear norteamericano, que acabaría con sus vidas. Al cabo de poco tiempo el coronel Kirillov transmitió a Koroliov la noticia de que la disputa se había resuelto y que podía proseguir con el lanzamiento de la sonda marciana.

El ataque que se temieron durante algunas horas en Baikonur, Serguéi y sus camaradas, nunca llegó, pero fue el equipo de Koroliov el que estuvo a punto de provocarlo. El 24 de noviembre de 1962 —todavía sin que se hubiera zanjado por completo la crisis de los misiles cubanos, que no se resolvió hasta que Jrushchov anunció la orden de retirada a los barcos soviéticos, el 27 de octubre— se lanzó el cohete que portaba la sonda destinada al planeta rojo. El cohete explotó y sus restos se esparcieron por el aire de forma que los radares de vigilancia estadounidenses dispararon todas las alertas de un posible ataque nuclear soviético. Afortunadamente, los ordenadores de seguimiento de la trayectoria del misil determinaron que se trataba de una falsa amenaza.

Por fin, a finales de 1962, Koroliov logró la aprobación para empezar el desarrollo del cohete N1, que tendría que ser capaz de levantar 75 toneladas de carga de pago. Kuznetsov se encargó del desarrollo de los motores. El N1 era similar, en cuanto a sus prestaciones, al Saturn V, aunque generaría más empuje en sus tres etapas. En la primera dispondría de 30 motores de 153,4 toneladas de empuje. La mayor diferencia estribaba en que el Saturn V, utilizaría hidrógeno líquido en la segunda y tercera etapa como combustible, en vez de queroseno.

Para Jrushchov, el espacio era el teatro en el que se representaba la farsa de la grandeza comunista soviética y por eso nunca se atrevió a prescindir de Koroliov. Quizá también influyó en la decisión que tomó el gabinete de Jrushchov de apoyar el desarrollo del nuevo cohete soviético, la conveniencia de contar con satélites militares espía y de comunicaciones de gran envergadura. En abril de 1962, el equipo de Koroliov había puesto en órbita el Kosmos 4, que fue el primer satélite espía de la Unión Soviética. El programa de satélites de comunicaciones —*Molniya,* que se había aprobado el año anterior— también requería para su lanzamiento cohetes de gran empuje ya que las órbitas geoestacionarias se encuentran a gran altura.

Valentina Tereshkova

En 1963 Jrushchov pidió a Koroliov que enviara una mujer al espacio. El 15 de junio, Valentina Tereshkova, se convirtió en la primera mujer astronauta. Fue otro golpe publicitario para la causa del primer mandatario soviético.

Valentina se casó con un astronauta, Andriyán Nikoláyev, el 3 de noviembre en Moscú. La boda fue un acontecimiento extraordinario.

Días después de la famosa boda, el asesinato del presidente John Kennedy en Dallas conmocionó al mundo. Su desaparición hizo que muchos se cuestionaran el futuro del proyecto espacial que tanto dinero costaba al país, en un momento en el que la guerra de Vietnam preocupaba seriamente a la opinión pública norteamericana.

A principios de 1964, Jrushchov quiso aderezar el desconcierto espacial en Estados Unidos, con otra iniciativa propia: llamó por teléfono a Koroliov para ordenarle que pusiera en órbita a tres astronautas. Los norteamericanos tenían previsto sustituir la cápsula Mercury por una nave espacial capaz de llevar a dos astronautas: la Gemini, que estaría terminada en 1964. Jrushchov quería anticiparse.

Koroliov, cuyos desarrollos marchaban más despacio, no dispondría de su nueva nave, la Soyuz, hasta 1965. Para contentar a Jrushchov tendría que modificar una nave existente, la Vostok, y empaquetar como pudiera a los tres cosmonautas. La idea le pareció desastrosa porque le obligaba a desviar recursos del desarrollo del cohete N1 y la nave Soyuz, para hacer arreglos en una nave Vostok —que recibió el nombre de Vosjod— sin que el esfuerzo sirviera para acelerar el desarrollo de su proyecto espacial.

Koroliov era consciente de que los norteamericanos tenían en marcha un programa que los llevaría a la Luna y que los soviéticos andaban claramente rezagados en aquella empresa. Su programa, con el que intentaba equipararse al de la NASA, carecía del apoyo explícito de las autoridades soviéticas y además de no disponer de los fondos necesarios, estaba sometido a las ocurrencias de los políticos. Sin embargo, eran aquellos caprichos los que mantenían la afluencia de dinero a su equipo.

Serguéi se entrevistó con Jrushchov en febrero de 1964 para darle detalles de lo que tenía que hacer para llevar a cabo su encargo y pedirle más apoyo en el desarrollo del cohete N1.

La única forma de cumplir aquella misión era aumentar el nivel de riesgo a bordo. La nave no contaría con tres escotillas de eyección ni los astronautas podrían viajar con un traje espacial. Con esa vestimenta no cabrían en la Vosjod.

Durante los primeros meses de 1964, aprovechando el interés de Jrushchov, Serguéi trató de que le aprobaran un plan con el objetivo de poner un astronauta soviético en la superficie de la Luna, pero no lo consiguió.

El estrés terminó pasándole factura; exhausto, aquejado de problemas cardíacos y hemorragias intestinales, su salud se resintió hasta el punto de que, a principios del verano, tuvo que recluirse durante tres semanas en un balneario en Checoslovaquia con su mujer, Nina.

En agosto estaba de nuevo al frente de su equipo, en Baikonur, para ultimar los detalles del lanzamiento de la nave Vosjod con los tres astronautas a bordo.

El Jefe de Diseño decidió que, uno de los astronautas de la Vosjod, debía ser ingeniero y eligió personalmente para cumplir con este requisito a Konstantín Feoktistov, que trabajaba en el diseño de la cápsula espacial. Fue él, quien había sugerido la idea de una misión sin trajes espaciales. La cápsula debía ser perfectamente estanca y el aterrizaje en tierra, después de la reentrada, se tendría que efectuar con los astronautas dentro de la Vosjod.

En septiembre, Jrushchov, Brézhnev y Ustinov visitaron Baikonur para revisar el estado de la tecnología soviética espacial. Cheloméi criticó con dureza las ideas de Koroliov, que apenas se defendió. Su defensa, sin palabras, la expresó al mes siguiente, el 12 de octubre de 1964, cuando tres astronautas soviéticos, Vladímir Komarov, Borís Yegorov y Konstantín Feoktistov, fueron lanzados al espacio a bordo de la nave Vosjod. El vuelo tuvo una gran repercusión internacional. En Estados Unidos muchos creyeron que los soviéticos les llevaban una gran ventaja y que quizá en 1966 podían estar en condiciones de viajar a la Luna.

Aún quedaba otra importante escena por representar en las alturas, del encargo que el depuesto Jrushchov había encomendado a Koroliov: que un astronauta se paseara, por primera vez, por el espacio.

Para esta misión se construyó la nave espacial Vosjod 2 con una cámara inflable cilíndrica y flexible que se desplegaba hacia el exterior desde la escotilla. El 18 de marzo de 1965, la nave transportó a dos astronautas al espacio: Pável Beliáyev y Alekséi Leónov. Leónov salió a través de la cámara flexible para flotar en el vacío durante 12 minutos, mientras su compañero permanecía en el interior de la cápsula. Fue el primer paseo espacial de un astronauta. Otra gesta que, Estados Unidos, recibió con preocupación.

Lo que no trascendió fue que casi todo el tiempo que Leónov permaneció fuera de la nave, en el espacio, lo pasó porque el traje espacial se le había hinchado y no podía entrar en la cámara flexible. Para conseguirlo tuvo que desinflar su traje y entrar en la cámara cilíndrica de cabeza, en vez de con los pies por delante, como estaba previsto. Nadie le había dicho qué consecuencias podía tener reducir la presión de su traje espacial. Pasar primero la cabeza le obligó a darse por completo la vuelta en el interior de la cámara, ya que tenía que cerrar el portillo que daba al espacio exterior para volver a inflarla; Leónov no tuvo dificultad en efectuar esta improvisada pirueta, pero llegó a la cápsula en un baño de sudor.

Y la opinión pública tampoco se enteró de que el dispositivo automático de activación de los cohetes de frenado de la Vosjod 2 para la reentrada en la atmósfera terrestre, falló. En el centro de seguimiento de tierra nadie podía explicarse lo que había sucedido y muy pronto cundió el pánico. Koroliov se hizo con el control de la situación y logró restablecer el orden, tanto en tierra como a bordo de la nave espacial. El Jefe de Diseño pidió a los expertos que examinaran con calma la situación y recomendasen el curso de acción que estimaran más oportuno. Los escuchó a todos, muy sereno. La decisión que tomó fue que la cápsula completara otra órbita más para que Beliáyev tuviese tiempo de preparar el encendido manual de los cohetes. Antes de ejecutarlo, Koroliov ordenó a Leónov que comprobase la actitud de la nave espacial, lo que llevó algún tiempo, el suficiente como para que la nave tomara tierra a dos mil kilómetros del punto que se había previsto en un principio. La Vosjod 2 aterrizó cerca de Perm en un lugar rodeado de abetos y cubierto por una capa de varios metros de nieve. El helicóptero de rescate tardó dos horas y media en llegar y no pudo posarse en tierra, debido a los árboles y la nieve. Los astronautas pasaron la noche dentro de la cápsula espacial, rodeados de lobos y tuvieron que esperar a que el día siguiente Koroliov les mandara otro helicóptero con los medios adecuados para subirlos a bordo.

Serguéi tomó nota de que la actuación de un astronauta a bordo de una nave espacial podía determinar el éxito o fracaso de la misión. Relegar el papel de los astronautas al de elementos pasivos, no sería la estrategia más adecuada para llevarlos a la Luna.

El paseo de Leónov, fue la postrera gran representación teatral en el espacio organizada por Jrushchov que, aquel día, no pudo asistir al lanzamiento de la nave en Baikonur, ni lo siguió desde Moscú: Jrushchov había sido arrestado por Leonid Brézhnev y Alekséi Kosygin.

Un punto de inflexión

De 1964 a 1966 Von Braun perfeccionó el Saturn y se enfrentó a graves problemas de retraso en el desarrollo del cohete por parte del contratista de la segunda etapa (S-II), North American Aviation. La plantilla del MSFC creció hasta superar los 7000 empleados en 1966, pero a partir de 1965, los recortes presupuestarios y el futuro de la NASA y su centro de desarrollo de cohetes, le causarían muchas preocupaciones. La guerra de Vietnam y las revueltas sociales no favorecieron que el Senado viera con buenos ojos, que la agencia espacial incrementara sus presupuestos.

A lo largo de este periodo de tiempo, la NASA llevó a cabo 9 misiones con las naves Gemini, en las que los astronautas norteamericanos permanecieron en el espacio un total de unos veinte días. En sus misiones espaciales experimentaron el uso de radares, horizontes artificiales, ordenadores y pilas de combustible.

El 23 de marzo de 1965, cinco días después del lanzamiento de la nave espacial soviética Vosjod 2, la Gemini 3 estadounidense con Grissom y Young a bordo, efectuó una serie de maniobras de prueba. En junio, McDivitt y White, completaron 66 órbitas y White dio un paseo espacial de 21 minutos. En agosto, a bordo de la Gemini 5, Borman y Lovell circunvalaron la Tierra 220 veces. Y para completar la serie de éxitos de aquel año, a mediados de diciembre, la Gemini 6 en una órbita terrestre, con Schirra y Stafford, logró aproximarse hasta unos 30 centímetros de la Gemini 7, tripulada por Bormann y Lovell. Por primera vez, dos naves terrestres atendieron a una cita (*rendezvous*) en el espacio. Además, Frank Borman y Jim Lovel establecieron un récord —que nadie superaría durante cinco años— al mantenerse 14 días en el espacio, en los que efectuarían 220 órbitas. La Gemini 7 demostró que los astronautas podían permanecer en un ambiente sin gravedad durante mucho tiempo, sin que sus facultades físicas se vieran seriamente comprometidas.

El programa Gemini, permitió que los astronautas de la NASA adquirieran experiencia en el manejo de nuevos instrumentos de navegación, paseos espaciales, encuentros y acoplamientos de naves. Todas estas capacidades eran necesarias para llevar a cabo la misión lunar con la cápsula Apollo y el cohete Saturn, cuyos diseños y construcción estaban en marcha.

Los lanzamientos de las naves Gemini se realizaron con el cohete Titan II de la Fuerza Aérea, lo que le permitiría a Von Braun concentrar casi todos sus esfuerzos en el desarrollo del Saturn. El 29 de enero de 1964, el Saturn I voló por primera vez con sus dos etapas y puso en órbita a la segunda (S-IV). De 1964 a 1965, el Saturn I hizo cinco lanzamientos, cuya principal misión fue la de probar en la reentrada atmosférica el escudo protector del Apollo, y lanzar tres satélites Pegasus, para evaluar el impacto de los *micrometeoritos* en una nave espacial.

Al mismo tiempo que se realizaban las pruebas con el Saturn I, el equipo de Von Braun trabajaba en el desarrollo del Saturn IB y el Saturn V. La segunda etapa de este último cohete (S-II), la NASA la había subcontratado a la división espacial de North American Aviation que dirigía Harris Storms. Si las relaciones entre Harris y Von Braun eran malas, las del ejecutivo con Eberhard Rees, segundo de a bordo de Wernher, aún eran peores. En septiembre de 1965, durante unas pruebas en el banco de ensayos que la empresa tenía en Seal Beach, con los depósitos llenos de agua, se produjo una rotura que estuvo a punto de causar una tragedia. Wernher tuvo una violenta discusión con Storms y llegó a pedirle que dimitiese.

Sin embargo, al margen de algunas cuestiones puntuales, los desarrollos del programa Saturn progresaban con celeridad. A partir de 1965, el asunto que más preocupaba a Von Braun era la continuidad de su equipo del MSFC cuando el programa Apollo finalizara. Von Braun propuso planes para fabricar hasta 100 Saturn V y 50 Saturn IB —cuando el presupuesto inicial que le había autorizado el Congreso a Webb era de 15 Saturn V y 12 Saturn IB— y varios proyectos, entre los que destacaba una tercera etapa del Saturn V, nuclear, con un acelerador de hidrógeno líquido que permitiría alcanzar velocidades de salida de gases, dos veces superior a la que se obtenía mediante la combustión; o la nave Orion, propulsada mediante una serie de explosiones atómicas; o misiones a Marte y a Venus; y todo tipo de vehículos para circular por la superficie de la Luna. Paradójicamente, mientras la NASA, en 1965, hacía cuentas para expandirse, el Congreso limitaba el presupuesto de la agencia a cinco mil millones de dólares.

Los planes para el futuro crearon tensiones entre Gilruth y Von Braun, ya que ambos deseaban acaparar más competencias y participación en el hipotético desarrollo de la NASA. En una reunión organizada por George Mueller, en agosto de 1966, en el Lago Logan, Carolina del Norte, se llegaron a acuerdos entre el MSFC y el MSC, por los cuales en la futura estación espacial que seguiría al proyecto Apollo, MSC se encargaría del puesto de mando y MSFC realizaría el módulo de misión en donde vivirían y trabajarían los astronautas.

Los repartos entre Von Braun y Gilruth parecían ignorar las turbulencias que vivía el país. En marzo de 1965, Johnson había enviado un destacamento de soldados a Vietnam; a final de año las tropas estadounidenses destacadas en aquella guerra sumaban cerca de doscientos mil soldados. En Norteamérica la gente salía a las calles para criticar la guerra y las revueltas por la lucha de los derechos civiles no se habían extinguido.

Von Braun no se mantuvo ajeno a la batalla racial en Alabama y se posicionó claramente a favor de los derechos de los afroamericanos, hasta el *New York Times* se hizo eco de sus intervenciones en defensa de esta causa. Su popularidad, como hombre público, disminuyó algo en Estados Unidos, debido a las restricciones como conferenciante que le impuso la NASA y a su inhibición en asuntos relacionados con la defensa del país, porque Wernher tenía acceso a información altamente confidencial, secreta, y estaba obligado a ser muy reservado.

En Alemania del Oeste era un personaje al que la gente del pueblo idolatraba. Wernher viajaba a su país de origen todos los años y visitaba a su padre. También mantenía una excelente relación con su hermano mayor Sigismund, embajador de Alemania en Estados Unidos, aunque María consideraba que el diplomático —que hacía uso del título familiar de barón— estaba demasiado imbuido de su cargo y estatus social. A su otro hermano, Magnus —que disfrutaba de una holgada posición como ejecutivo de Chrysler en Detroit y vivía feliz con su última esposa— lo veía muy poco.

El trabajo obligaba a Wernher a viajar constantemente. La NASA había adquirido una pequeña flota de aviones turbohélice, Gulfstream I que utilizaban sus ejecutivos y, entre ellos, Von Braun, que solía viajar en el asiento derecho de la cabina, al lado del comandante y pilotar siempre que podía. Wernher se había sacado la licencia correspondiente para manejar la aeronave.

Von Braun procuraba pasar los fines de semana en casa, aunque sus hijas estudiaban en internados, fuera de Huntsville y solamente se reunía toda la familia durante las vacaciones. A los Von Braun les gustaba pasar las Navidades en Bahamas.

Wernher disfrutaba con los viajes exóticos. En 1964 se fue a cazar panteras con Edward Uhl de Fairchild a Yucatán y las Navidades de 1966 las pasó en la Antártida, con algunos compañeros de la NASA, entre los que se encontraban Max Faget y Robert Gilruth.

El último esfuerzo de Koroliov

En 1965, el cambio político en Moscú favoreció que la suerte de Koroliov mudara de sino.

Koroliov ya había advertido a Brézhnev que quizá, para amargarles el cincuenta aniversario de la Revolución Bolchevique, los norteamericanos podrían mandar sus astronautas a la Luna en 1967.

Serguéi recibió una dotación de 500 millones de rublos y la promesa de que se le adjudicarían más para que su proyecto de enviar astronautas soviéticos a la Luna en una nave Soyuz, L-3, impulsada por un gran cohete N1, se hiciera realidad en 1968. Comprendieron que para 1967 ya no podría ser.

Los militares y políticos soviéticos, cuyas prioridades hasta entonces las habían puesto en los cohetes de Cheloméi, volvieron su rostro a Koroliov para decirle: «No le des la Luna a los americanos».

Sin embargo, los estadounidenses reducían poco a poco la ventaja espacial soviética.

Koroliov contemplaba impotente el progreso de las naves Gemini, con un lanzamiento cada dos meses. Daban la sensación de haber colocado a los norteamericanos a la cabeza de la carrera hacia la Luna. Su país perdía el liderazgo.

La Soyuz se retrasaba y a finales de 1965 tan solo disponía de un modelo a escala natural. Su principal consuelo de aquel año fueron los éxitos de los satélites de comunicaciones del programa *Molniya.*

El estrés había causado verdaderos estragos en Koroliov. Aunque su apariencia era la de un hombre de salud inquebrantable, fuerte, de cuello corto y rostro cuadrado, la realidad era bien distinta. Desde hacía tiempo padecía trastornos intestinales, dolores de cabeza, fatiga y una arritmia que los médicos no lograban controlar.

A finales de 1965, a Nina le sorprendió el brusco cambio de humor de Serguéi. En casa se irritaba por cualquier pequeña inconveniencia y desde Baikonur le escribía cartas en las que le confesaba que «ya no podía trabajar así más tiempo».

En diciembre de 1965 a Koroliov los médicos le encontraron un pólipo en el recto y programaron una intervención quirúrgica para extirpárselo en enero.

El 4 de enero de 1966, Serguéi trabajó con normalidad y al día siguiente lo ingresaron en el hospital Kremlin.

A los médicos no pareció preocuparles mucho la dolencia del Jefe de Diseño, aunque en el hospital detectaron que padecía una acusada sordera, motivada por el estruendoso ruido que soportaba con frecuencia en los lanzamientos de cohetes en Baikonur. Koroliov se negó a utilizar el audífono que le proporcionaron los especialistas.

Mishin, que había sustituido a Serguéi, el 7 de enero recibió una llamada de Afanasiev para recriminarle por los muchos fallos, que, a juicio del ministro, eran achacables al OKB-1. El segundo de Koroliov acusó la reprimenda hasta el punto escribir una carta de renuncia. Serguéi desde el hospital —que se había enterado del episodio gracias a la llamada telefónica de otro colaborador— se puso en contacto con Mishin para convencerle de que rompiera su misiva: «en este negocio los ministros vienen y van, pero nosotros nos quedamos». Serguéi Afanasiev había sido nombrado ministro de Construcción Mecánica General en marzo de 1965 y de su departamento dependía la actividad espacial soviética.

Dada la importancia del enfermo, a Koroliov debía de operarlo el ministro de Salud: el académico Boris Vasilevich Petrovsky que, con independencia de su cargo, era un excelente profesional.

Su esposa Nina acudía a verlo todos los días.

El 11 de enero, Petrovsky le practicó una biopsia para analizar el pólipo, lo que le produjo una fuerte hemorragia. Al día siguiente, Serguéi celebró su cincuenta y nueve cumpleaños en el hospital.

A las ocho de la mañana del 14 de enero, Petrovsky comenzó la intervención para extirparle el pólipo. En principio debería tratarse de una operación endoscópica sencilla; el cirujano tenía programada otra, a continuación. Sin embargo, Koroliov empezó a sangrar hasta el punto de que Petrovsky se vio obligado a abrir el abdomen para contener la hemorragia. El médico encontró un tumor canceroso, algo que no se había diagnosticado con anterioridad, y lo extirpó, lo que le llevaría bastante tiempo. Durante la operación surgieron una serie de complicaciones adicionales. A Koroliov, en principio, no pudieron intubarlo por las dificultades que tenía para abrir la boca, debido su mandíbula rota desde su estancia en Siberia, y la cortedad de su cuello, por lo que tuvieron que practicarle una traqueotomía. Además, le aplicaron anestesia general, quizá porque Petrovsky no confiaba en la estanqueidad de la mascarilla, debido a la deformación de su mandíbula.

Cuando Petrovsky se encontró con el tumor avisó con urgencia a Vishnevsky, un acreditado especialista en cáncer, que llegó a tiempo para ayudar al ministro.

Al terminar la intervención los dos médicos pensaron que Koroliov la había superado y eso es lo que dijeron a sus familiares, pero Serguéi fallecería media hora después de salir del quirófano.

La noticia de la muerte de Koroliov conmocionó a la comunidad aeroespacial rusa.

El general Kamanin, jefe del Cuerpo de Cosmonautas Soviético —que ostentaba el título de Héroe de la Unión Soviética— escribía un interesante diario durante aquella época. El 14 de enero de 1966 tomó nota del lamentable suceso:

«Sobre las siete en punto de la tarde sonó el teléfono y el general Kuznetsov me dio la terrible noticia: Serguéi Pávlovich había muerto…Como una avalancha, esta terrible desgracia cayó sobre nosotros rápida e inesperadamente. El país ha perdido uno de sus más extraordinarios hijos, y nuestra cosmonáutica se ha quedado huérfana. Koroliov era el autor principal y organizador de todos nuestros éxitos espaciales. Sus contribuciones personales a la cosmonáutica, a la gente de la Unión Soviética, y a toda la humanidad no tienen límite. Podría haber hecho mucho más, pero nos dejó cuando su talento florecía.»

Esta anotación es muy significativa si se tiene en cuenta que pocos días antes, el 22 de diciembre, Kamanin recogía en su diario una reflexión propia del momento difícil que atravesaba el programa espacial soviético:

«Abarca demasiado y trata de mantenerlo todo bajo su control; esto explica sus continuos conflictos con Glushkó, Pilyugin, Voronin, Kosberg y otros jefes de diseño».

Las autoridades soviéticas decidieron desvelar la figura del gran ingeniero, que hasta ese momento habían ocultado celosamente, y Serguéi Koroliov fue enterrado en Moscú, con todos los honores de los grandes servidores de la patria.

El pueblo de la Unión Soviética supo, por primera vez, que Serguéi Koroliov había sido el principal artífice de los grandes logros espaciales de la nación. El 17 de enero, el funeral de Estado, en la Plaza Roja congregó, ante los restos del Jefe de Diseño, a una multitud de políticos, militares, escritores, ingenieros, científicos y trabajadores. El ataúd se colocó en un pedestal cubierto de flores, con la bandera roja encima y rodeado de coronas. Cada dos o tres minutos se cambiaban los miembros de la guardia de honor.

El turno de discursos lo abrió Leonid Smirnov, adjunto al presidente del Consejo de Ministros de la URSS. Se refirió a Koroliov como un hombre con «capacidad organizativa y energía inagotable» que «sabía cómo organizar el trabajo de numerosos colectivos de científicos, diseñadores, ingenieros y trabajadores, para llevar a cabo grandes tareas complejas…». Lo cerró el astronauta Yuri Gagarin que insistió en que Koroliov quedaría ligado para siempre con las primeras aventuras espaciales.

Desde entonces, la popularidad, que jamás tuvo en vida, acompañaría siempre su recuerdo.

Las noticias de la muerte del ingeniero soviético y su funeral de Estado llegaron a Estados Unidos. Von Braun desconocía, hasta entonces, quién era el artífice principal de los muchos éxitos espaciales soviéticos.

Días después de la muerte de Koroliov, el 31 de enero, un robot soviético, Luna 9, consiguió posarse sobre la superficie lunar. Por fin, los técnicos se enteraron de que el satélite natural de la Tierra no estaba recubierto de polvo sin consistencia, sino de una superficie sólida sobre la que podía apoyarse una nave construida por el hombre. Quizá fuese el único éxito espacial del equipo soviético durante aquel aciago año de 1966, marcado por la pérdida de Koroliov.

Al frente del programa espacial soviético quedó un estrecho colaborador de Koroliov desde la época de su estancia en Alemania: Vasili Mishin. Durante su mandato aflorarían todos los problemas que aquejaban al programa espacial soviético desde hacía ya varios años, heredados de la época de Jrushchov.

Los fracasos del Apollo 1 y Soyuz 1

A Von Braun las cosas le iban mejor. Los problemas de las cámaras de combustión del motor F-1 del cohete Saturn V fueron resolviéndose poco a poco, gracias a muchas pequeñas modificaciones. En marzo de 1966, la NASA envió al espacio la nave Gemini 8, con Neil Armstrong y David Scott a bordo para que realizasen una misión de acoplamiento con el satélite Agena. El acoplamiento no les planteó problemas, pero el mecanismo de control de actitud de la Gemini falló en pleno vuelo y Neil Armstrong tuvo que estabilizar la nave con el sistema de control de reentrada. El vuelo estuvo a punto de terminar muy mal, pero la actuación de Armstrong salvó la vida de los astronautas.

En agosto, la NASA recibió la primera cápsula Apollo y empezó a probarla. Miles de pequeños fallos acompañarían a los primeros ensayos, al igual que les ocurría a los soviéticos con su nave Soyuz.

El año 1967 comenzó muy mal para los norteamericanos. Los astronautas Grissom, Chaffee y White habían sido seleccionados para realizar el primer vuelo a bordo de la nave Apollo, con el cohete Saturn V. El 27 de enero efectuaban en Cabo Kennedy el primer ensayo en tierra, con un cohete, sin combustible, en la nave Apollo 1. Se trataba de una comprobación de todos los sistemas. Los astronautas estaban encerrados en la cápsula cuando a Grissom se le escuchó gritar por la radio: «¡Tenemos fuego en la cabina!». Chaffee también tuvo tiempo para comunicar al personal que trabajaba en la prueba que había fuego y que los sacaran de allí porque se estaban abrasando. Grissom trató de abrir la escotilla de la cápsula desde el interior, mientras otros lo intentaban desde fuera. Dentro del Apollo 1 se había desencadenado un espantoso incendio que produjo una explosión y abrió un boquete en la pared de la nave antes de que transcurrieran los 6 minutos que tardaron en abrir la escotilla. Los astronautas ya habían fallecido cuando extinguieron el fuego y pudieron sacar sus cuerpos de los restos de la nave. El fuego lo provocó una pequeña chispa —que pudo saltar en cualquier parte de los mazos de cables dispersos por el suelo— al entrar en contacto con el gas que llenaba la cápsula: oxígeno puro.

El accidente del Apollo 1 paralizó el programa espacial de la NASA.

Leonid Brézhnev urgió a Mishin para que aprovechara aquella pausa norteamericana, y conmemorase el 50 aniversario de la Revolución Bolchevique con algún acontecimiento espacial. Hacía ya casi dos años, que los soviéticos no efectuaban vuelos tripulados y a Brézhnev le habían puesto muy nervioso los éxitos americanos con las naves Gemini.

Vasili Mishin tenía 49 años cuando asumió la pesada carga que hasta entonces había soportado Serguéi Koroliov. El que había sido segundo del Jefe de Diseño, durante los últimos veinte años, no poseía el gran carisma de su antiguo superior ni contaba con el mismo apoyo político, aunque sí se vio obligado a compartir las deficiencias en cuanto a infraestructuras y falta de financiación de un programa espacial que, durante demasiado tiempo, había sido relegado a un segundo plano.

El legado espacial de Koroliov, concebido para llegar a la Luna, le planteaba a Mishin tres importantes retos. El primero, lograr el acoplamiento y transferencia de astronautas entre dos naves espaciales. El segundo, enviar una nave espacial con dos astronautas a una órbita lunar y hacer que regresara a la Tierra. El tercero, mandar a dos astronautas a una órbita lunar, que uno de ellos descendiera al satélite terrestre y después de darse un paseo por la inhóspita superficie selenita, hacer que regresara a la nave para que lo devolviese a la Tierra junto a su compañero de viaje.

A pesar del fracaso del Apollo 1, en marzo de 1967 la inteligencia estadounidense consideraba que los soviéticos se habían quedado muy rezagados en su carrera con los norteamericanos de mandar un astronauta a la Luna. Consideraba que la plataforma de lanzamiento del nuevo cohete N1 no estaría finalizada hasta mediados de 1968. A partir de ahí, el cronograma soviético no parecía que fuera capaz de aventajar a los estadounidenses.

La nave espacial Soyuz continuaba dando muchos problemas en todos los ensayos que se habían hecho. A pesar de todo, Mishin preparó los vuelos para efectuar un acoplamiento y trasvase de astronautas entre dos naves, para cumplir con los hitos establecidos en su legado.

El 23 de abril de 1967, en vísperas de la fiesta del 1 de mayo, Mishin lanzó la Soyuz 1 con Vladímir Komarov a bordo. El astronauta debería de efectuar una maniobra de acoplamiento con la Soyuz 2, que se lanzaría a continuación con una tripulación compuesta por Valery Bykovsky, Yevgeni Khrunov y Alexie Yeliseev. Pero, desde el inicio del vuelo se produjeron múltiples fallos y la Soyuz 2 nunca llegó a partir.

En un momento determinado se perdió el control de la Soyuz 1, desde tierra. Mishin dispuso que se preparase la reentrada para la órbita número 17. Los sistemas de control automáticos fallaron. Entonces se le ordenó a Komarov que tratara de alinear la nave, manualmente, para reentrar en la atmósfera en la vuelta número 18. Los técnicos tenían poca fe en que la operación tuviese éxito y a Komarov le permitieron que se pusiera en contacto con su esposa vía radio; quizá fuera la última vez que tenía la oportunidad de hablar con ella.

Vladímir hizo un excelente trabajo y la Soyuz entró en la atmósfera con un ángulo adecuado, pero el paracaídas principal de frenada no se abrió y tampoco se activaron los retrocohetes a tiempo.

La Soyuz 1 se estrelló contra la superficie terrestre.

El estrepitoso fracaso del primer vuelo con la primera Soyuz soviética, conmocionó a la opinión pública. Muchos expertos del círculo más próximo a Mishin lo criticaron por no haber abortado la misión antes, cuando se produjeron los primeros fallos.

CAPÍTULO 8

Y así fue

Los grandes cohetes

El 9 de noviembre de 1967 el Saturn V despegó, por primera vez de Cabo Kennedy. El gigantesco cohete de Von Braun y su equipo medía más de un centenar de metros y los cinco motores de su primera etapa generaban un empuje de 3400 toneladas. La zona de seguridad durante el lanzamiento, alrededor del cohete, se extendía en un radio de 10 kilómetros.

El centro de control del lanzamiento se encontraba a 3 millas de la plataforma y la torre del Saturn V y desde allí, una plantilla de más de 400 ingenieros estaba pendiente de la operación; Von Braun, Mueller y Debus también los acompañaban.

Uno de los más famosos presentadores de televisión, Walter Cronkite, era el comentarista del programa de la cadena CBS que emitiría en directo el lanzamiento.

La parte superior del cohete la ocupaba la nave Apollo 4, sin tripulantes, en la que la NASA había incluido un exhaustivo repertorio de modificaciones, tras el accidente del Apollo 1.

El cohete estaba equipado con las tres etapas, SI-C, SII y S-IVB, además del Módulo de Mando y Servicios.

Cuando se encendieron los motores de la primera etapa del Apollo 4 el ruido era tan fuerte que, las ventanas del centro empezaron a temblar, parecía que se iban a romper y del techo se desprendían pequeñas partículas. A Cronkite le cayeron algunos escombros sobre la cabeza. El riesgo de una explosión en la plataforma de lanzamiento era grande y sus consecuencias podían ser desastrosas.

El cohete funcionó correctamente y la nave Apollo 4 cayó en el océano Pacífico.

El Profesor consideró que el vuelo del primer Saturn V era el hito más importante de su carrera profesional, que únicamente podría superar el vuelo de su cohete que llevara el hombre a la Luna.

El Saturn V de Von Braun ya había volado cuando, a los comunistas, el cohete que necesitaban para ir a la Luna les seguía dando la espalda. En mayo, el N1 de Mishin, no pudo lanzarse debido a que en Baikonur los técnicos detectaron fisuras en los recubrimientos metálicos. Muchas de las dificultades de construcción que les planteaba a los soviéticos el N1, se debían a cuestiones logísticas relacionadas con la ubicación de la plataforma de lanzamiento en una zona de tan difícil acceso.

El 22 de enero de 1968, la NASA efectuó una serie de pruebas en órbita terrestre, por primera vez, con el Módulo Lunar. El lanzamiento del Apollo 5 se hizo con un cohete Saturn 1B.

A lo largo de 1967 y 1968, las relaciones personales entre Gilruth y Von Braun mejoraron, lo que contribuyó a aliviar las tensiones entre el Manned Flight Center y el Marshall. Para algunos de sus colegas, el viaje que ambos hicieron juntos a la Antártida, los problemas con North American Aviation y el accidente del Apollo 1, favorecerían el mejor entendimiento entre ambos.

Pocos meses después, el 4 abril de 1968, el segundo cohete Saturn V, con la cápsula Apollo 6, también sin tripulación a bordo, despegó de Cabo Kennedy. Esta vez el cohete no funcionó bien. A los 125 segundos de despegar apareció el efecto *pogo* que consistía en una oscilación vertical del cuerpo del cohete (se alargaba y acortaba). También se apagaron dos de los cinco cohetes J-2 de la segunda fase. Se desprendió la segunda fase y —aunque el sistema de guiado trató de corregir el fallo de los motores con mayor tiempo de encendido, tanto de los tres motores que funcionaban de la segunda fase como del único de la tercera fase— el Apollo 6 se situó en una órbita elíptica muy excéntrica. Desde tierra trataron de encender otra vez el motor de la tercera fase, pero no lo consiguieron. Entonces separaron el módulo de mando y servicio (CSM) y con el motor de este impulsaron la nave a una órbita superior para después frenarla y provocar la reentrada de la cápsula en la atmósfera.

Los fallos del Apolo 6 apenas tuvieron repercusión en los medios porque el día del lanzamiento, el líder de los activistas por los derechos civiles de los afroamericanos, Martin Luther King, fue asesinado en Memphis.

Para Von Braun, el *pogo* era un fenómeno que ya conocía desde hacía tiempo; sabía que se producía cuando entraban en resonancia las oscilaciones de presión en la cámara de combustión con las que, estas, inducían en el sistema de inyección de combustible. El problema lo resolvió inyectando helio en los espacios huecos, entre las válvulas de alimentación de oxígeno líquido, para que actuara como amortiguador. El motivo del corte del encendido de los motores también lo descubrieron enseguida.

El 9 de agosto se reunieron con Von Braun, en su oficina del MSFC, Debus y su segundo de a bordo Petrone, del centro de lanzamiento de Cabo Cañaveral y Gilruth con su adjunto, George Low. Decidieron que los resultados de la prueba del Apollo 6, a pesar de los fallos, eran lo suficientemente satisfactorios como para que, en el siguiente lanzamiento, volaran astronautas en la nave espacial Apollo. También acordaron que, si el lanzamiento del Apollo 7 funcionaba correctamente, no había ningún motivo para que el Apollo 8 no viajase a la Luna. De esa forma podían probar el Módulo de Mando y Servicios (CMS), aunque no estuviera disponible el Módulo Lunar (ML) ya que el subcontratista, North American Aviation, llevaba un importante retraso.

La decisión de Von Braun, Gilruth y Low se encontró con la oposición de James Webb, aunque finalmente el administrador aceptó la idea, que permitiría acelerar en varios meses el programa Apollo.

A pesar de que los problemas técnicos del Saturn V parecían estar resueltos y que Apollo entraba en su fase final con buenas perspectivas, en otoño de 1968 Wernher pasaba otra vez por momentos difíciles. La complicada situación económica, política y social del país, con los asesinatos de Martin Luther King y el del senador Robert Kennedy, el 6 de junio, las revueltas callejeras, la guerra de Vietnam y las próximas elecciones presidenciales, creaban un deprimente escenario para la NASA. El Senado ya había introducido recortes en los gastos de la agencia y se mostraba muy reacio a considerar planes expansivos de cara al futuro.

Wernher veía la Luna muy cerca y soñaba con Marte. Para alcanzarlo necesitaba mantener intactos los recursos del Marshal

Space Flight Center y veía, con desesperación, como las restricciones presupuestarias los mermaban.

En enero, Webb había designado a un nuevo adjunto: Thomas O. Paine, un entusiasta de los vuelos espaciales, doctorado en Stanford, que había hecho la guerra en la Marina y contaba con experiencia de gestión en la empresa privada. El 8 de octubre de 1968, el administrador de la NASA, James Webb, dimitió y Paine asumió el cargo de administrador en funciones. Tanto la dimisión como el nombramiento lo habían acordado previamente Webb y Johnson, porque como se acercaba el momento de viajar a la Luna, creyeron que era mejor dejar al frente de la organización un ejecutivo, desprovisto de connotaciones políticas, quizá para blindar al Gobierno de la nación de las desastrosas consecuencias de un fracaso.

Tres días después del nombramiento de Paine, el Apollo 7, con Wally Schirra, Donn Eisele y Walter Cunnighan a bordo, despegaba de Cabo Cañaveral. Los astronautas estrenaban la cápsula Apollo y era la primera misión tripulada con el Saturn V; pasaron 11 días en el espacio y verificaron el funcionamiento del Módulo de Mando y Control.

Antes de que finalizara el mes de octubre, el día 25, Mishin lanzó una nave Soyuz 2 sin tripular y al día siguiente otra tripulada (Soyuz 3), con el astronauta Georgy Beregovoy. Su misión consistió en guiar la Soyuz 3 hasta las proximidades de la Soyuz 2 y posteriormente permanecer en el espacio hasta completar 81 órbitas, durante más de 3 jornadas completas.

El 3 de noviembre, Von Braun regresó al rancho de Lyndon B. Johnson para reunirse con el presidente, Webb, Paine y los astronautas del Apollo 7. Johnson condecoró a la tripulación del Apollo y les dijo que «al operar la nueva y compleja nave espacial sin ningún fallo, el vehículo espacial más versátil y avanzado que existía, demostraron que hoy Estados Unidos lideraba los logros espaciales». Habían transcurrido siete años desde que Johnson le planteó a Kennedy la absoluta necesidad de ganar a los soviéticos la carrera espacial. Para él, ningún otro logro contrarrestaría que los comunistas, a los ojos de los ciudadanos de su país, resultaran victoriosos en aquella competición. Si ganaba la Unión Soviética,

Estados Unidos sería considerada, por los norteamericanos, como una potencia de segundo orden en cualquier campo de la tecnología. Así es como pensaba Johnson y por eso había apoyado a la NASA a lo largo de su mandato, que estaba a punto de expirar, porque a finales de enero de 1969 Nixon lo relevaría en la Casa Blanca.

Un extraordinario viaje espacial

Esta vez, la NASA había preparado una misión mucho más complicada y llamativa para efectuar su primer vuelo con la nave Apollo y el cohete Saturn V.

El 21 diciembre de 1968 partió de Cabo Kennedy, la nave Apollo 8 con 3 astronautas a bordo: Frank Borman, Jim Lovell y Bill Anders. El segundo cohete Saturn V que transportaba una nave tripulada, la puso en órbita terrestre a 185 kilómetros de altura y 7,79 kilómetros por segundo de velocidad. El plan de vuelo preveía un viaje a una órbita terrestre y de allí a otra lunar, donde permanecería un tiempo, para regresar directamente a nuestro planeta. Jamás los seres humanos se habían alejado tanto de su lugar de origen. A las 2:56 horas de vuelo, los cohetes de la nave Apollo 8 aceleraron la cápsula para alcanzar una velocidad de 10,8 kilómetros por segundo y colocar a la nave en otra órbita terrestre elíptica cuya trayectoria pasara cerca de la Luna. Con este impulso, el Apollo 8 inició su largo viaje hacia la Luna que lo llevaría hasta un lugar del espacio alejado 377 349 kilómetros de la Tierra. Durante la excursión hacia la Luna, el Apollo 8 tuvo que efectuar dos veces pequeños ajustes de su trayectoria. Tardó 2 días y 21 horas en alcanzar el punto en el que fue necesario activar los cohetes para que la nave quedara atrapada, en una órbita lunar, a unos 110 kilómetros de la superficie del satélite natural terrestre. Durante casi 24 horas completó 10 órbitas alrededor de la Luna y cuando llevaba 3 días y 17 horas de viaje volvió a encender sus cohetes para abandonar la Luna y regresar a la Tierra. Antes de la reentrada, a la atmósfera terrestre, el módulo de servicio se separó del módulo de mando de la cápsula espacial.

Habían transcurrido 6 días y 3 horas, desde que despegaron de Cabo Kennedy, cuando el Apollo 8 y sus tres astronautas, sanos y salvos, amerizaron en el océano Pacífico, al sur de las islas Hawái.

El vuelo del Apollo 8 fue uno de los acontecimientos más importantes de aquel año 1968. La estancia de los astronautas en el espacio, durante las fiestas navideñas, les permitió enviar felicitaciones a la Tierra desde la Luna, lo cual tuvo un gran efecto publicitario. El mensaje también llegó al corazón de los ciudadanos de la Unión Soviética, temerosos de que su país hubiese perdido la iniciativa en la exploración espacial.

Wernher, después del lanzamiento se fue a pasar las vacaciones navideñas con su familia a las Bahamas.

El estreno del N1

A pesar de la presión de los políticos, en Baikonur, Mishin seguía sin disponer del cohete N1. Para lanzar sus naves espaciales utilizaba los cohetes R-7, sin empuje suficiente para la misión lunar.

El 14 de enero de 1969, del cosmódromo soviético partió la Soyuz 4, con un astronauta a bordo, Vladímir Shatalov, y al día siguiente la Soyuz 5 con tres tripulantes: Yevgeni Khrunov, Alekséi Yeliseyev y Boris Volynov. Las dos naves se acoplaron y Khrunov y Yeliseyev salieron al espacio para entrar en la Soyuz 4. Las dos naves regresaron a tierra, aunque Volynov tuvo un viaje de vuelta que no estuvo exento de dificultades. Los soviéticos publicitaron aquel logro con videos que distribuyeron a las cadenas de televisión de todo el mundo.

Por fin, el 21 de febrero de 1969, el gran cohete N1 se encontraba en la plataforma de Baikonur listo para efectuar su vuelo inaugural, con un programa tan ambicioso como el de llevar la cápsula L-1, sin tripulación, a la Luna.

Nunca se habían probado los 30 cohetes de la primera etapa trabajando a la vez. Su diseñador Kuznetsov se encontraba en la base de lanzamiento, ansioso por comprobar el funcionamiento del extraordinario cohete. Algo no funcionó durante la prueba y poco después de que el cohete se elevara envuelto en una nube de polvo, llamas y ruido, se incendió. Continuó ascendiendo y voló unos 25 kilómetros antes de caer en el desierto helado que rodeaba

Baikonur. Fue una suerte que no se desplomara en la plataforma, porque la hubiera destruido por completo.

La Luna muy cerca

El nuevo presidente de Estados Unidos, Richard Nixon, nombró a Paine administrador de la NASA el 5 marzo de 1969 y el Senado lo confirmó quince días después. Nixon también creó un grupo de trabajo (Space Task Group) para estudiar el papel de la NASA después del programa Apollo.

Paine le pidió a Von Braun que elaborase un borrador de plan para la agencia, con un horizonte de 10 años. Wernher y Paine se dejaron llevar por la imaginación y vislumbraron la construcción de grandes estaciones espaciales, naves reutilizables y un fantástico viaje a Marte, además del envío de sondas a los planetas y la extensión del Apollo del 15 al 20.

El nuevo administrador de la NASA también le pidió a Von Braun que trabajara en el desarrollo de un vehículo para trasladarse por la superficie de la Luna.

Todos aquellos proyectos tuvieron una fría respuesta en el grupo de trabajo del presidente Nixon y aún más gélida en el Senado. Von Braun, empezó a pensar que en el país no se daban las condiciones para que su viaje a Marte tuviese una acogida favorable.

Las mejores noticias durante aquellos días, a Wernher siempre le llegaban del programa Apollo.

Neil Armstrong, Buzz Aldrin y Mike Collins fueron los elegidos por la NASA para viajar a la Luna en el Apollo 11. Neil sería el comandante de la expedición; el astronauta había demostrado una pericia extraordinaria en el manejo del simulador del Módulo Lunar. Mientras Collins los aguardaba en la nave, en órbita alrededor de la Luna, Neil y Buzz, alunizarían, caminarían sobre la superficie del satélite terrestre y regresarían con el Módulo Lunar para reunirse otra vez con su compañero. Armstrong sería el primero en pisar la Luna.

Antes de viajar a la Luna, la NASA debía probar el funcionamiento de la nave Apollo, con todos sus módulos y verificar que la trayectoria y los procedimientos eran correctos. En total, se programaron dos vuelos, previos a la expedición lunar.

En marzo de 1969, la misión Apollo 9, llevó al espacio, por primera vez, una cápsula con los tres módulos —de Mando, Servicio y Lunar—, y tres astronautas: McDivitt, Scott y Schweickart. La misión consistía en efectuar, en una órbita terrestre, todas las maniobras previstas durante la misión lunar con el Módulo Lunar (ML). En primer lugar, el Módulo de Mando y Servicio se acopló al ML, después del lanzamiento. Una vez realizada esta operación dos astronautas pasaron al ML y se separaron del Módulo de Mando y Servicio mientras el tercero permanecía en este último módulo. El ML simuló una trayectoria de descenso a la Luna, apartándose del Módulo de Mando y Servicio unos 179 kilómetros propulsado con los motores que se utilizarían durante el descenso a la superficie lunar. Realizada esta operación hicieron que el ML se desprendiese de estos motores, ligados a la estructura de alunizaje, para regresar al Módulo de Mando y Servicio con los motores que emplearía en el ascenso desde la Luna. Volvieron a efectuar el acoplamiento para entrar en el Módulo de Mando y Servicio, donde los esperaba su compañero, y se desprendieron del ML. Otra prueba consistió en salir al espacio exterior con el nuevo traje espacial, autónomo, que no necesitaba estar unido a la cápsula espacial por ninguna especie de cordón umbilical. Estos trajes permitirían a los astronautas efectuar el transbordo del ML al Módulo de Mando y Servicio en una situación de emergencia, sin necesidad de efectuar el acoplamiento. Todas las operaciones se realizaron con éxito, en órbita terrestre, durante una misión que duró poco más de 10 días.

El 18 de mayo de 1969 se lanzó el Apollo 10. Una misión casi tan complicada como la propia expedición lunar, en la que los astronautas, Stafford, Young y Cernan, debían realizar todas las operaciones de la misión que constituía el último objetivo del programa, siguiendo una trayectoria muy parecida, con la única diferencia de que el ML se quedaría a 15,6 kilómetros de la superficie lunar. Tras el lanzamiento y el inicio del viaje hacia la Luna, el Módulo de Mando y de Servicio se acopló al ML. Una vez situado en la órbita lunar, Young se quedó solo y Stafford y Cernan partieron a bordo del ML para describir una órbita cuya trayectoria pasaba cerca del sitio en el Mar de la Tranquilidad donde estaba previsto el alunizaje en la próxima misión. Durante la maniobra de activación de los cohetes para iniciar el ascenso, la tripulación cometió un error que generó un movimiento indeseado de la nave, que estuvo a punto de desestabilizarla y hacer que cayese sobre la Luna. El 26 de mayo los astronautas del Apollo 10 regresaron a la Tierra.

Por fin, la NASA estaba en condiciones de asegurar que el satélite terrestre quedaba al alcance de su mano. La fecha elegida para el lanzamiento del Apollo 11, cuya misión era la de posarse sobre la Luna, fue el 16 de julio de 1969.

El segundo intento de Mishin con el N1

El 3 de julio, otro N1 intentó despegar de Baikonur. Una pieza metálica se introdujo en una de las bombas de inyección de oxígeno líquido de uno de los 30 motores lo que hizo que estallase. La explosión provocó el incendio de todos los propulsores y, desde unos 180 metros del suelo, el gigantesco artefacto se desplomó sobre la plataforma de lanzamiento.

Un espantoso hongo se alzó sobre el desierto y miles de pájaros murieron en un breve instante, alcanzados por la mortífera onda expansiva.

Los soviéticos, aún trataron de realizar un desesperado y absurdo esfuerzo por ganar la baza a los norteamericanos.

El 13 de julio lanzaron el Luna 15, cuya misión era la de alunizar y traer del satélite natural de la Tierra las primeras muestras de su corteza antes de que lo hicieran los astronautas norteamericanos. El Luna 15 orbitó 52 veces alrededor de la Luna antes de estrellarse en su superficie el 21 de julio. La noticia la publicó el diario *Pravda* al día siguiente, pero sin aclarar el objetivo de la misión.

Apollo 11

Después del Apollo 10, Von Braun pensó que la NASA estaba en condiciones de abordar la misión lunar con suficientes garantías de éxito. Aquel verano viajó a Europa para tomarse unas vacaciones con su familia y, en Grecia, fue a Delfos para contemplar las ruinas del templo de Apolo. Es posible que se sintiera defraudado, después de tan largo viaje, al contemplar las escasas columnas que dejó Teodosio I, el emperador cristiano que arrasó el santuario griego.

El 25 de junio, Wernher estuvo en Salzburgo para participar en la celebración del 75 aniversario de Hermann Oberth, organizada por la Sociedad Alemana del Espacio. Von Braun sentía un gran respeto por Hermann Oberth. En Austria, se enteró que su amigo y compañero, el escritor Willy Ley, acababa de fallecer en Nueva York, víctima de un infarto de miocardio. Ley había trabajado con Oberth en la producción de la película *Frau im Mond* de Fritz Lang, fue uno de los fundadores de la Sociedad Alemana del Espacio y había colaborado con Wernher en sus artículos de *Collier's*, programas para la televisión de Walt Disney y otros escritos. Wernher no se había olvidado de sus antiguos colegas de juventud del *Raketenflugplatz*, entusiastas de los cohetes, y para que presenciaran el despegue del Apolo 11 había reservado asientos en Cabo Cañaveral para Oberth, Willy Ley y Rudolf Nebel.

Von Braun regresó a Estados Unidos poco antes del lanzamiento del Apollo 11, la nave espacial destinada a volar a la Luna con Neil Armstrong, Michael Collins y Edwin Aldrin.

El 13 de julio era domingo y se trasladó con María a Cocoa Beach, donde se hospedó en el Holiday Inn.

El anuncio de la NASA del lanzamiento del Apolo 11 atrajo a centenares de miles de personas a las zonas próximas al lugar donde estaba previsto que se efectuara. Los recién llegados invadieron con sus tiendas las arenas de las playas y todos los espacios verdes de los alrededores, a la vez que sus automóviles atascaron las autopistas y carreteras. La NASA tuvo que alquilar una flotilla de helicópteros para desplazar a los invitados más importantes y a sus propios ejecutivos, ya que los viales estaban bloqueados.

En medio de la algarabía y nerviosismo previo al lanzamiento del Apollo 11, Wernher aún tuvo tiempo para pensar que aquel era un hito que también marcaba lo que podría ser el final del Marshall

Space Flight Center de Huntsville. En la cena de gala que ofreció la editora de *Time-Life* la noche del día 15 de julio, Von Braun tuvo una breve intervención y en algún momento entrecruzó unas palabras con el famoso escritor norteamericano Norman Mailer. Al novelista le extrañó que Wernher le comentase que después de aquello necesitaría su ayuda.

En la conferencia de prensa, anterior al lanzamiento, Von Braun hizo una declaración a la prensa, al referirse a la importancia de la misión del Apollo 11, que causó un gran impacto:

«Creo que es igual de importante que el momento de la evolución en el que la vida acuática empezó a arrastrarse sobre la tierra».

Von Braun no se olvidó de invitar a Dornberger al evento y durante la jornada del día 16 anduvo muy cerca, todo el tiempo, de Cornelius Ryan, antiguo editor de *Collier's,* que entonces trabajaba en el *Reader's Digest*, revista para la que ambos habían comprometido un artículo. Su hermano Sigismund, embajador de Alemania en Estados Unidos, también estaba invitado pero una serie de imprevistos le impidieron acudir a Cabo Cañaveral.

A las 9:32 horas del 16 de julio de 1969, desde la sala de control de lanzamiento de Cabo Cañaveral y con los auriculares puestos, Wernher contempló en su pantalla cómo el poderoso Saturn V iniciaba majestuosamente su viaje a la Luna. Era la culminación de sus sueños, el gran hito de su azarosa vida dedicada a la construcción de cohetes.

Al cabo de unas tres horas y después de dar una vuelta y media a la Tierra, la nave efectuó lo que los técnicos denominaban *inyección traslunar,* antes de emprender el largo vuelo que la llevaría a la Luna. Von Braun se retiró de la sala de control para atender a la prensa.

Mientras el Apollo 11 recorría en silencio los más de trescientos mil kilómetros que lo separaban de la Luna, Von Braun se quedó un par de días en las playas de Cabo Cañaveral, con María y su hijo Peter.

El 19 de julio voló a Houston con un pequeño grupo de colaboradores del Marshall Space Flight Center para contemplar la misión de alunizaje, desde un espacio reservado en la parte superior de la sala de control del Manned Space Center.

La nave Apollo 11 había ejecutado con impecable seguridad su misión durante los días que siguieron al de su lanzamiento, hasta el 20 de julio.

Los soviéticos, en un intento desesperado por llevar la delantera a los norteamericanos, en alguna faceta de aquella carrera que veían perdida, habían enviado a la Luna el Luna 15 que en aquellos momentos seguía en órbita lunar. A la NASA le preocupaba la posible interferencia de la nave soviética con su Apollo 11.

El 20 de julio el Módulo Lunar se separó del Módulo de Mando. Poco después, el ordenador empezó a dar códigos de error 1202 y 1201. De la estación de control terrestre recibieron la indicación de que siguieran adelante e ignorasen el aviso. La computadora de a bordo señalaba que tenía sobrecarga de trabajo; todo se debía a un interruptor del radar colocado en una posición errónea.

Desde el centro de control de Houston, Von Braun contempló el angustioso descenso del Módulo Lunar sin poder hacer absolutamente nada.

Armstrong vio que el ordenador los llevaba a un lugar indeseable y decidió realizar el alunizaje en modo semiautomático. Era un maestro en la conducción de aquel artefacto. Cuando se posó sobre la Luna aún le sobraron 25 segundos de combustible.

Tras la verificación de la lista de chequeo, posterior al aterrizaje, Aldrin comunicó al centro de control:

«Houston, aquí base Tranquilidad. El *Eagle* (Águila) ha aterrizado».

Cambiar su nombre de Eagle a base Tranquilidad era un código acordado para dar a entender que todo iba bien.

Unos 500 millones de telespectadores, en el mundo entero, contemplaron en directo, lo que ocurrió aquella histórica jornada en la superficie de la Luna.

Durante su paseo lunar, los astronautas recogieron rocas y polvo del suelo, sacaron fotos del Módulo Lunar y del entorno, movieron la cámara de televisión, hablaron con el presidente Nixon, dejaron un módulo con instrumentos científicos y plantaron una bandera de Estados Unidos.

Armstrong pronunció su famosa frase «un pequeño paso para un hombre, un gran paso para la humanidad» y Aldrin definió el paisaje como «una magnífica desolación». Los astronautas mantuvieron bien el equilibrio, les resultó sencillo caminar, aunque tenían que planificar sus movimientos con antelación.

El viaje de regreso se produjo sin grandes alteraciones sobre lo previsto y el 24 de julio, el Módulo de Mando del Apollo 11 fue recogido en el océano Pacífico junto a sus tres gloriosos astronautas. En las muestras que trajeron a la Tierra se descubrieron tres minerales nuevos.

Pocos días después, *El Profesor* recibió un multitudinario homenaje en Huntsville. Recorrió a hombros de sus paisanos las calles de la ciudad, abarrotada de gente, mientras repicaban las campanas de las iglesias y se oía el estruendo de sirenas y bocinas. El mundo estaba pendiente de los tres astronautas, cuando Wernher Von Braun le dijo a la gente que lo jaleaba:

«Quizá uno de estos días incluso tendremos un hombre en Marte».

EPÍLOGO

Años después, Mishin escribiría en sus memorias:

«No quiero que mis lectores entiendan que trato de evitar la responsabilidad como jefe de diseño por algunos errores, que se hicieron (incluidos los míos) a lo largo del programa lunar. Quien no hace nada no se equivoca. Nosotros, los sucesores de Koroliov, hicimos cuanto pudimos, pero no fue suficiente».

El cohete N1 nunca llegó a volar. Después del fracaso del cuarto lanzamiento, el 23 de noviembre de 1972, la Unión Soviética aún tardaría casi un par de años en rescindir el programa; no lo hizo hasta el mes de mayo de 1974. Mstislav Kéldysh llegó a declarar que nadie se atrevió a sugerir su cancelación porque «hubiera significado confesar ante el Gobierno el fallo de este oneroso proyecto, cuyo valor ascendió probablemente a unos dos mil millones de rublos».

La ausencia de un programa espacial bien definido, el secretismo, las luchas políticas, la financiación inadecuada, la rivalidad entre las distintas oficinas de diseño y la burocracia contribuyeron al fracaso del programa lunar soviético.

Mishin siempre se quejó de la falta de transparencia y flujo de información entre los numerosos intervinientes en el programa espacial de la Unión Soviética, en el que participaban unos 26 ministerios y al menos 500 institutos de investigación, oficinas de diseño y fábricas. La paranoia de confidencialidad que rodeaba todo cuanto tuviera que ver con el programa, impedía que los intervinientes accedieran a la información que necesitaban para hacer bien su trabajo.

Suponer que Koroliov habría encontrado la fórmula para resolver los problemas del cohete N1 es una hipótesis muy aventurada. Su muerte empeoró la situación del programa espacial soviético en 1966, que no era muy buena, pero no parece probable que fuera la causante del desenlace de la carrera espacial entre Estados Unidos y la Unión Soviética.

El programa N1-L3 costó unos 10 100 millones de dólares (con un cambio de 3,5 dólares por rublo) y la NASA gastó alrededor de 24 600 millones de dólares en esta aventura espacial. Aunque el gasto norteamericano excedió presumiblemente al de la Unión Soviética, ambas naciones emplearon, en el momento de mayor actividad, a unos 500 000 trabajadores.

El éxito final del programa Apollo se debió a que la NASA contaba con la necesaria financiación, una organización simple, objetivos claros, mayor intercambio de información entre los participantes y técnicas avanzadas para gestionar un proyecto tan complejo. En todos estos aspectos el programa norteamericano superaba al soviético.

Hasta diciembre de 1972, la NASA envió a la Luna seis misiones más del programa Apollo y salvo la del Apollo 13, que un fallo del Módulo de Mando y Servicios impidió que los astronautas descendieran a la superficie lunar, todas las expediciones fueron un éxito. A pesar de las muchas dificultades técnicas, las naves y cohetes demostraron poseer un alto grado de fiabilidad.

Las restricciones presupuestarias de la NASA y la cancelación del programa Apollo fueron el principal motivo por el que Von Braun decidió abandonar la agencia espacial. El 1 de julio de 1972 se incorporó a Fairchild Industries para dirigir el departamento de Ingeniería y Desarrollo. Al año siguiente, en un reconocimiento médico le diagnosticaron un cáncer.

El 16 de junio de 1977, *El Profesor* Wernher von Braun, falleció en Alexandria, Virginia, a los 65 años, víctima de un cáncer de páncreas.

Cuando falleció Von Braun, Hermann Oberth, la persona que le había inculcado en su juventud el interés por los viajes espaciales aún vivía en Núremberg, muy interesado entonces por la crisis del petróleo y el desarrollo de fuentes alternativas para la generación de energía.

En 1982, a los 88 años, Oberth se trasladó a Moscú, para asistir al evento organizado por la Academia de Ciencias de la URSS, en el que se celebraba el 25 aniversario del lanzamiento del primer satélite artificial. El científico explicó el motivo de su asistencia al acto a pesar de su avanzada edad:

«Hay dos razones por las que he tomado la decisión: mi preocupación por el futuro de la humanidad y el deseo que tengo desde hace mucho tiempo de visitar la patria de mi muy estimado colega Konstantín Tsiolkovsky con quien he mantenido correspondencia».

El 30 de octubre de 1985, Oberth, viajó otra vez a Estados Unidos para presenciar el despegue de la lanzadera *Challenger*.

El último de los padres de la Astronáutica, Julius Hermann Oberth, falleció el 28 de diciembre de 1989, en Núremberg, a los 95 años.

Madrid, diciembre de 2019

ÍNDICE ONOMÁSTICO

A

Abbot, Charles G. 60, 61, 63, 76, 91, 96, 102
Afanasiev, Serguéi 334
Aldrin, Buzz 19, 20, 349, 352, 354, 355
Anders, William 347
Archdeacon, Ernest 42
Armstrong, Neil 19-21, 337, 339, 352, 354, 355
Atwood, Wallace W. 76

B

Balamin, Grigori Mijáilovich 139, 140
Barré, Jean-Jacques 104, 105, 110
Barthel, Carl 74
Beliáyev, Pável 328
Beregovoy, Georgy 346
Beria, Lavrenti Pávlovich 159, 160, 205, 217, 219, 227, 247, 251, 305, 335
Bernaldo de Quirós Cabarrús, Carmen 82
Bernaldo de Quirós y Arenas, Antonio 82
Blériot, Louis 42
Bonestell, Chesley 231, 232, 250
Borman, Frank 330, 347
Born, Max 71
Bossart, Karel 235
Brézhnev, Leonid 308, 327, 333, 338
Bromley, William 196
Brucker, Wilber Marion 278, 291, 295, 297
Bulganin, Nikolái 251
Bykovsky, Valery 339

C

Cabarrús, Yvonne 82, 106
Carsbie, Adams 318
Cernan, Eugene 350

EL AUTOR

Francisco Escartí Carbonell, escritor e ingeniero aeronáutico, es autor de varios libros relacionados con la aviación. Escartí posee una gran experiencia profesional en el sector aeronáutico. Al principio de su carrera trabajó en Estados Unidos y, posteriormente, al frente de la División de Sistemas Radar de CECSA (hoy INDRA), dirigió los primeros desarrollos españoles en el campo de los Sistemas de Control de Tránsito Aéreo y Simulación. Entre otros cargos ha desempeñado los de Director General de Iberia Líneas Aéreas de España S.A., consejero fundador del sistema de reservas AMADEUS y Director General de Boeing Research and Technology- Europe, responsable de todos los proyectos europeos de desarrollo de tecnología del fabricante de aviones estadounidense. Escartí también ha sido miembro de la Perfomance Review Commission de Eurocontrol.

Otros libros del mismo autor:

El secreto de los pájaros
De Los Ángeles al cielo
El libro del vuelo de las aves
Tío Daniel, el secuestrador
Ramón Franco el aviador

Blog del autor:

www.elsecretodelospajaros.net